Hans Albert Richard
Manuela Sander

Technische Mechanik. Statik

Aus dem Programm
Grundlagen Maschinenbau und Verfahrenstechnik

Klausurentrainer Technische Mechanik
von J. Berger (in Vorbereitung)

Lehrsystem Technische Mechanik
mit Lehrbuch, Aufgabensammlung, Lösungsbuch
sowie Formeln und Tabellen
von A. Böge und W. Schlemmer

Vieweg Handbuch Maschinenbau
herausgegeben von A. Böge

Vieweg Taschenlexikon Technik
herausgegeben von A. Böge

Technische Strömungslehre
von L. Böswirth

Technische Mechanik mit Mathcad, Matlab und Maple
von G. Henning, A. Jahr und U. Mrowka

Thermodynamik für Ingenieure
von K. Langeheinecke, P. Jany und E. Sapper

Werkstoffkunde und Werkstoffprüfung
von W. Weißbach

Aufgabensammlung Werkstoffkunde
und Werkstoffprüfung
von W. Weißbach und M. Dahms

Hans Albert Richard
Manuela Sander

Technische Mechanik. Statik

Lehrbuch mit Praxisbeispielen, Klausuraufgaben und Lösungen

Mit 231 Abbildungen

Viewegs Fachbücher der Technik

vieweg

Bibliografische Information der Deutschen Bibliothek
Die Deutsche Bibliothek verzeichnet diese Publikation in der Deutschen Nationalbibliographie; detaillierte bibliografische Daten sind im Internet über <http://dnb.ddb.de> abrufbar.

1. Auflage September 2005

Lektorat: Thomas Zipsner

Der Vieweg Verlag ist ein ist ein Unternehmen von Springer Science+Business Media.
www.vieweg.de

Umschlaggestaltung: Ulrike Weigel, www.CorporateDesignGroup.de
Druck und buchbinderische Verarbeitung: Wilhelm & Adam, Heusenstamm
Gedruckt auf säurefreiem und chlorfrei gebleichtem Papier.
Printed in Germany

ISBN 3-528-03983-3

Vorwort

Viele Publikationen, die naturwissenschaftliche und technische Inhalte beschreiben, beginnen mit einer umfassenden Beschreibung der Grundlagen durch Formeln und Texte. Dies macht es vielen Lernenden schwer, frühzeitig die Gesamtzusammenhänge zu erkennen.

Das vorliegende Lehr- und Übungsbuch „Technische Mechanik – Statik“ mit anwendungsnahen Beispielen geht daher einen etwas anderen Weg. Unter dem Motto „Lasst Bilder und Skizzen sprechen“ werden zunächst in einem Anfangskapitel Fragestellungen und Probleme der Statik dargestellt und formuliert. Dies soll die Motivation, sich mit dem Inhalt des Buches auseinander zu setzen, erhöhen und es dem Leser von Anfang an ermöglichen, auch notwendige Details in einem Gesamtzusammenhang zu sehen. Erst nach diesem Anfangskapitel werden dann alle wesentlichen Grundlagen und ihre Anwendungen dargestellt.

Diese Vorgehensweise hat sich in zahlreichen Lehrveranstaltungen, welche von den Autoren an der Universität Paderborn für Ingenieursstudenten der Fächer Maschinenbau, Wirtschaftsingenieurwesen, Elektrotechnik und Studierende angrenzender Gebiete, wie Technomathematik und Ingenieurinformatik, gehalten werden, bewährt. Sie führt zu einer hohen Aufmerksamkeit von Beginn an und einer aktiven Mitwirkung der Studierenden in Vorlesungen und Übungen.

Im Wesentlichen beschäftigt sich dieses Buch mit dem Gleichgewicht von Bau- und Maschinenteilen, tragenden Strukturen und deren Idealisierungen als starre Körper. Betrachtet werden das Kräfte- und Momentengleichgewicht sowie die Ermittlung von Auflager- und Schnittgrößen ebener und räumlicher, ein- und mehrteiliger Tragwerke. Weiterhin wird die Berechnung von Schwerpunkten behandelt. Untersucht werden auch die Kraftwirkungen und die Reibung zwischen Körpern.

Das Buch wendet sich an Studierende der Ingenieurwissenschaften und angrenzender Gebiete an Universitäten und Fachhochschulen. Es ist aber auch als Ratgeber für in der Praxis tätige Ingenieure gedacht, welche die Gelegenheit nutzen wollen, die wichtigen Grundlagen der Mechanik im Hinblick auf ihre derzeitigen Tätigkeiten in der Forschung, Produktentwicklung, Konstruktion und Berechnung aufzufrischen.

Die Statik stellt den ersten Teil eines entstehenden dreibändigen Lehrbuches der Technischen Mechanik dar. Weitere Themenfelder wie Festigkeitslehre und Dynamik (Kinematik und Kinetik) sollen in Kürze folgen.

Die Technische Mechanik ist nicht allein durch das Lesen eines Buches erlernbar. Notwendig sind das selbständige Bearbeiten und Lösen von Fragestellungen. Dieses Buch soll daher auch als Arbeitsanleitung verstanden werden. Die zahlreichen Beispiele können und sollen vom Leser nachvollzogen werden. Durch *** gekennzeichnete Beispiele behandeln prüfungsrelevante Inhalte. Des Weiteren wird dem Lernenden anhand von formulierten Klausuraufgaben die Möglichkeit gegeben, völlig selbständig Fragestellungen und Probleme der Statik zu lösen und somit den eigenen Kenntnisstand zu überprüfen.

In diesem Sinne wünschen wir Ihnen viel Freude beim Erlernen und beim Anwenden der Technischen Mechanik.

Herzlich gedankt sei an dieser Stelle Frau cand.-Ing. Melanie Stephan für das Zeichnen der Bilder und das Übertragen der Texte und Formeln in das Manuskript. Weiterhin gilt unser Dank dem Vieweg Verlag für die gewährte Unterstützung und insbesondere Herrn Thomas Zipsner für das Lektorat und die wertvollen Anregungen.

Paderborn, Juli 2005 Hans Albert Richard und Manuela Sander

Inhaltsverzeichnis

1 Fragestellungen der Statik 1

2 Kräfte und ihre Wirkungen 5

2.1 Äußere Kräfte, wirkende Lasten 5
2.2 Reaktionskräfte und innere Kräfte 8
2.3 Kräfte am starren Körper 10
2.3.1 Linienflüchtigkeitsaxiom 11
2.3.2 Gleichgewichtsaxiom 11
2.3.3 Wechselwirkungsgesetz 12
2.3.4 Axiom vom Kräfteparallelogramm 13
2.4 Zentrale ebene Kräftegruppe 15
2.4.1 Ermittlung der Resultierenden 15
2.4.2 Zerlegung einer Kraft in verschiedene Richtungen 22
2.4.3 Gleichgewicht dreier Kräfte 23
2.4.4 Gleichgewichtsbedingungen für zentrale Kräftegruppe 25
2.5 Beliebige ebene Kräftegruppe 28
2.5.1 Ermittlung der resultierenden Kraft einer ebenen Kräftegruppe 28
2.5.2 Zerlegung einer Kraft nach mehreren Richtungen 31

3 Momente und ihre Wirkungen 33

3.1 Moment einer Kraft 33
3.1.1 Vektordarstellung des Momentes 34
3.1.2 Berechnung des Momentes mit den Kraftkomponenten 35
3.2 Moment einer ebenen Kräftegruppe 36
3.3 Moment eines Kräftepaares 39

4 Lösen von Fragestellungen der ebenen Statik 42

4.1 Gleichgewichtsbedingungen der ebenen Statik 42
4.2 Der Freischnitt: Kräfte werden sichtbar 45
4.3 Lösungen für Probleme in Natur und Technik 49
4.4 Standsicherheit 55

5 Einteilige ebene Tragwerke 58

5.1 Einzelkomponenten ebener Tragwerke 58
5.1.1 Seil 58
5.1.2 Stab 58
5.1.3 Balken 59
5.1.4 Bogenträger 59
5.1.5 Rahmen 60
5.1.6 Gelenkträger 60
5.1.7 Scheibe 61

5.2 Lagerungsarten ... 61
5.2.1 Verschiebbares Lager ... 61
5.2.2 Festes Lager ... 62
5.2.3 Einspannung ... 63
5.2.4 Übersicht, alternative Darstellungen ... 63
5.3 Lagerungen für ebene Tragwerke ... 64
5.3.1 Freiheitsgrade, stabile Lagerung und statische Bestimmtheit ... 65
5.3.2 Tragwerke mit einem Festlager und einem Loslager ... 65
5.3.3 Eingespannter Balken ... 66
5.3.4 Tragwerk mit zwei Festlagern ... 66
5.3.5 Tragwerke mit drei Lagerungen ... 66
5.3.6 Balken mit Einspannung und Festlager ... 67
5.3.7 Beispiele für nichtstabile Lagerungen ... 67
5.4 Rechnerische Ermittlung der Auflagerreaktionen von einteiligen Tragwerken ... 67
5.4.1 Freischnitt des Tragwerkes ... 68
5.4.2 Anwendung der Gleichgewichtsbedingungen ... 68
5.4.3 Balken mit Fest- und Loslager ... 69
5.4.4 Eingespannter Balken ... 69
5.4.5 Rahmen ... 71
5.5 Zeichnerische Ermittlung der Auflagerreaktionen ... 73
5.5.1 Vertikal belasteter Balken ... 73
5.5.2 Balken mit nichtparallelen Kräften ... 73
5.6 Innere Kräfte und Momente ebener Tragwerke ... 75
5.6.1 Normalkraft, Querkraft und Biegemoment ... 75
5.6.2 Schnittkraftgruppe ... 76
5.6.3 Normalkraft im Seil ... 76
5.6.4 Normalkraft im Stab ... 77
5.6.5 Normalkraft, Querkraft und Biegemoment im Balken ... 79
5.6.6 Normalkraft, Querkraft und Biegemoment beim Rahmen ... 88
5.6.7 Normalkraft, Querkraft und Biegemoment beim Bogenträger ... 91
5.7 Tragwerke mit kontinuierlich verteilter Belastung ... 95
5.7.1 Einbereichsprobleme mit beliebig verteilter Streckenlast ... 96
5.7.2 Balken mit konstanter Streckenlast ... 98
5.7.3 Balken mit Dreieckslast ... 101
5.7.4 Zusammenhang zwischen Belastungs- und Schnittgrößen beim Balken ... 105
5.7.5 Mehrbereichsprobleme ... 106

6 Mehrteilige ebene Tragwerke ... 115
6.1 Tragwerke mit Gelenken ... 116
6.1.1 Freiheitsgrade, stabile Lagerung und statische Bestimmtheit ... 116
6.1.2 Lagerungen für mehrteilige ebene Tragwerke ... 117
6.2 Ermittlung der Auflagerreaktionen und der Gelenkkräfte ... 118
6.3 Normalkraft-, Querkraft- und Biegemomentenverläufe in den Tragwerksteilen ... 122
6.4 Balken mit Gelenken (GERBER-Träger) ... 125
6.5 Dreigelenkbogen ... 129

6.6 Rahmentragwerke mit Gelenken ... 131

7 Ebene Fachwerke ... 134

7.1 Stabilität, statische Bestimmtheit ... 135
7.2 Ermittlung der Auflagerkräfte von ebenen Fachwerken ... 136
7.3 Ermittlung der Stabkräfte beim einfachen Fachwerk ... 137
7.3.1 Nullstäbe ... 137
7.3.2 RITTERsches Schnittverfahren ... 138
7.3.3 Knotenpunktverfahren ... 143
7.3.4 CREMONA-Plan ... 146
7.4 Ermittlung der Stabkräfte beim nichteinfachen Fachwerk ... 149

8 Räumliche Statik starrer Körper ... 152

8.1 Kräfte und Momente im Raum ... 152
8.1.1 Einzelkraft und ihre Komponenten ... 153
8.1.2 Resultierende einer zentralen räumlichen Kräftegruppe ... 154
8.1.3 Moment einer Kraft ... 155
8.1.4 Resultierende Kraft und resultierendes Moment einer beliebigen räumlichen Kräftegruppe ... 156
8.2 Gleichgewichtsbedingungen der räumlichen Statik ... 158
8.3 Räumliche Tragwerke ... 160
8.3.1 Lagerungsarten für räumliche Tragwerke ... 160
8.3.2 Freiheitsgrade, stabile Lagerung und statische Bestimmtheit ... 163
8.3.3 Ermittlung der Auflagerreaktionen ... 164
8.3.4 Ermittlung der Schnittgrößen räumlicher Tragwerke ... 166

9 Schwerpunkt ... 171

9.1 Schwerpunkt eines Körpers ... 171
9.1.1 Ortsvektor des Schwerpunktes ... 172
9.1.2 Koordinaten des Schwerpunktes ... 174
9.1.3 Massenmittelpunkt ... 174
9.1.4 Volumenmittelpunkt ... 175
9.1.5 Schwerpunkt, Massenmittelpunkt und Volumenmittelpunkt von zusammengesetzten Körpern ... 175
9.1.6 Schwerpunkte einfacher homogener Körper ... 177
9.2 Schwerpunkt einer Fläche ... 180
9.2.1 Ortsvektor des Flächenschwerpunktes ... 180
9.2.2 Koordinaten des Flächenschwerpunktes ... 180
9.2.3 Flächenschwerpunkte für zusammengesetzte Flächen ... 181
9.2.4 Berechnung des Flächenschwerpunktes einzelner Flächen ... 181
9.2.5 Schwerpunktskoordinaten einfacher Flächen ... 182
9.2.6 Statisches Moment einer Fläche ... 182

10 Reibung ... 185

10.1 Grundlagen der Festkörperreibung ... 185
10.2 Haftreibung ... 186
10.2.1 Körper auf schiefer Ebene ... 187

10.2.2 Reibungssektor, Reibungskegel 189
10.2.3 Leiter an einer Wand 190
10.3 Gleitreibung 193
10.4 Seilhaftung und Seilreibung 197
10.4.1 Seilhaftung 197
10.4.2 Seilreibung 199

11 Klausuraufgaben 200
11.1 Aufgabenstellungen 200
11.2 Ergebnisse 202

Anhang 205
A1 Größen, Dimensionen und Einheiten der Mechanik 205
A2 Grundlagen der Vektorrechnung 205
A2.1 Allgemeine Definitionen 206
A2.2 Addition von Vektoren 206
A2.3 Komponentendarstellung eines Vektors 207
A2.4 Skalarprodukt zweier Vektoren 208
A2.5 Vektorprodukt zweier Vektoren 209
A3 Genauigkeit der Zahlenrechnung 210
A4 Weiterführende Themen der Technischen Mechanik 210

Sachwortverzeichnis 211

1 Fragestellungen der Statik

Die Technische Mechanik beschäftigt sich mit der Lehre von den Kräften sowie den Bewegungen, Spannungen und Verformungen, welche diese bei Körpern, Bauteilen, Maschinen sowie anderen natürlichen oder technischen Strukturen hervorrufen.

Die Statik ist ein wichtiges Teilgebiet der Technischen Mechanik und beinhaltet die Lehre von den Kräften und die Lehre vom Gleichgewicht. Betrachtet werden im Allgemeinen tragende Strukturen, die sich in Ruhe befinden und aufgrund ihrer Funktion auch in Ruhe verbleiben müssen.

Die Grundlagen der Statik dienen dem Ingenieur im Wesentlichen dazu,

- sich einen Überblick über die wirkenden Kräfte zu verschaffen,
- die resultierende Wirkung dieser Kräfte zu ermitteln,
- die Wirkung von Kräften auf die Teilstrukturen zu bestimmen,
- die in den Teilstrukturen wirkenden inneren Kräfte und Momente zu ermitteln,
- die Standsicherheit von Maschinen, Fahrzeugen und Anlagen zu überprüfen,
- die Kräfte an den Aufstands- oder Lagerpunkten zu bestimmen,
- Schwerpunkte von Körpern und Flächen zu ermitteln sowie
- Haft- und Gleitreibungssituationen in Natur und Technik zu verstehen.

Bevor die Grundlagen und Methoden der Statik im Einzelnen beschrieben werden, sollen die Aufgaben des Ingenieurs im Folgenden anhand von Fragestellungen der Statik erläutert werden.

Fragestellung 1-1 beschäftigt sich mit einer Eisenbahnbrücke, Bild 1-1. Sie besteht aus einer Fachwerkstahlkonstruktion und ist an den Stellen A und B gelagert. Von Interesse ist hierbei unter anderem das Gesamtgewicht und der Gesamtschwerpunkt der Brücke sowie die Belastung der Brücke bei einer Zugüberfahrt. Aus dem Eigengewicht und der Betriebsbelastung sollen dann die Kräfte in den Auflagerpunkten und die Kräfte in den Fachwerksteilen (z. B. in den Stäben) ermittelt werden.

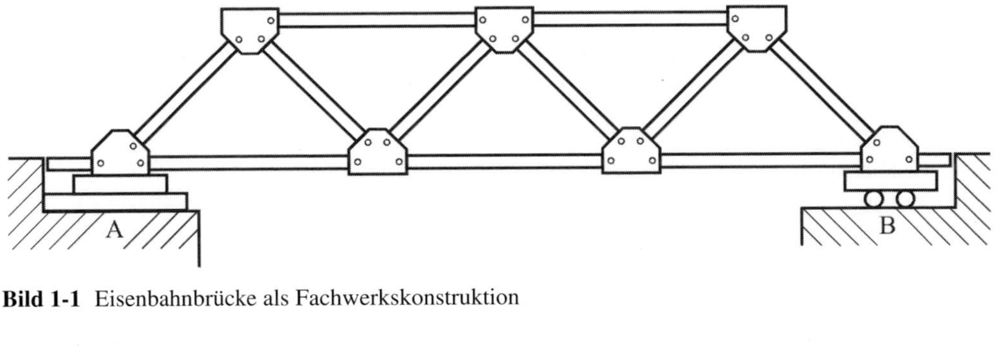

Bild 1-1 Eisenbahnbrücke als Fachwerkskonstruktion

Bei Fragestellung 1-2 soll ein Schaufelbagger, der eine Last F anhebt, Bild 1-2, mit den Methoden der Statik untersucht werden. Von großer Bedeutung ist dabei auch das Eigengewicht des Baggers, das als resultierende Kraft G im Körperschwerpunkt S angreift.

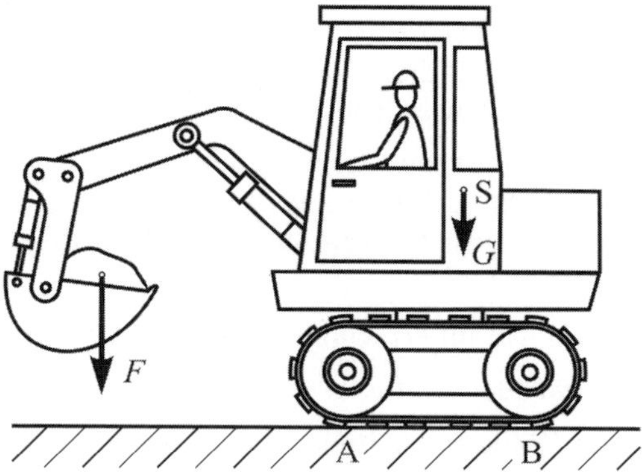

Bild 1-2
Schaufelbagger im Betrieb

In diesem Zusammenhang ergeben sich viele Fragen, die mit den Methoden der Statik gelöst werden können:

a) Wie groß sind die Kräfte in den Aufstandspunkten A und B?

b) Wie groß darf die Last F maximal sein, damit eine ausreichende Standsicherheit des Baggers gewährleistet ist?

c) Welche Kräfte müssen die Hydraulikzylinder bei Betriebslast aufbringen?

Darüber hinaus ist für die Entwicklung bzw. Konstruktion noch von Bedeutung, welche Kräfte und Momente auf die weiteren Teilsysteme des Baggers wirken bzw. wie diese Belastungen im Inneren der Systeme übertragen werden.

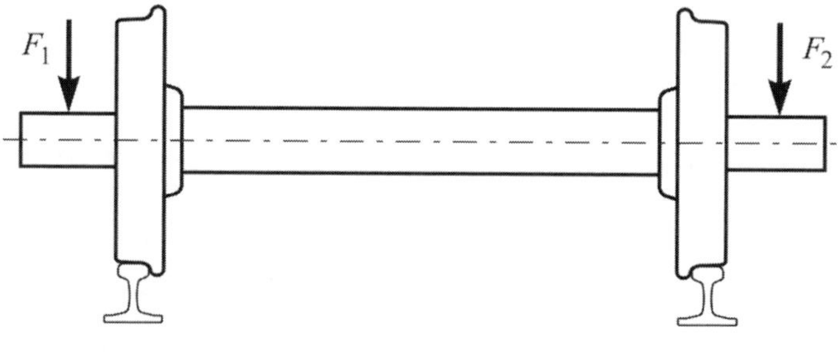

Bild 1-3 Radsatzwelle eines Schienenfahrzeugs

Bei Fragestellung 1-3 soll die Radsatzwelle eines Schienenfahrzeugs untersucht werden, Bild 1–3. Hierfür wurden bereits die Kräfte $F_1 = F_2 = F$ aus dem Wagenaufbau für den Lastfall Geradeausfahrt ermittelt. Es bleiben u.a. noch die Fragen, wie groß in diesem Fall die Radaufstandskräfte sowie die Biegemomente und die Querkräfte in der Radsatzwelle sind. Biegemomente und Querkräfte sind unter anderem bei der festigkeitsgerechten Auslegung dieser Radsatzwelle von großer Bedeutung.

Bei der Verkehrsampel, Fragestellung 1-4, interessiert unter anderem, wie groß die Kräfte und das Einspannmoment im Ampelfundament sind, wenn die drei Ampeln je ein Gewicht von

100 N haben. Für die Auslegung des Ampelmastes sind darüber hinaus die wirkenden Normal- und Querkräfte sowie die Biegemomente wichtig.

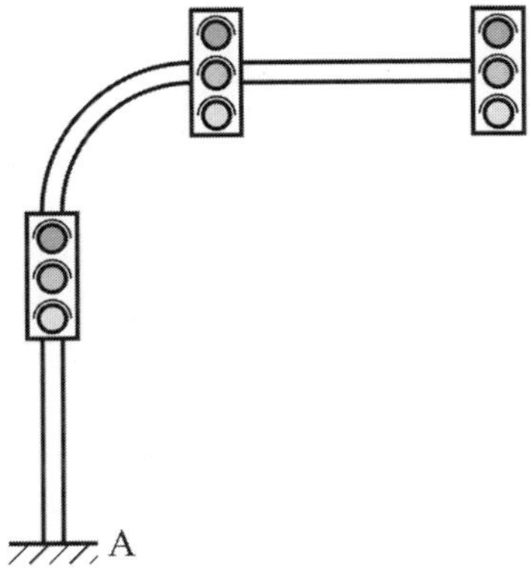

Bild 1-4
Verkehrsampel

Fragestellung 1-5 beschäftigt sich mit einem alltäglichen Problem. Eine Dame (Masse $m = 60$ kg, Gewicht $G = 600$ N) steht auf nur einem Fuß, Bild 1-5. Unter diesen Voraussetzungen sollen mit den Methoden der Statik die Aufstandskräfte in den Punkten A und B und die Flächenpressung unter dem Schuhabsatz bestimmt werden, wenn dieser eine Aufstandsfläche von 0,5 cm^2 hat.

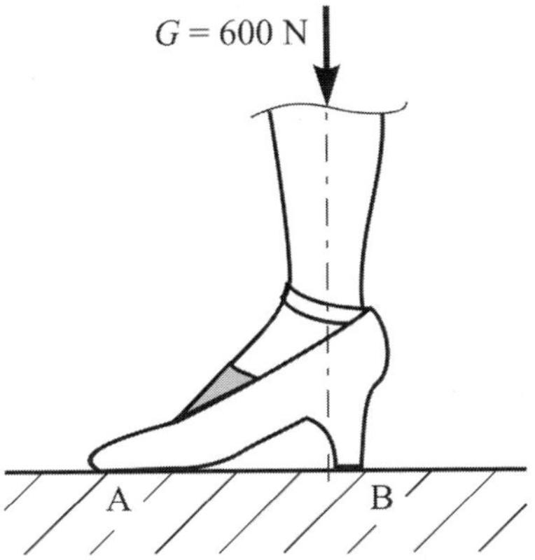

Bild 1-5
Fuß einer Dame beim Einbeinstand

Eine Leiter ist an eine Wand angelehnt, Fragestellung 1-6. Eine Person mit erheblichem Körpergewicht klettert die Leiter hinauf, Bild 1-6. Unter Berücksichtigung der Reibungsverhältnisse an Wand und Boden ist zu ermitteln, ob die Person die Leiter sicher hinaufklettern kann. Interessant ist auch die Frage, welche Bedeutung in diesem Zusammenhang das Körpergewicht hat.

Diese und viele andere Fragestellungen lassen sich mit den Methoden der Statik lösen. Dieses Eingangskapitel soll das Interesse wecken, sich mit dem weiteren Inhalt des Buches auseinander zu setzen und auch notwendige Details in einem Gesamtzusammenhang zu sehen. Die Vermittlung der Grundlagen der Statik wird stets begleitet durch zahlreiche anwendungsnahe, aber auch abstrakte Beispiele. Ausgewählte Klausuraufgaben sollen eine selbständige Überprüfung des bereits gelernten Stoffes ermöglichen und Sicherheit beim Umgang mit ingenieurtechnischen Fragestellungen liefern.

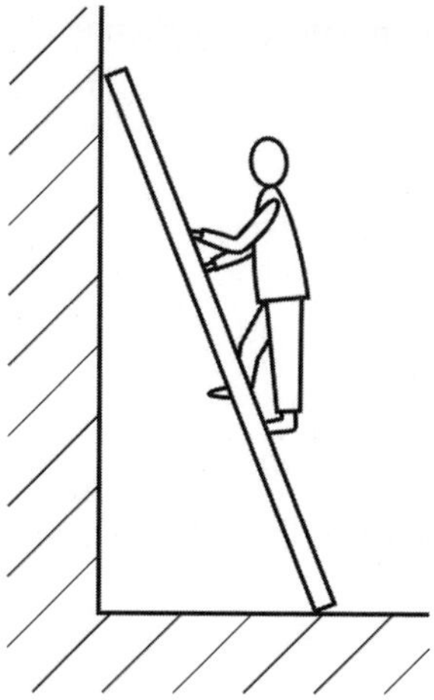

Bild 1-6
Person klettert eine Leiter hinauf

Das nächste Kapitel wird sich mit Kräften und ihren Wirkungen beschäftigen. Kräfte kann man aber leider nicht sehen. Für eine erfolgreiche Anwendung der Methoden der Statik, müssen Kräfte und ihre Wirkungslinien gedanklich sichtbar gemacht werden. Welche Verfahren dazu geeignet sind, wird in den nächsten Kapiteln verdeutlicht.

2 Kräfte und ihre Wirkungen

Kräfte treten überall auf – in der Natur, in der Technik, im Verkehr, im Sport, usw. Ein Getreidehalm wiegt sich im Wind, ebenso wie ein Fernsehturm. Bei Bewegungen sind im Allgemeinen Kräfte im Spiel. Das vielfach notwendige Verharren von Körpern in Ruhe wird ebenfalls durch Kräfte garantiert.

Auch die Lösung der im Kapitel 1 dargestellten Fragestellungen erfordert eine intensive Beschäftigung mit der physikalischen Größe „Kraft“.

Es gibt zahlreiche Möglichkeiten Kräfte einzuteilen. Kräfte können z. B. auftreten als

- äußere Kräfte (wirkende Lasten),
- Reaktionskräfte bzw. Auflagerkräfte,
- innere Kräfte.

Die Unterscheidung der Kräfte ist für das Lösen praktischer Fragestellungen der Statik von großer Wichtigkeit.

Zunächst gilt es herauszufinden, welche Kräfte bei der gegebenen Problemstellung überhaupt wirksam sind. Die wirkenden Kräfte oder Lasten bezeichnet man als äußere Kräfte.

Diese äußeren Kräfte rufen dann Lagerkräfte, Bodenreaktionskräfte, Gelenkkräfte und Kräfte, die zwischen Körpern oder Teilstrukturen wirken, hervor. Diese werden in der Statik zusammenfassend Reaktions- oder Auflagerkräfte genannt.

Die äußeren Kräfte, das heißt die wirkenden Lasten, verursachen aber auch innere Kräfte in Strukturen und Bauteilen. Die inneren Kräfte gilt es zu ermitteln, um Informationen über die Belastbarkeit einer Struktur oder einer Teilstruktur zu erhalten. Dem Konstrukteur dienen sie unter anderem dazu, Bauteile sicher zu dimensionieren.

2.1 Äußere Kräfte, wirkende Lasten

Äußere Kräfte treten bei bewegten und ruhenden Körpern auf.

Eine stets wirkende Kraft ist die Gewichtskraft. Diese wird im Allgemeinen mit dem Formelzeichen G bezeichnet. Die Gewichtskraft errechnet sich aus der Masse m des Körpers und der Fall- oder Schwerebeschleunigung g mit der Formel

$$G = m \cdot g \qquad (2.1),$$

greift im Schwerpunkt des Körpers an und ist stets zum Erdmittelpunkt gerichtet, Bild 2-1. Die Gewichtskraft hat, wie jede andere Kraft, die physikalische Grundeinheit Newton, abgekürzt N. Größen, Dimensionen und Einheiten der Mechanik sind in Anhang A1 zusammengestellt.

Bewegungen und insbesondere Bewegungsänderungen erfolgen unter dem Einfluss von Kräften. Bei Bewegungen treten neben der Gewichtskraft im Allgemeinen zusätzlich noch Beschleunigungs- oder Verzögerungskräfte auf.

Die Beschleunigungskraft F_B errechnet sich aus der Masse m und der Beschleunigung a nach dem Grundgesetz der Mechanik:

$$F_B = m \cdot a \qquad (2.2).$$

Die Kraftrichtung entspricht der Richtung der Beschleunigung, Bild 2-1.

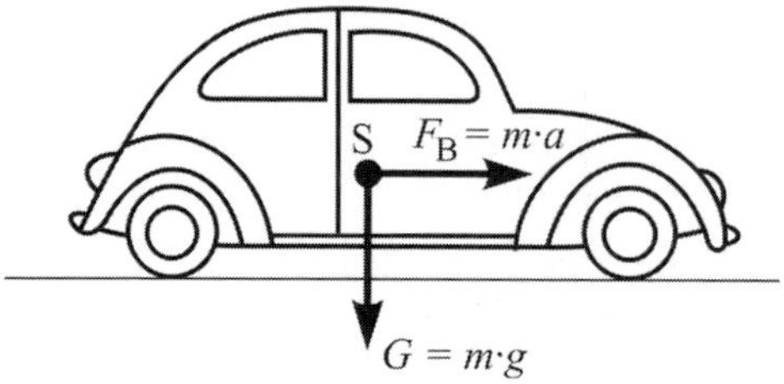

Bild 2-1
Gewichtskraft G und Beschleunigungskraft F_B beim Auto

Bei Kreisbewegungen wirkt stets eine Fliehkraft. Sie errechnet sich aus der Masse m des Körpers auf der Kreisbahn, dem Radius r der Kreisbahn und der Winkelgeschwindigkeit ω mit der Formel

$$F_F = m \cdot r \cdot \omega^2 \qquad (2.3).$$

Die Fliehkraft wirkt bei der Kreisbewegung stets in radialer Richtung.

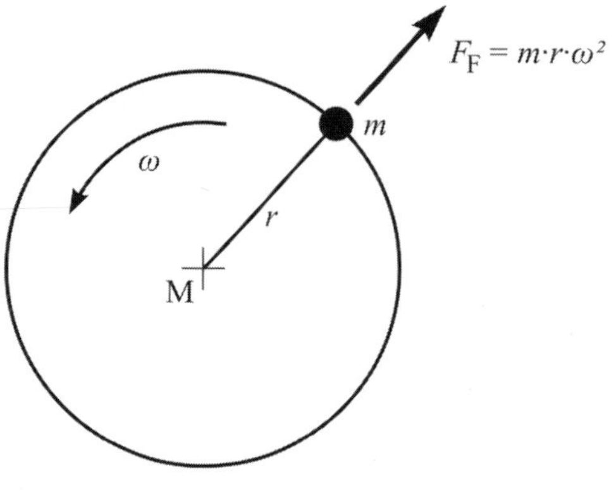

Bild 2-2
Fliehkraft F_F bei der Kreisbewegung einer Masse m

Gewichtskraft, Beschleunigungskraft und Fliehkraft sind Massenkräfte, werden aber auch Volumenkräfte genannt, wobei sich die Masse m aus dem Volumen V und der Dichte ρ des Materials errechnet:

$$m = V \cdot \rho \qquad (2.4).$$

Massenkräfte wirken über das Volumen verteilt, werden jedoch idealisiert als im Schwerpunkt des Körpers angreifende Kräfte dargestellt, Bild 2-1 und Bild 2-2.

Neben den Massen- bzw. Volumenkräften kommen als äußere Kräfte auch Flächenkräfte vor. Hierzu zählen z. B. der Luftwiderstand beim Auto oder die Windbelastung von Brücken und Gebäuden, die Schneelasten auf Dächern, der Wasserdruck auf die Staumauer eines Stausees und die Seitenwindkraft beim LKW, siehe auch Bild 2-3.

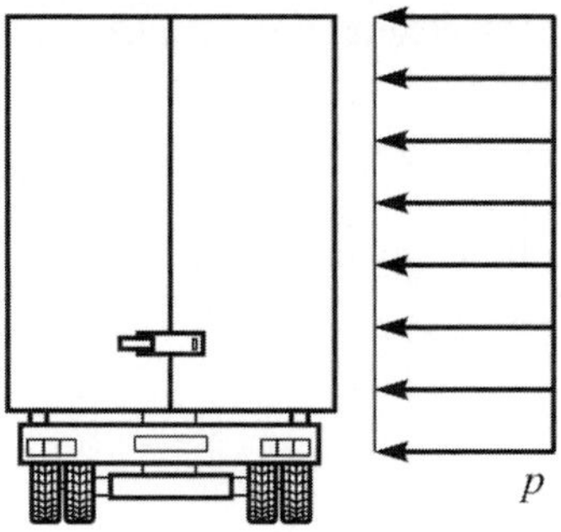

Bild 2-3
Seitenwind bei einem LKW als Flächenkraft

Die Flächenlast/-kraft wird in der Statik mit p bezeichnet und kann z. B. aus einer Kraft F und der Bezugsfläche A mit der Beziehung

$$p = \frac{F}{A} \tag{2.5}$$

errechnet werden. Die Einheit der Flächenlast ist damit z. B. N/m² oder N/mm², siehe Anhang A1.

Neben Volumen- und Flächenlasten verwendet man in der Mechanik noch zwei wichtige Idealisierungen:

- die Linienkraft und
- die Punktkraft oder Einzelkraft.

Die Linienlast q ist als Kraft pro Länge definiert und errechnet sich z. B. nach der Gleichung

$$q = \frac{F}{l} \tag{2.6}$$,

wobei F die Kraft und l die Länge darstellt. Die Einheit ist z. B. N/m oder N/mm. Beispiele für die Linienkraft oder Streckenlast sind das Eigengewicht eines Balkens oder einer Rohrleitung, das über die Länge verteilt wirkt, siehe Bild 2-4. Auch die von einem Balken aufgenommene Flächenlast eines Deckenabschnitts eines Gebäudes oder eines Daches kann als Linien- oder Streckenlast angesehen werden.

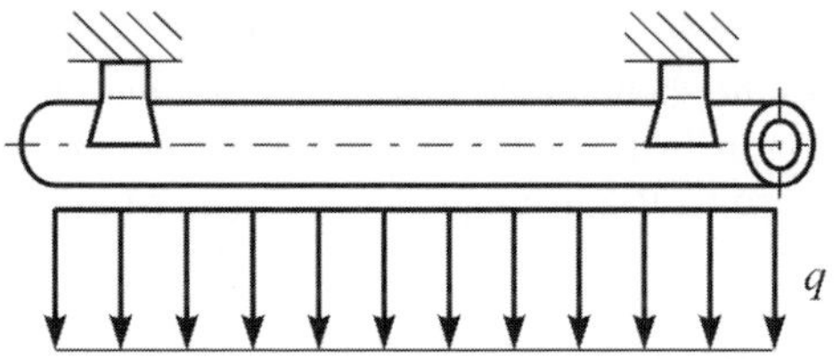

Bild 2-4 Gewicht eines Rohrleitungsteilstückes als Streckenlast

Der Begriff Einzelkraft wird verwendet, wenn z. B. eine Kraftübertragung zwischen zwei Körpern auf kleiner, nahezu punktförmiger Berührungsfläche erfolgt oder wenn Massenkräfte und Flächenlasten idealisiert als Einzelkräfte betrachtet werden, die im Schwerpunkt der Massen oder der Flächen angreifen. Die Einheit der Einzelkraft F ist z. B. N oder kN. Diese

Idealisierung ermöglicht den leichten Zugang zur Technischen Mechanik, insbesondere zur Statik, und erlaubt z. B. die Lösung aller Fragestellungen in Kapitel 1.

Die Einzelkraft stellt einen Vektor dar. Zur Lösung der Fragestellungen der Statik können somit die Gesetzmäßigkeiten der Vektorrechnung herangezogen werden, siehe Anhang A2. Die Einzelkraft ist im Allgemeinen gekennzeichnet durch Größe, Richtung und Angriffspunkt.

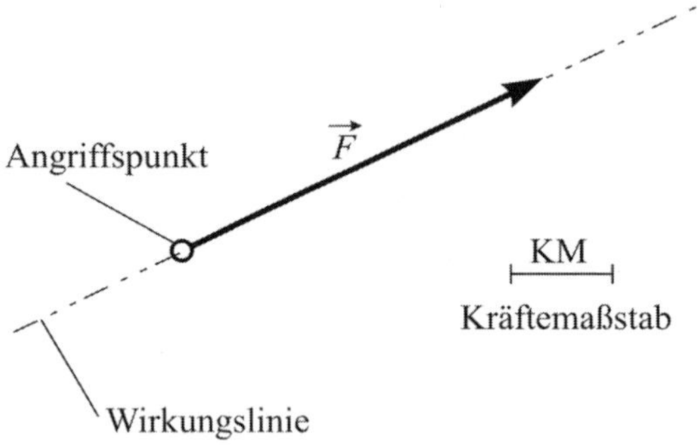

Bild 2-5 Zeichnerische Darstellung einer Einzelkraft

Zeichnerisch wird die Einzelkraft als Pfeil (gerichtete Strecke, Vektor) dargestellt, Bild 2-5. Der Vektorcharakter wird durch den Pfeil über dem Buchstaben der physikalischen Größe deutlich:

$\vec{F}$ kennzeichnet Größe und Richtung der Einzelkraft,

$F = \left|\vec{F}\right|$ kennzeichnet den Betrag, das heißt die Größe der Einzelkraft.

Für die zeichnerische Darstellung ist die Einführung eines Kräftemaßstabs wichtig. Das heißt, die dargestellte Länge der Kraft entspricht einer bestimmten Größe der Kraft. Zum Beispiel kann der Länge von 1 cm eine Kraft von 10 N entsprechen. In anderen Fällen kann der Kräftemaßstab 1 cm $\hat{=}$ 100 kN sinnvoll sein.

Bei der Lösung technischer Fragestellungen (siehe auch Kapitel 1) wird häufig auf den Vektorpfeil über dem Formelzeichen verzichtet. Dies geschieht in der Regel dann, wenn die Kraftrichtung eindeutig bekannt ist (siehe auch Bild 2-1 und Bild 2-2). Der Kraftpfeil gibt in diesem Fall die Richtung der Kraft an, die Größe wird durch den Betrag bestimmt.

Alle in diesem Abschnitt beschriebenen Kräfte können als äußere Kräfte oder wirkende Lasten bezeichnet werden. Sie rufen im Allgemeinen Reaktionskräfte an Aufstandsflächen oder Auflagern hervor und haben innere Kräfte in Tragstrukturen und Maschinen zur Folge.

2.2 Reaktionskräfte und innere Kräfte

Reaktionskräfte sind z. B. die durch äußere Kräfte oder wirkende Lasten hervorgerufenen Stützkräfte oder Lagerreaktionen. Innere Kräfte werden ebenfalls durch die äußeren Kräfte verursacht.

Die Zusammenhänge zwischen äußeren Kräften, Reaktionskräften und inneren Kräften sollen am Beispiel einer Lampe, die an einer Decke aufgehängt ist, verdeutlicht werden.

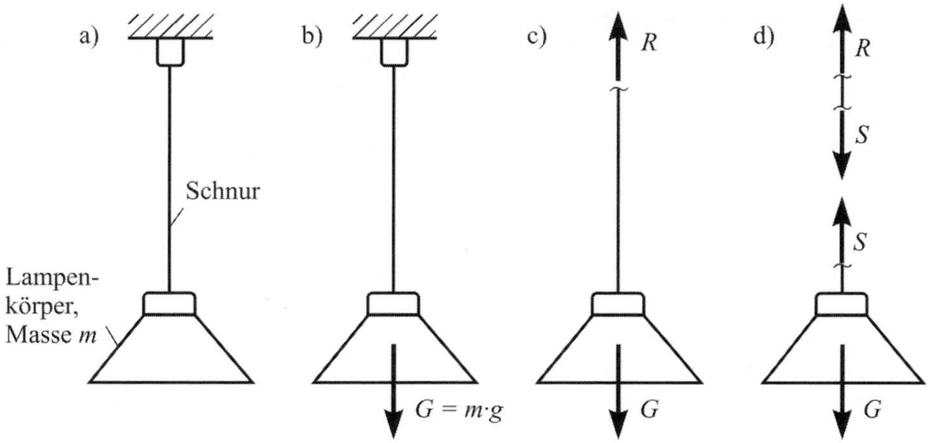

Bild 2-6 Verdeutlichung von äußerer Kraft, Reaktionskraft und innerer Kraft bei einer Lampe
a) Darstellung als Gesamtsystem
b) Im Schwerpunkt der Lampe wirkt die Gewichtskraft $G = m \cdot g$ als äußere Kraft
c) Durch gedankliches Lösen des Seils vom Haken wird die Reaktionskraft R sichtbar
d) Durch gedankliches Aufschneiden des Seils wird die Seilkraft S als innere Kraft erfahrbar

In Bild 2-6a wird als Gesamtsystem ein Lampenkörper, der über eine Schnur mit einem Haken an der Decke befestigt ist, betrachtet. Die Masse des Lampenkörpers ist m, die Schnurmasse ist im Vergleich zur Masse des Lampenkörpers vernachlässigbar.

Im Schwerpunkt des Lampenkörpers wirkt die Gewichtskraft $G = m \cdot g$ als äußere Kraft, Bild 2-6b.

Die Hakenkraft R, Bild 2-6c, stellt die Reaktionskraft dar. Sie wird erst sichtbar durch das gedankliche Lösen des Seils vom Befestigungshaken. Dieses Vorgehen nennt man in der Mechanik „Freischneiden". Dies bedeutet, das Teilsystem „Lampenkörper mit Schnur" wird gedanklich vom Teilsystem „Haken und Decke" gelöst. Die von dem Haken auf das Seil wirkende Kraft wird als Reaktionskraft R eingezeichnet. Mit den Methoden der Statik kann dann die Reaktionskraft ermittelt werden. Sie wirkt der Gewichtskraft entgegen, ist in diesem Fall aber betragsmäßig genauso groß wie die Gewichtskraft, also $R = G$.

Natürlich muss auch die Schnur eine Kraft übertragen. Auch diese ist zunächst nicht zu erkennen. Sie wird erst durch das gedankliche Aufschneiden der Schnur als innere Kraft oder Schnur- bzw. Seilkraft S erfahrbar, Bild 2-6d. Um die Schnur auch nach dem Aufschneiden straff zu halten, muss jeweils am oberen und am unteren Schnurende eine betragsmäßig gleich große Schnurkraft S wirken. Diese innere Kraft S ist in dem betrachteten Fall betragsmäßig ebenso groß wie die Gewichtskraft, d. h. $S = G$. Dies wird durch Betrachtung des unteren Teilsystems in Bild 2-6d deutlich.

Reaktionskräfte sind für die Auslegung von Lagerstellen wichtig. Die Kenntnis von inneren Kräften ist von Bedeutung für die Dimensionierung von Bauteilen und Strukturen. Daher zählt die Ermittlung von Reaktionskräften und inneren Kräften in Strukturen und Bauteilen zu den wichtigsten Aufgaben der Statik.

2.3 Kräfte am starren Körper

Alle Körper in Natur und Technik sind verformbar. Die Verformungen von technischen Strukturen, die durch die Einwirkung von Kräften entstehen, sind im Allgemeinen jedoch klein gegenüber den Abmessungen dieser Konstruktionen. Die Lösung von Fragestellungen der Statik kann sehr vereinfacht werden, wenn man die Verformungen vernachlässigt, das heißt die Strukturen als starr betrachtet.

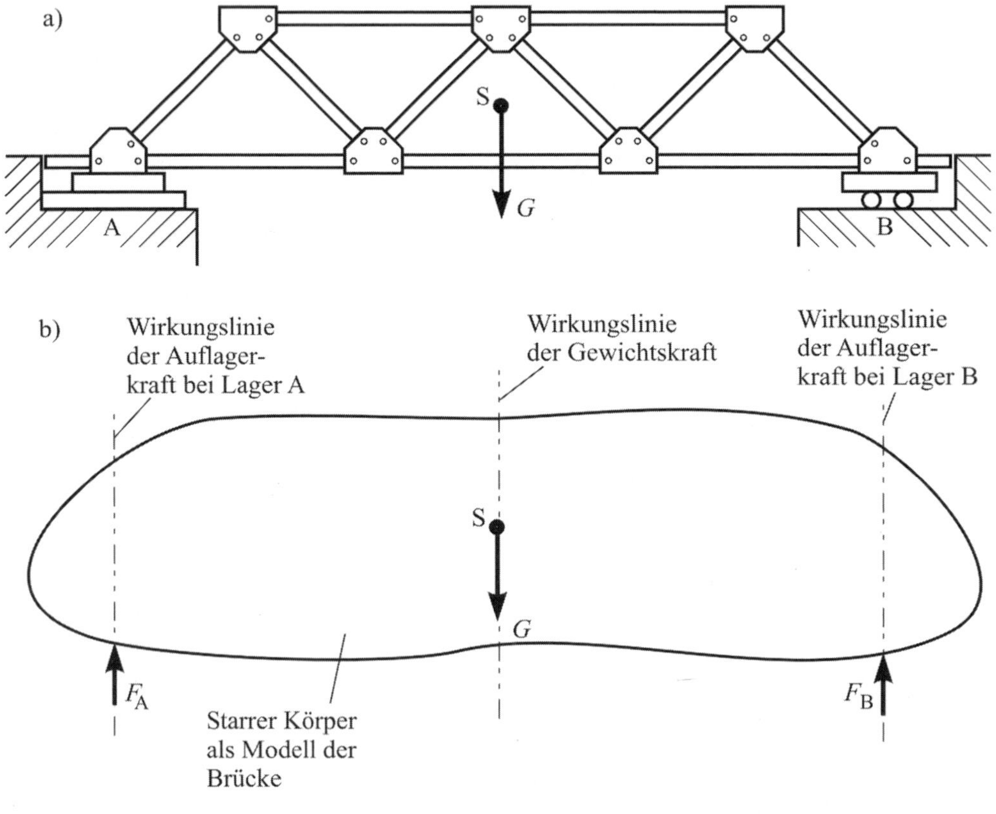

Bild 2-7 a) Reale Brückenstruktur mit der Gewichtskraft im Schwerpunkt der Brücke
b) Idealisierung der Brücke als starrer Körper mit den wirkenden Kräften und ihren Wirkungslinien

Bei einem starren Körper können die Kräfte beliebig auf ihrer Wirkungslinie verschoben werden. Sie sind damit, anders als beim verformbaren Körper, nicht an ihren Angriffspunkt gebunden. Diese wichtige Idealisierung in der Statik ist somit eine wesentliche Hilfe bei der Lösung auch komplizierter Fragestellungen. Die Betrachtung der Kraftwirkungen am starren Körper nennt man auch Theorie 1. Ordnung. Dies bedeutet, z. B. für die Ermittlung der Auflagerreaktionen der Eisenbahnbrücke, Fragestellung 1-1, kann diese als starrer Körper betrachtet werden. Beim starren Körper kommt es auch nicht auf die Fachwerkstruktur an. Lediglich die Kräfte und ihre Wirkungslinien sind für die Bestimmung der Auflagerreaktionen von Bedeutung, Bild 2-7. Die Vernachlässigung der Verformungen ist im Allgemeinen ohne Bedeutung.

Sie führt nur bei Strukturen, die sich stark verformen, wie z. B. Bauteilen aus weichem Gummi, zu Fehlern.

Die Idealisierung realer Strukturen als starre Körper erlaubt die Anwendung der nachfolgenden Axiome der Statik. Axiome sind Grundtatsachen, die durch die Erfahrung bestätigt werden.

2.3.1 Linienflüchtigkeitsaxiom

Das Linienflüchtigkeitsaxiom lautet:

„Der Angriffspunkt einer Kraft kann auf der Kraftwirkungslinie beliebig verschoben werden, ohne dass sich an der Wirkung auf den starren Körper etwas ändert."

Das Axiom wird durch Bild 2-8 verdeutlicht. Die Kraft kann im Punkt A, im Punkt *B* oder an einem anderen Punkt der Wirkungslinie angreifen, die Wirkung auf den starren Körper ist stets dieselbe.

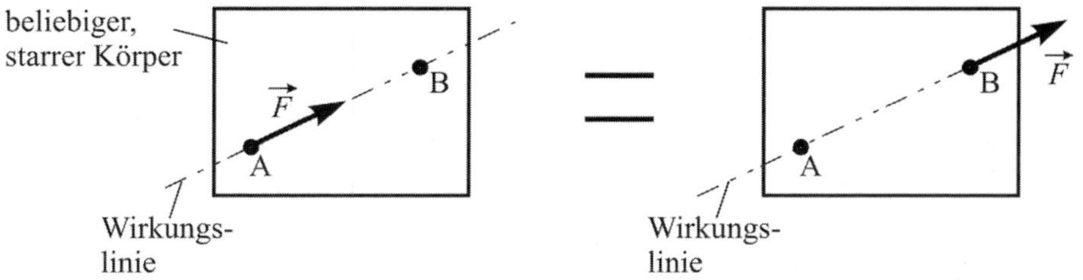

Bild 2-8 Axiom von der Linienflüchtigkeit der Kraftvektoren

Im Gegensatz zum starren Körper ist beim verformbaren Körper die Lage des Kraftangriffspunkts wesentlich, da die Verformungen des Körpers unter anderem vom Kraftangriffspunkt abhängen. Die Tatsache, dass man beim starren Körper die Kraft auf ihrer Wirkungslinie beliebig verschieben darf, bedeutet aber nicht, dass man die Kraft beliebig in der Ebene verschieben kann. Eine Parallelverschiebung zum Beispiel, ändert die Wirkung auf den Körper wesentlich.

2.3.2 Gleichgewichtsaxiom

Dieses Axiom lautet:

„Zwei Kräfte sind im Gleichgewicht, wenn sie

- *auf derselben Wirkungslinie liegen,*
- *entgegengesetzt gerichtet und*
- *gleich groß sind."*

Dies wird in Bild 2-9 verdeutlicht.

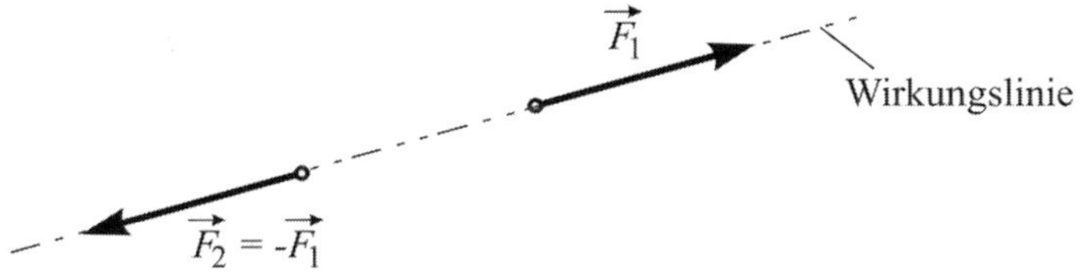

Bild 2-9 Zwei Kräfte im Gleichgewicht

Die Kräfteaddition ergibt (siehe auch A2):

$$\vec{F}_1 + \vec{F}_2 = \vec{0} \qquad (2.7).$$

Gleichgewicht bedeutet somit, dass keine resultierende Kraft wirkt. Die Vektorsumme ergibt einen Nullvektor. Zwei Kräfte, die sich im Gleichgewicht befinden, bilden eine Gleichgewichtsgruppe. Ein ruhender Körper bleibt auch bei Einwirkung einer Gleichgewichtsgruppe in Ruhe.

2.3.3 Wechselwirkungsgesetz

Dieses Axiom lässt sich wie folgt formulieren:

„Die Kräfte, die zwei Körper aufeinander ausüben, sind gleich groß, entgegengesetzt gerichtet und liegen auf derselben Wirkungslinie."

Dies bedeutet auch: *„Die Wirkung ist stets der Gegenwirkung gleich"* oder

„actio = reactio".

Da dieses Gesetz für das Verständnis der Technischen Mechanik insgesamt, aber auch der Statik von besonderer Wichtigkeit ist, soll es anhand von Beispielen noch weiter erläutert werden.

Ein Stein, der zur Erde fällt, wird von der Erde angezogen. Auf den Stein wirkt die Gewichtskraft G_S. Der Stein zieht aber in gleicher Weise auch die Erde an, Bild 2-10. Die Kraft F_S wirkt auf derselben Wirkungslinie, ist gleich groß wie G_S, aber entgegengesetzt gerichtet.

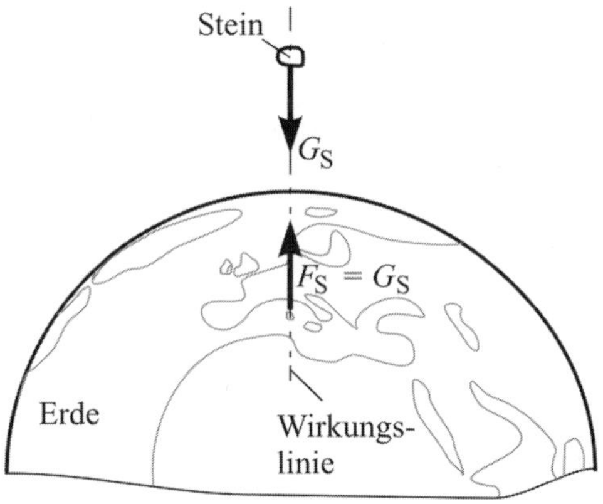

Bild 2-10 Fallender Stein als Beispiel für das Wechselwirkungsgesetz

Die Hand, die gegen eine Wand drückt, erfährt von der Wand eine gleich große Gegenkraft, Bild 2-11.

Die Kraftwirkungen werden erst deutlich, wenn man die beiden Körper gedanklich trennt. Das heißt, die Körper müssen gedanklich „freigeschnitten" werden. Dann sind die Kraftwirkungen auf jeden Körper zu betrachten: die Kraft, welche die Hand auf die Mauer ausübt und ebenso die Reaktionskraft, die von der Mauer auf die Hand wirkt. Die Gegenkraft F_W liegt auf derselben Wirkungslinie wie die Handkraft F_H, ist betragsmäßig ebenso groß: $F_W = F_H$, aber entgegengesetzt gerichtet: $\vec{F}_W = -\vec{F}_H$.

Damit sind beide Kräfte auch im Gleichgewicht (siehe Gleichgewichtsaxiom).

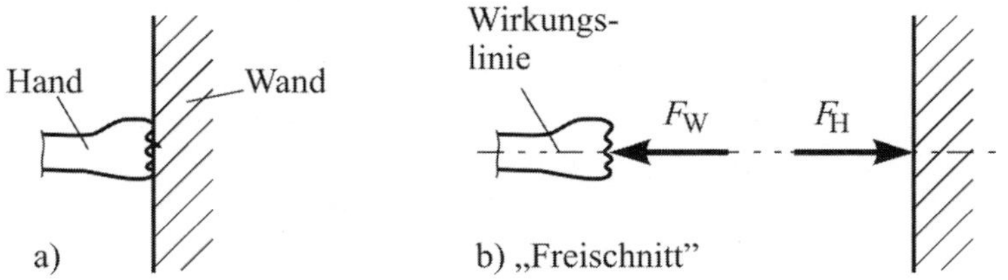

Bild 2-11 a) Hand drückt gegen eine Wand.
b) „Freischnitt" macht die wirkenden Kräfte sichtbar.

Actio = Reactio wird auch bei der Lagerung der Eisenbahnbrücke in Bild 1-1 und in Bild 2-7 deutlich. Betrachtet man einmal das Auflager B im Freischnitt, so erkennt man, dass das Lager der Brücke eine Kraft F_B auf das Betonteil ausübt, umgekehrt wirkt die Kraft F_B aber auch als Lagerreaktionskraft F_B auf die Brücke, Bild 2-12. Aktions- und Reaktionskraft liegen auf derselben Wirkungslinie, sind aber entgegengesetzt gerichtet.

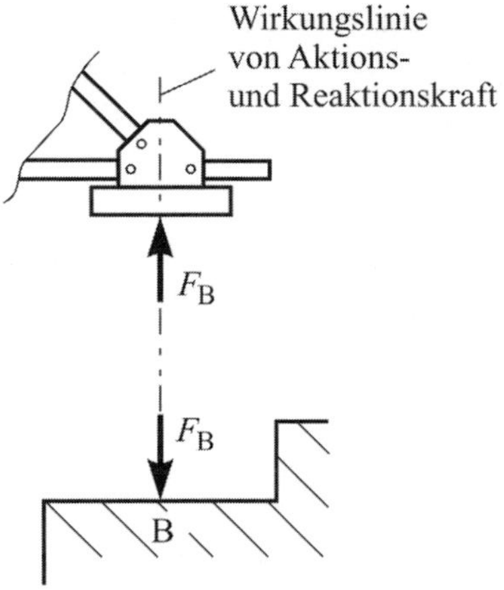

Bild 2-12
Aktions- und Reaktionskraft im Lager B der Eisenbahnbrücke

2.3.4 Axiom vom Kräfteparallelogramm

Dieses Axiom lässt sich wie folgt formulieren:

„Zwei Kräfte, die am selben Angriffspunkt angreifen, setzen sich zu einer Kraft zusammen, deren Größe und Richtung sich als Diagonale des von beiden Kräften aufgespannten Parallelogramms ergibt."

Dieses Axiom beschreibt das Superpositionsprinzip der Kraftwirkungen, Bild 2-13. Das heißt, die resultierende Kraft $\vec{R}$ ersetzt die Kräfte $\vec{F}_1$ und $\vec{F}_2$. Ebenso werden die Teilwirkungen von $\vec{F}_1$ und $\vec{F}_2$ durch die resultierende Wirkung von $\vec{R}$ ersetzt.

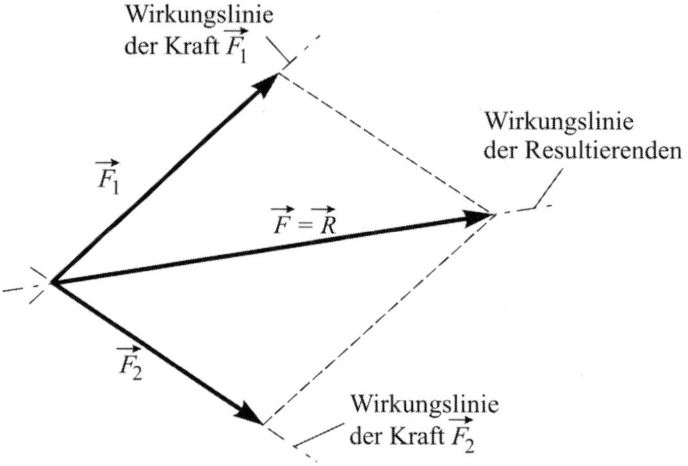

Bild 2-13 Ermittlung der Resultierenden zweier Kräfte mit dem Kräfteparallelogramm

Für die Zusammensetzung zweier Kräfte zu einer Resultierenden können auch die Gesetzmäßigkeiten der Vektoraddition herangezogen werden (siehe Anhang A2). Rechnerisch ergibt sich somit:

$$\vec{F}_1 + \vec{F}_2 = \vec{R} \qquad (2.8).$$

Bild 2-14 zeigt die zeichnerische Darstellung der Addition der Kräfte $\vec{F}_1$ und $\vec{F}_2$.

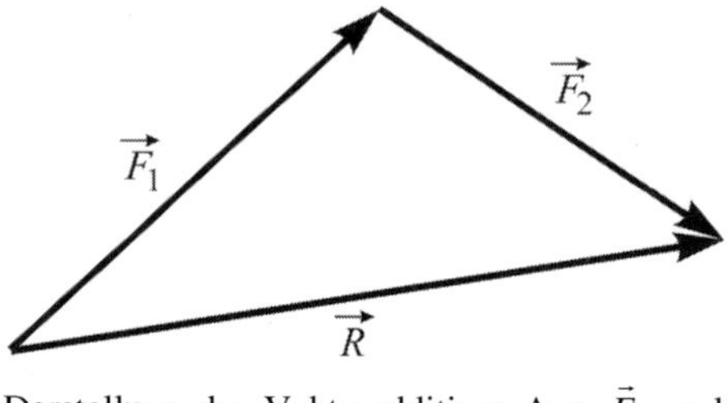

Bild 2-14 Grafische Darstellung der Vektoraddition: Aus $\vec{F}_1$ und $\vec{F}_2$ wird die Resultierende $\vec{R}$ bestimmt.

Die Anwendung des Axioms vom Kräfteparallelogramm soll an einem einfachen Beispiel verdeutlicht werden, bei dem zwei Kräfte an einem starren Körper angreifen.

Durch die Richtungen der Kräfte sind die jeweiligen Wirkungslinien und der Schnittpunkt A vorgegeben, Bild 2-15a. Zur Ermittlung der Resultierenden $\vec{R}$ verschiebt man die Kräfte $\vec{F}_1$ und $\vec{F}_2$ auf ihren Wirkungslinien, so dass die Kräfte im Schnittpunkt A der Wirkungslinien angreifen (Linienflüchtigkeitsaxiom), Bild 2-15b. Die Resultierende und ihre Wirkungslinie ergibt sich dann aus dem Kräfteparallelogramm (Axiom vom Kräfteparallelogramm).

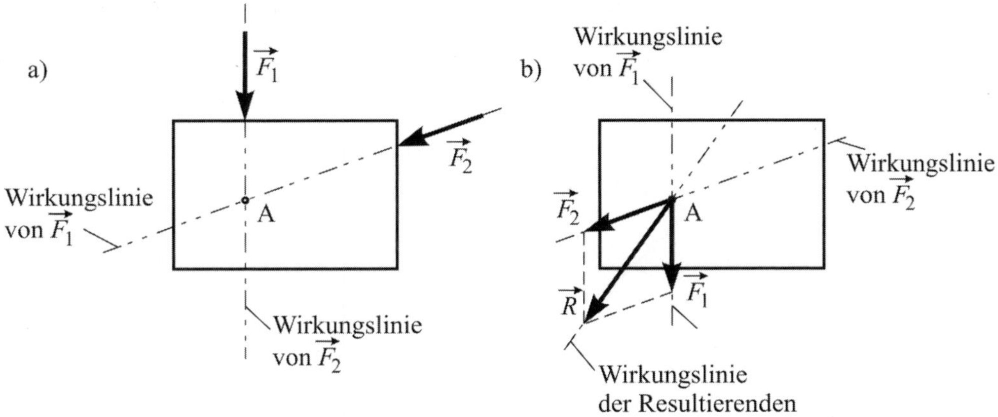

Bild 2-15 Zwei Kräfte, die an einem starren Körper angreifen, können zu einer Resultierenden zusammengefasst werden.
a) Kräfte $\vec{F}_1$ und $\vec{F}_2$ mit dem Schnittpunkt A ihrer Wirkungslinien
b) Ermittlung der Resultierenden $\vec{R}$ mit dem Kräfteparallelogramm

2.4 Zentrale ebene Kräftegruppe

Zum leichteren Verständnis wird zunächst die ebene Statik betrachtet und dementsprechend die Wirkung von ebenen Kräftesystemen auf starre Körper sowie auf Bauteile und Strukturen untersucht. Von einer zentralen ebenen Kräftegruppe spricht man, wenn die Kräfte in einer Ebene liegen und sich alle Kraftwirkungslinien in einem Punkt schneiden. Wichtige Aufgaben der Statik sind dann die Ermittlung der Resultierenden einer Kräftegruppe, die Zerlegung einer Kraft nach verschiedenen Richtungen und die Betrachtung des Gleichgewichts dieser Kräftegruppe.

2.4.1 Ermittlung der Resultierenden

Zwei Kräfte mit gemeinsamem Angriffspunkt lassen sicht mit dem Axiom vom Kräfteparallelogramm, siehe Kapitel 2.3.4, zu einer Resultierenden zusammenfassen.

Haben mehrere Kräfte – oder sogar beliebig viele Kräfte – einen gemeinsamen Angriffspunkt, das heißt, die Wirkungslinien aller Kräfte schneiden sich in diesem Punkt, so lassen auch diese sich zu einer Resultierenden zusammenfassen. Dazu bestehen mehrere Möglichkeiten:

- Zeichnerische Ermittlung der Resultierenden mit dem Kräfteparallelogramm,
- Zeichnerische Ermittlung der Resultierenden im Kräfteplan und
- Rechnerische Ermittlung der Resultierenden.

Auch wenn mehrere Kräfte wirken, kann das Axiom vom Kräfteparallelogramm zur Anwendung kommen. In diesem Fall werden schrittweise Teilresultierende ermittelt, so lange bis die Gesamtresultierende feststeht. Bild 2-16a zeigt eine zentrale Kräftegruppe mit den Kräften $\vec{F}_1$, $\vec{F}_2$ und $\vec{F}_3$, die an einer Konstruktion, hier idealisiert als starrer Körper dargestellt, angreifen.

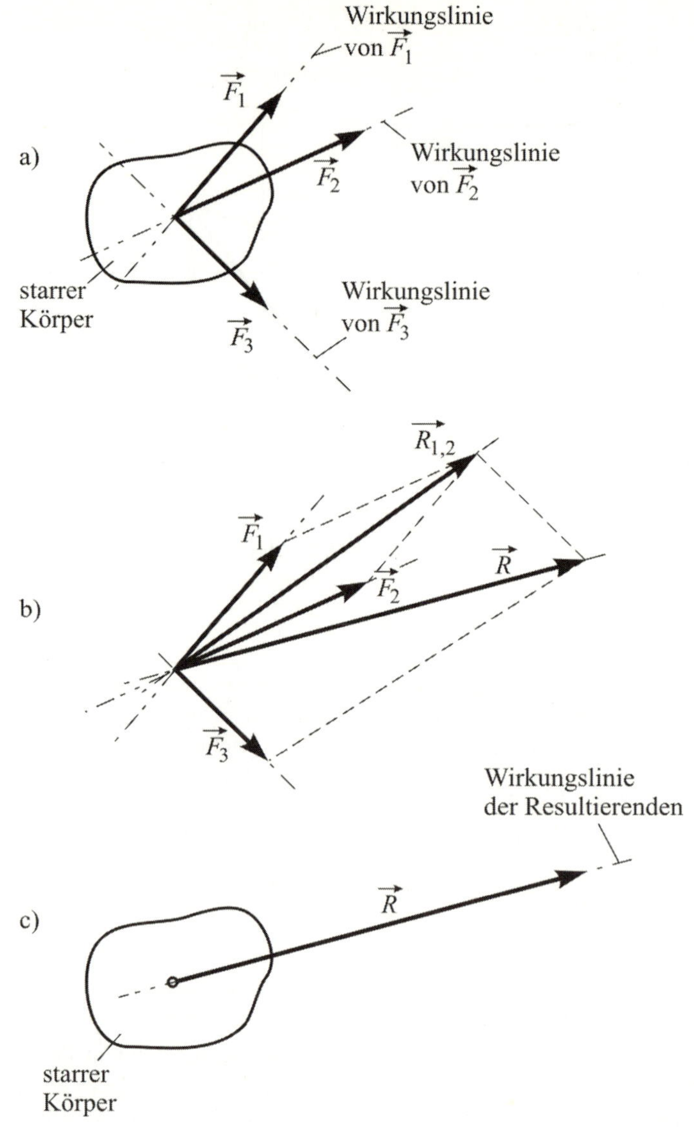

Bild 2-16 Zeichnerische Ermittlung der Resultierenden einer zentralen ebenen Kraftgruppe mittels Kräfteparallelogramm

a) Zentrale Kräftegruppe mit den Kräften $\vec{F}_1$, $\vec{F}_2$ und $\vec{F}_3$

b) Schrittweises Zusammensetzen nach dem Kräfteparallelogramm

c) Resultierende $\vec{R}$ ersetzt die Wirkung der Einzelkräfte $\vec{F}_1$, $\vec{F}_2$ und $\vec{F}_3$

Zunächst wird mit den Kräften $\vec{F}_1$ und $\vec{F}_2$ ein Kräfteparallelogramm gebildet und so die Teilresultierende $\vec{R}_{1,2}$ ermittelt. Diese Teilresultierende ergibt mit der Kraft $\vec{F}_3$ ein weiteres Kräfteparallelogramm mit dem die Gesamtresultierende $\vec{R}$ bestimmt werden kann, Bild 2-16b. Von der Gesamtresultierenden $\vec{R}$ ist dann Größe, Richtung und Wirkungslinie bekannt. $\vec{R}$ ersetzt somit die Kraftwirkungen von $\vec{F}_1$, $\vec{F}_2$ und $\vec{F}_3$, Bild 2-16c. Dieses Verfahren kann auch bei mehr als 3 Kräften angewendet werden.

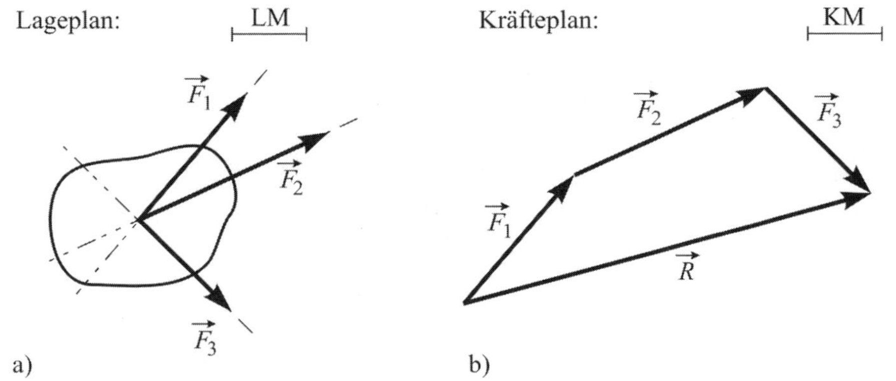

Bild 2-17 Zeichnerische Ermittlung der Resultierenden einer zentralen ebenen Kräftegruppe im Kräfteplan
a) Zentrale Kräftegruppe im Lageplan
b) Aneinanderreihung der Kräfte im Kräfteplan ergibt die Resultierende $\vec{R}$

Die Resultierende einer zentralen Kräftegruppe kann zeichnerisch auch in einem so genannten Kräfteplan ermittelt werden. Die zentrale Kräftegruppe mit ihren Wirkungslinien wird zunächst in einem Lageplan dargestellt, Bild 2-17a. Der Lageplan gibt die geometrischen Zusammenhänge und die Lage der Kräfte zueinander maßstäblich wieder. Als Längenmaßstab (LM) kann z. B. 1 cm ≙ 1 m verwendet werden. Dies bedeutet, 1 cm in der Zeichnung entspricht 1 m in der Realität. Überträgt man nun die Kräfte $\vec{F}_1$, $\vec{F}_2$ und $\vec{F}_3$ in einen Kräfteplan, für den vorher ein bestimmter Kräftemaßstab (KM) festgelegt wurde, so lässt sich unmittelbar die Resultierende $\vec{R}$ ermitteln, Bild 2-17b. Detailliert ergibt sich folgendes Verfahren:

Zunächst überträgt man $\vec{F}_1$ nach Größe und Richtung aus dem Lageplan in den Kräfteplan. An die Pfeilspitze von $\vec{F}_1$ trägt man $\vec{F}_2$ nach Größe und Richtung an, dann folgen $\vec{F}_3$ und eventuell noch weitere Kräfte. Die Verbindungslinie vom Anfangspunkt von $\vec{F}_1$ zur Pfeilspitze, der zuletzt eingetragenen Kraft, ergibt die Resultierende $\vec{R}$ nach Größe und Richtung. Die Richtung von $\vec{R}$ kann nun in den Lageplan zurück übertragen werden, so ist auch die Wirkungslinie von $\vec{R}$ bekannt.

Zeichnerisch, aber auch rechnerisch bedeutet dies, die Vektorsumme einer ebenen Kräftegruppe ergibt die resultierende Kraft $\vec{R}$, Bild 2-17b:

$$\vec{F}_1 + \vec{F}_2 + \vec{F}_3 + \ldots + \vec{F}_n = \sum_{i=1}^{n} \vec{F}_i = \vec{R} \quad (2.9).$$

Die analytische Ermittlung der Resultierenden lässt sich anhand von Bild 2-18 veranschaulichen. Dazu werden unter Verwendung eines x-y-Koordinatensystems alle Kräfte in Komponenten zerlegt. Jede Kraft lässt sich dann mit den Basisvektoren $\vec{e}_x$ und $\vec{e}_y$ wie folgt darstellen (siehe auch: Grundlagen der Vektorrechnung im Anhang A2):

$$\vec{F}_i = \vec{e}_x \cdot F_{ix} + \vec{e}_y \cdot F_{iy} \quad (2.10).$$

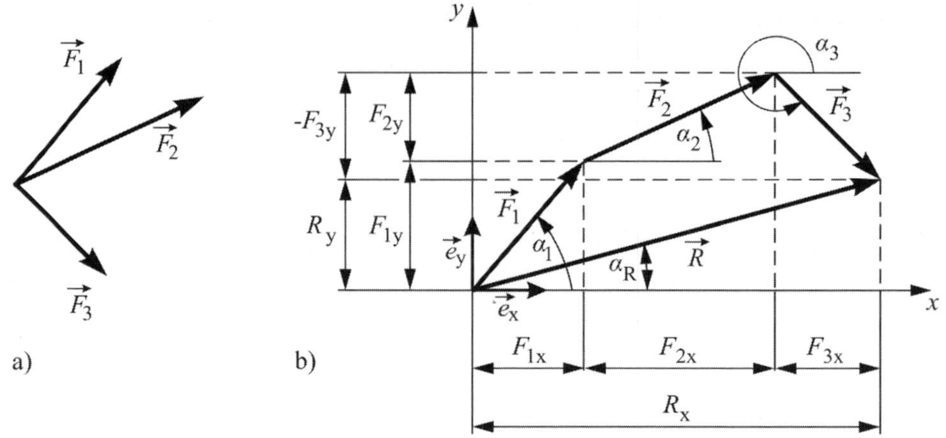

Bild 2-18 Rechnerische Ermittlung der Resultierenden
a) Zentrale Kräftegruppe im Lageplan
b) Zerlegung der Kräfte in Komponenten im Kräfteplan

Für die Kraftkomponenten gilt mit dem Winkel α_i gegen die positive x-Achse:

$$F_{ix} = F_i \cdot \cos\alpha_i \tag{2.11}$$

$$F_{iy} = F_i \cdot \sin\alpha_i \tag{2.12}$$

Die Komponenten der Resultierenden ergeben sich dann aus der jeweiligen Summe der Kraftkomponenten in x- und y-Richtung:

$$R_x = \sum_{i=1}^{n} F_{ix} = \sum_{i=1}^{n} F_i \cdot \cos\alpha_i \tag{2.13}$$

$$R_y = \sum_{i=1}^{n} F_{iy} = \sum_{i=1}^{n} F_i \cdot \sin\alpha_i \tag{2.14}$$

Für das in Bild 2-18 dargestellte Beispiel bedeutet dies:

$$R_x = F_{1x} + F_{2x} + F_{3x} \tag{2.13}$$

$$R_y = F_{1y} + F_{2y} + \left(- F_{3y}\right) \tag{2.14}$$

Der Betrag der Resultierenden kann nun aus den Komponenten R_x und R_y ermittelt werden:

$$R = \left|\vec{R}\right| = \sqrt{R_x^{\,2} + R_y^{\,2}} \tag{2.15}$$

die Richtung der Resultierenden ergibt sich mit

$$\alpha_R = \arctan\left(\frac{R_y}{R_x}\right) \tag{2.16}$$

Mit den Basisvektoren $\vec{e}_x$ und $\vec{e}_y$ ergibt sich die Resultierende wie folgt:

$$\vec{R} = \vec{e}_x \cdot R_x + \vec{e}_y \cdot R_y \tag{2.17}$$

Beispiel 2-1

Das in Bild 2-1 dargestellte Auto besitzt eine Masse $m = 1000$ kg, die Schwerebeschleunigung beträgt $g = 9{,}81$ m/s² und die Fahrbeschleunigung $a = 2{,}5$ m/s². Gesucht ist die resultierende Kraft R nach Größe und Richtung, die bei beschleunigter Bewegung auf das Fahrzeug einwirkt.

Lösung:

a) Ermittlung der wirkenden Kräfte

$$G = m \cdot g = 1000\,\text{kg} \cdot 9{,}81\frac{\text{m}}{\text{s}^2} = 9810\,\text{N}$$

$$F_B = m \cdot a = 1000\,\text{kg} \cdot 2{,}5\frac{\text{m}}{\text{s}^2} = 2500\,\text{N}$$

b) Zeichnerische Bestimmung der Resultierenden nach dem Kräfteparallelogramm

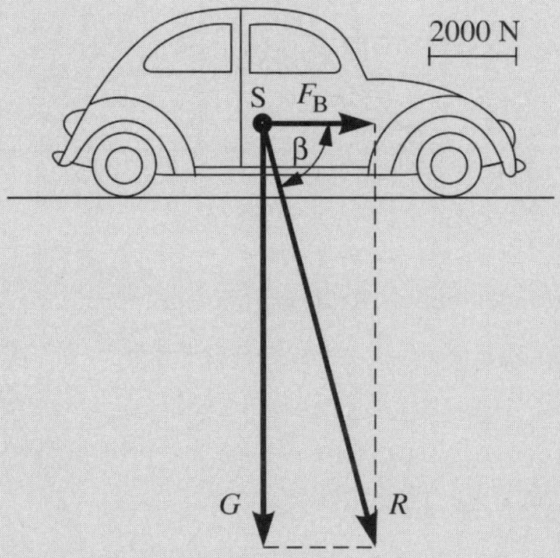

Als Kräftemaßstab (KM) wird 1 cm ≙ 2000 N gewählt.

R und α können im Kräfteparallelogramm abgelesen werden. Im Rahmen der Zeichengenauigkeit ergibt sich:

$$R = 10100\,\text{N}$$
$$\beta = 76°$$

c) Berechnung der Resultierenden

$$R = \sqrt{F_B{}^2 + G^2} = \sqrt{(9810\,\text{N})^2 + (2500\,\text{N})^2} = 10123\,\text{N}$$

$$\beta = \arctan\frac{G}{F_B} = \arctan\frac{9810\,\text{N}}{2500\,\text{N}} = 75{,}7°$$

Beispiel 2-2

Ein Funkmast wird durch mehrere Drahtseile gehalten. Je vier dieser Drahtseile sind mittels einer Halterung im Boden verankert. Wie groß ist die resultierende Kraft der Seile 1 bis 4 und in welche Richtung zeigt sie?

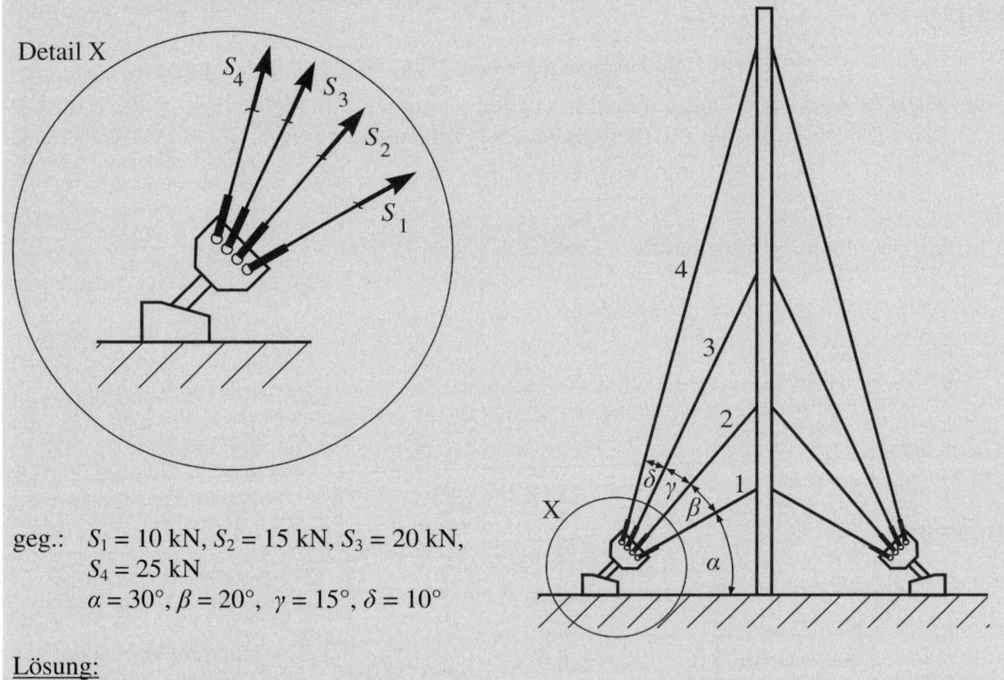

geg.: $S_1 = 10$ kN, $S_2 = 15$ kN, $S_3 = 20$ kN,
$S_4 = 25$ kN
$\alpha = 30°, \beta = 20°, \gamma = 15°, \delta = 10°$

Lösung:

a) Zeichnerische Bestimmung der Resultierenden mittels Kräfteparallelogramm

Durch schrittweises Zusammensetzen der Kräfte nach dem Kräfteparallelogramm erhält man:

$R = 67{,}5\,kN$

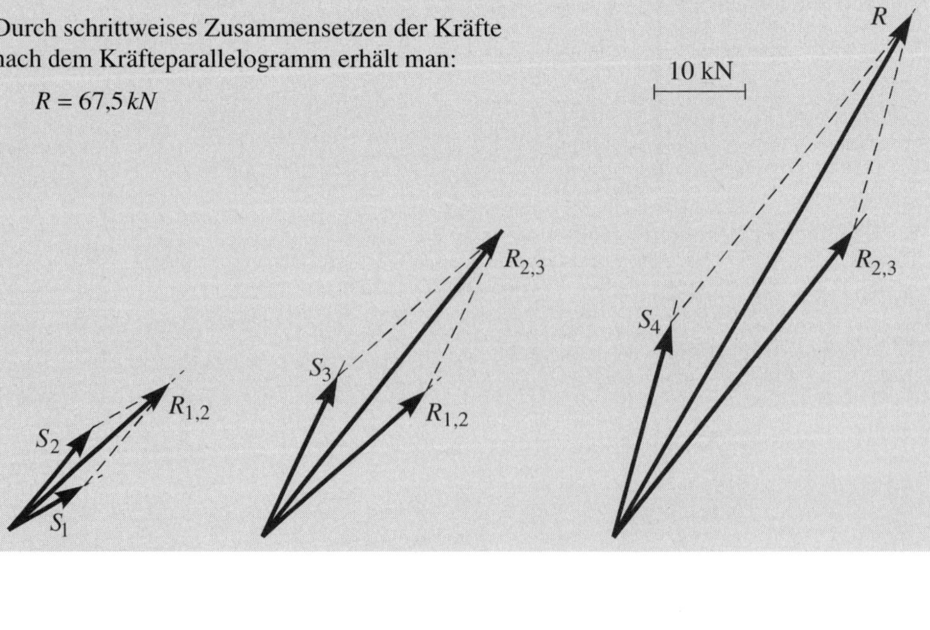

b) Zeichnerische Lösung mittels Kräfteplan

Lageplan:

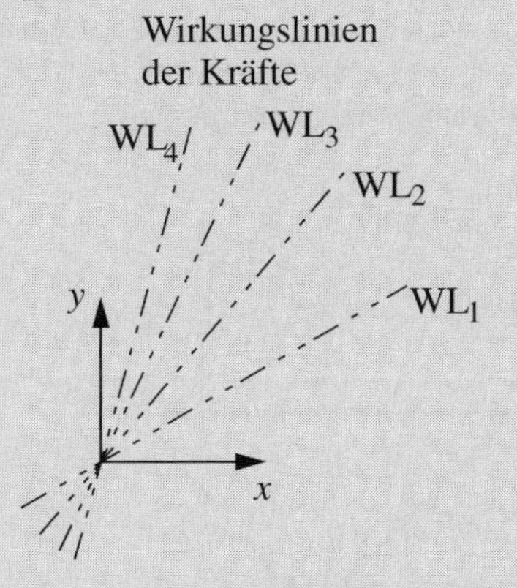

Kräfteplan:

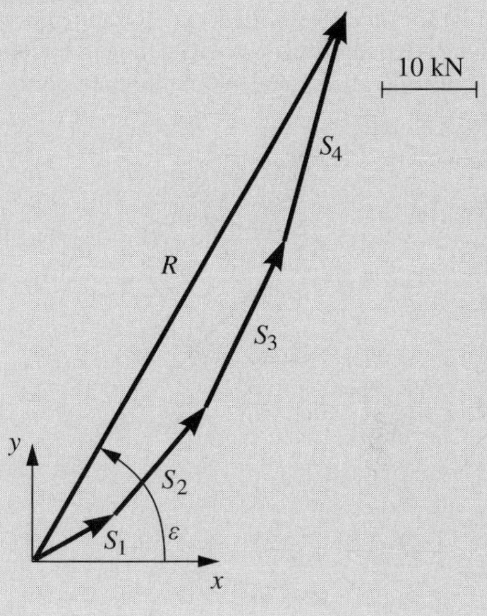

$R = 67{,}5\,\text{kN}$

$\varepsilon = 60°$

c) Rechnerische Lösung

$$\begin{aligned}\vec{R} &= \vec{S}_1 + \vec{S}_2 + \vec{S}_3 + \vec{S}_4\\ &= S_{1x}\cdot\vec{e}_x + S_{1y}\cdot\vec{e}_y + S_{2x}\cdot\vec{e}_x + S_{2y}\cdot\vec{e}_y + S_{3x}\cdot\vec{e}_x + S_{3y}\cdot\vec{e}_y + S_{4x}\cdot\vec{e}_x + S_{4y}\cdot\vec{e}_y\\ &= \underbrace{(S_{1x}+S_{2x}+S_{3x}+S_{4x})}_{R_x}\cdot\vec{e}_x + \underbrace{(S_{1y}+S_{2y}+S_{3y}+S_{4y})}_{R_y}\cdot\vec{e}_y = R_x\cdot\vec{e}_x + R_y\cdot\vec{e}_y\end{aligned}$$

$$\begin{aligned}R_x &= S_1\cdot\cos\alpha + S_2\cdot\cos(\alpha+\beta) + S_3\cdot\cos(\alpha+\beta+\gamma) + S_4\cdot\cos(\alpha+\beta+\gamma+\delta)\\ &= 10\,\text{kN}\cdot\cos 30° + 15\,\text{kN}\cdot\cos 50° + 20\,\text{kN}\cdot\cos 65° + 25\,\text{kN}\cdot\cos 75° = 33{,}22\,\text{kN}\end{aligned}$$

$$\begin{aligned}R_y &= S_1\cdot\sin\alpha + S_2\cdot\sin(\alpha+\beta) + S_3\cdot\sin(\alpha+\beta+\gamma) + S_4\cdot\sin(\alpha+\beta+\gamma+\delta)\\ &= 10\,\text{kN}\cdot\sin 30° + 15\,\text{kN}\cdot\sin 50° + 20\,\text{kN}\cdot\sin 65° + 25\,\text{kN}\cdot\sin 75° = 58{,}46\,\text{kN}\end{aligned}$$

$$\vec{R} = 33{,}22\,\text{kN}\cdot\vec{e}_x + 58{,}76\,\text{kN}\cdot\vec{e}_y$$

$$R = \left|\vec{R}\right| = \sqrt{(33{,}22\,\text{kN})^2 + (58{,}76\,\text{kN})^2} = 67{,}51\,\text{kN}$$

$$\tan\varepsilon = \frac{R_y}{R_x} = \frac{58{,}76\,\text{kN}}{33{,}22\,\text{kN}} = 1{,}77 \quad\Rightarrow\ \varepsilon = 60{,}52°$$

2.4.2 Zerlegung einer Kraft in verschiedene Richtungen

Bei vielen Aufgaben der Statik ist es erforderlich, eine gegebene Kraft in statisch gleichwertige Kräfte nach verschiedenen Richtungen zu zerlegen. Bei einer zentralen Kräftegruppe ist eine Zerlegung nach zwei Richtungen eindeutig möglich, wenn die Wirkungslinie der zu zerlegenden Kraft durch den Schnittpunkt der beiden gegebenen Wirkungslinien geht.

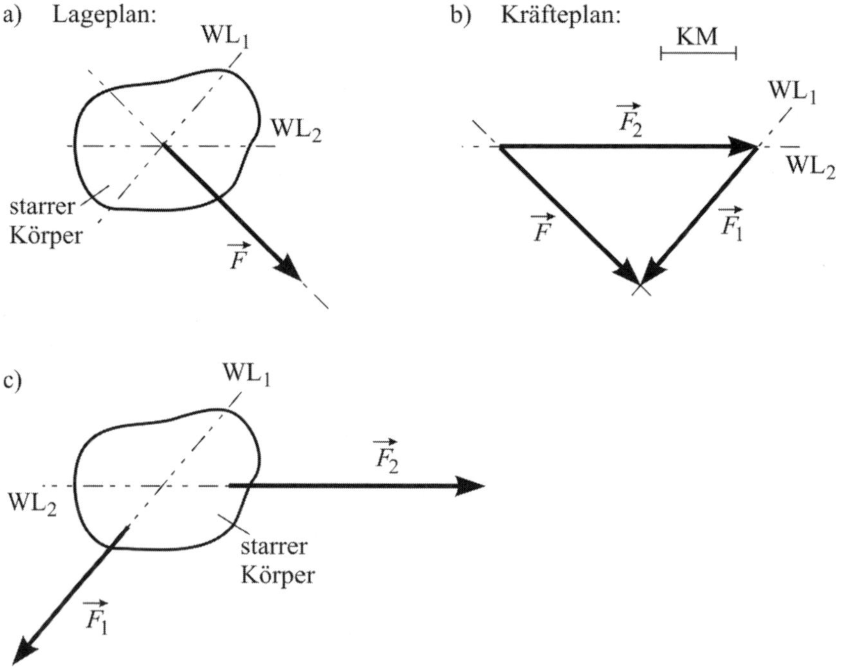

Bild 2-19 Zerlegung einer Kraft nach zwei nichtparallelen Richtungen

a) Lageplan mit der zu zerlegenden Kraft $\vec{F}$ und den beiden gegebenen Wirkungslinien WL_1 und WL_2

b) Zerlegung einer Kraft $\vec{F}$ im Kräfteplan in die Kräfte $\vec{F}_1$ und $\vec{F}_2$ in die durch die Wirkungslinien WL_1 und WL_2 vorgegebenen Richtungen

c) Die Kräfte $\vec{F}_1$ und $\vec{F}_2$ üben auf den starren Körper oder die untersuchte Struktur eine, der Kraft $\vec{F}$ gleichwertige Wirkung aus.

Die Zerlegung der Kraft $\vec{F}$ nach zwei nichtparallelen Richtungen ist in Bild 2-19 dargestellt. Die Zerlegung erfolgt im Kräfteplan in die Richtungen der gegebenen Wirkungslinien WL_1 und WL_2. Entsprechend dem gewählten Kräftemaßstab (KM) lassen sich die Beträge der Kräfte $\vec{F}_1$ und $\vec{F}_2$ aus dem Kräfteplan ablesen. Ebenso sind die Richtungen der Kräfte eindeutig bestimmt.

Eine Zerlegung einer Kraft nach drei oder mehr Richtungen einer zentralen Kräftegruppe ist mit den Methoden der Statik nicht eindeutig möglich. Sie erfordert weitere Überlegungen und wird daher erst in einem anderen Teilgebiet der Mechanik, der Festigkeitslehre, betrachtet.

Beispiel 2-3

Im Bereich des Lagers B der Fachwerk-Eisenbahnbrücke (Bild 1-1 und Bild 2-12) ist die Lagerkraft F_B auf die Fachwerkstäbe 10 und 11 zu verteilen.

Lösung:

Lageplan: Kräfteplan:

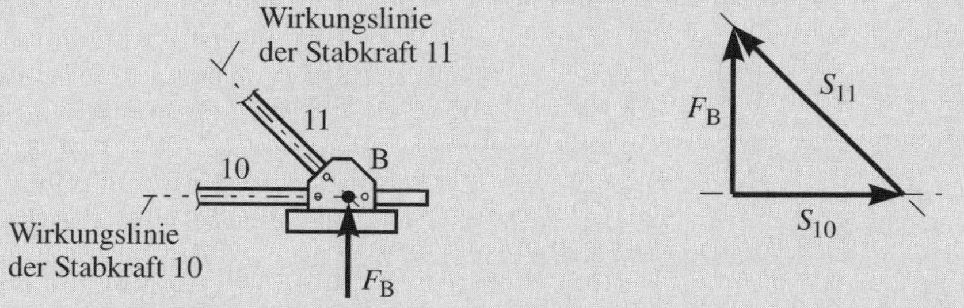

Da Stäbe nur Kräfte in Stabrichtung übertragen können, sind die Wirkungslinien der Stabkräfte vorgegeben. Die Zerlegung der Auflagerkraft F_B in die Stabkräfte S_{10} und S_{11} erfolgt dann im Kräfteplan.

2.4.3 Gleichgewicht dreier Kräfte

"Drei Kräfte einer zentralen Kräftegruppe sind im Gleichgewicht, wenn

- *sie in einer Ebene liegen,*
- *ihre Wirkungslinien sich in einem Punkt schneiden und*
- *das Kräftedreieck sich schließt."*

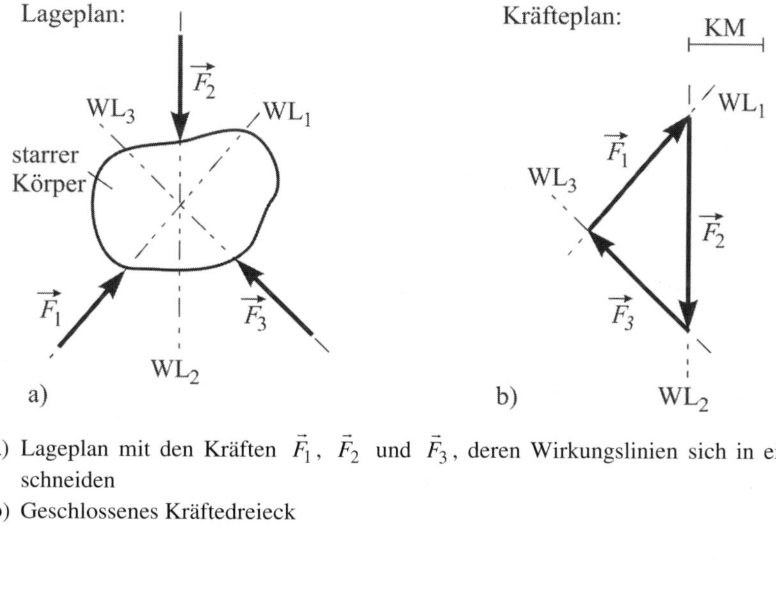

Bild 2-20 a) Lageplan mit den Kräften $\vec{F}_1$, $\vec{F}_2$ und $\vec{F}_3$, deren Wirkungslinien sich in einem Punkt schneiden
b) Geschlossenes Kräftedreieck

Bei einem geschlossenen Kräftedreieck endet die Kraft $\vec{F}_3$ am Anfang von $\vec{F}_1$, Bild 2-20. Das heißt, es existiert keine Resultierende. Rechnerisch ergibt sich:

$$\vec{F}_1 + \vec{F}_2 + \vec{F}_3 = \vec{0} \qquad (2.18).$$

Wenn die Resultierende aller Kräfte, die auf einen Körper oder eine Struktur einwirken, null ist, verbleibt ein ruhender Körper in Ruhe, das heißt im Gleichgewicht. Dies ist eine wichtige Voraussetzung für alle nichtbewegten Tragstrukturen. Die Statik ist im wesentlichen die Lehre vom Gleichgewicht.

Beispiel 2-4

Der gezeichnete Träger, der bei A auf einer Rolle und bei B auf dem Mauerwerk aufgelagert ist, wird durch eine Kraft $\vec{F}$ belastet. Das Trägergewicht kann gegenüber $\vec{F}$ vernachlässigt werden. Man bestimme die Auflagerreaktionen bei A und B.

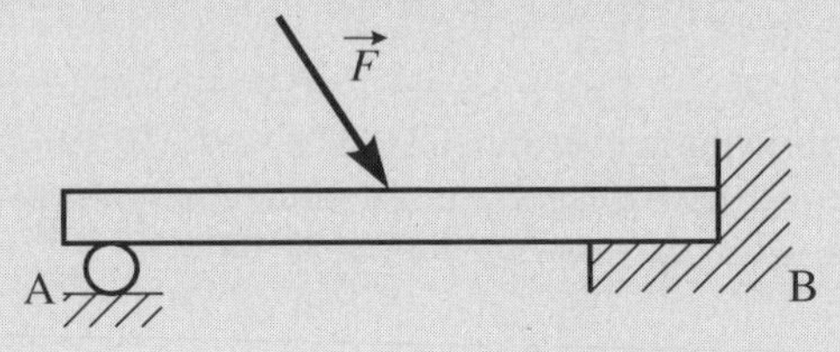

<u>Lösung:</u>

Lageplan:

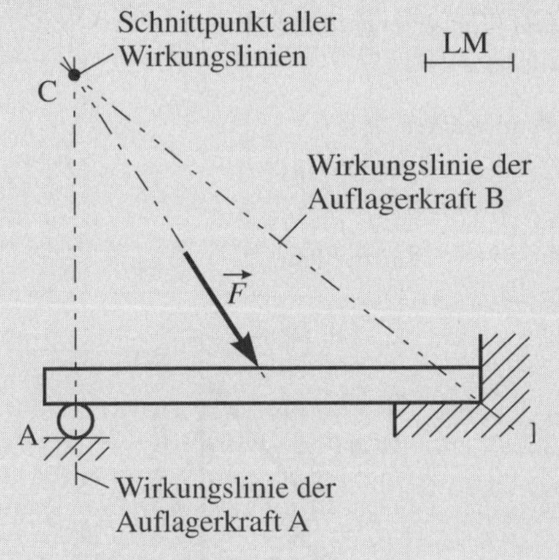

Kräfteplan:

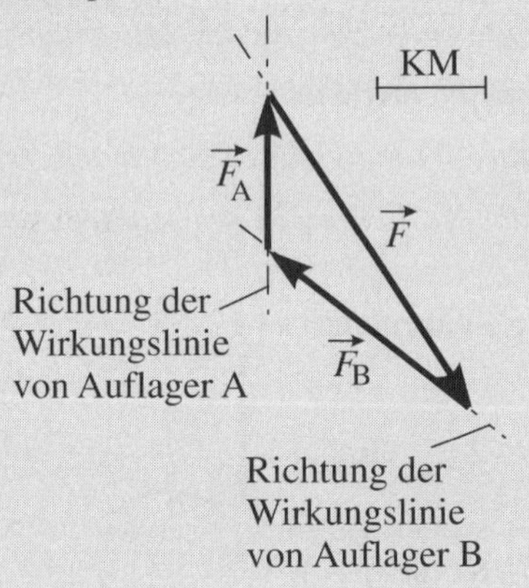

a) Ermittlung aller Wirkungslinien im Lageplan

Die Wirkungslinie von $\vec{F}$ ist durch den Kraftvektor gegeben. Die Rolle bei A kann keine horizontalen Kräfte übertragen, somit verläuft die Wirkungslinie vertikal. Beide Wirkungslinie schneiden sich im Punkt C. Um Gleichgewicht für den Träger zu sichern, muss die Wirkungslinie der Auflagerkraft bei B durch den Schnittpunkt C gehen (Gleichgewicht dreier Kräfte).

b) Ermittlung der Auflagerkräfte im Kräfteplan

Zunächst zeichnet man die Kraft $\vec{F}$ in einem geeigneten Kräftemaßstab in den Kräfteplan. Durch Übertragung der Richtungen der Wirkungslinien der Auflagerkräfte in den Kräfteplan erhält man ein geschlossenes Kraftdreieck und somit die Kräfte $\vec{F}_A$ und $\vec{F}_B$ nach Größe und Richtung.

c) Freischnitt des Trägers mit äußerer Kraft und Reaktionskräften

Die Auflagerkräfte kann man dann wieder in den Lageplan übertragen und erhält somit den komplett freigeschnittenen Träger, der sich bei Einwirkung aller Kräfte im Gleichgewicht befindet.

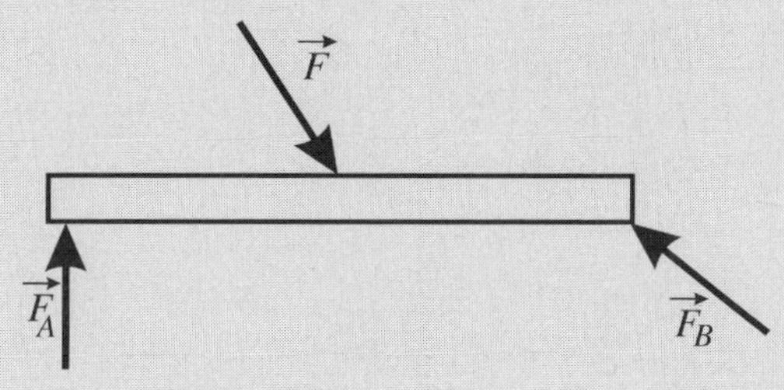

Auch bei der Lösung dieses Problems ist darauf zu achten, dass im Lageplan alle Längen entsprechend einem Längenmaßstab (LM) eingezeichnet werden und im Kräfteplan alle Kräfte einem Kräftemaßstab (KM) unterliegen.

2.4.4 Gleichgewichtsbedingungen für zentrale Kräftegruppe

Bei einer zentralen Kräftegruppe mit drei oder auch mit mehr Kräften liegt Gleichgewicht vor, wenn die Summe aller Kräfte keine Resultierende ergibt, das heißt gleich null ist. Zeichnerisch liegt dann ein geschlossenes Krafteck vor, Bild 2-21.

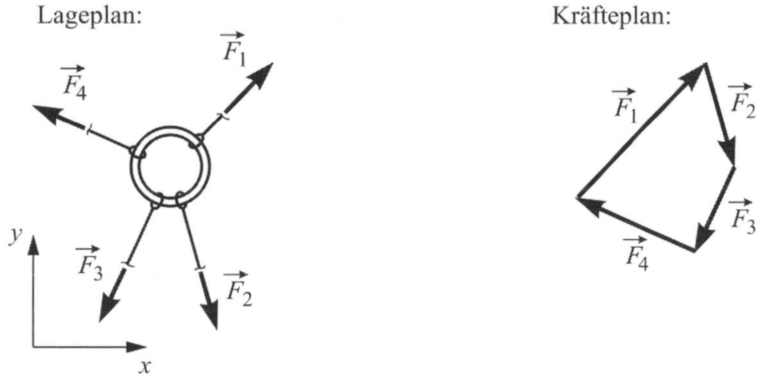

Bild 2-21 Gleichgewicht für zentrale Kräftegruppe

Rechnerisch bedeutet dies:

$$\vec{F}_1 + \vec{F}_2 + \vec{F}_3 + ... = \vec{0} \qquad (2.19)$$

oder allgemein

$$\sum_{i=1}^{n} \vec{F}_\text{i} = \vec{0} \qquad (2.20).$$

Summiert wird dabei über alle n Kräfte. Betrachtet man die Komponenten der Kräfte, so gelten die Komponentengleichungen:

$$F_{1x} + F_{2x} + F_{3x} + ... = 0 \qquad (2.21),$$

$$F_{1y} + F_{2y} + F_{3y} + ... = 0 \qquad (2.22),$$

oder allgemein

$$\sum_{i=1}^{n} F_{ix} = 0 \qquad \rightarrow \qquad (2.23),$$

$$\sum_{i=1}^{n} F_{iy} = 0 \qquad \uparrow \qquad (2.24).$$

Diese Formeln bezeichnet man als Gleichgewichtsbedingungen für eine zentrale ebene Kräftegruppe. Gleichgewicht liegt somit vor, wenn die Summe aller Kräfte in x-Richtung und die Summe aller Kräfte in y-Richtung jeweils null ist. Als Abkürzung für $\Sigma F_{ix} = 0$ wird häufig ein horizontaler Pfeil $\rightarrow$ und für $\Sigma F_{iy} = 0$ ein vertikaler Pfeil $\uparrow$ verwendet. Dies ist deshalb sinnvoll, weil bei der Anwendung der Gleichgewichtsbedingungen die Richtung der Kräfte zu beachten ist. Die Pfeilrichtung kann dann als positive Richtung angesehen werden. Für Bild 2-21 gilt:

$$\sum_{i=1}^{4} F_{ix} = 0 \text{ und } \sum_{i=1}^{4} F_{iy} = 0 \text{ oder}$$

$$\rightarrow \qquad F_{1x} + F_{2x} - F_{3x} - F_{4x} = 0 \qquad (2.25),$$

$$\uparrow \qquad F_{1y} - F_{2y} - F_{3y} + F_{4y} = 0 \qquad (2.26).$$

Für den Fall, dass an dem Ring in Bild 2-21 mit den Kräften $\vec{F}_1$, $\vec{F}_2$, $\vec{F}_3$ und $\vec{F}_4$ gezogen wird, liegt dann Gleichgewicht vor, wenn die Gleichungen 2.25 und 2.26 erfüllt sind.

Beispiel 2-5

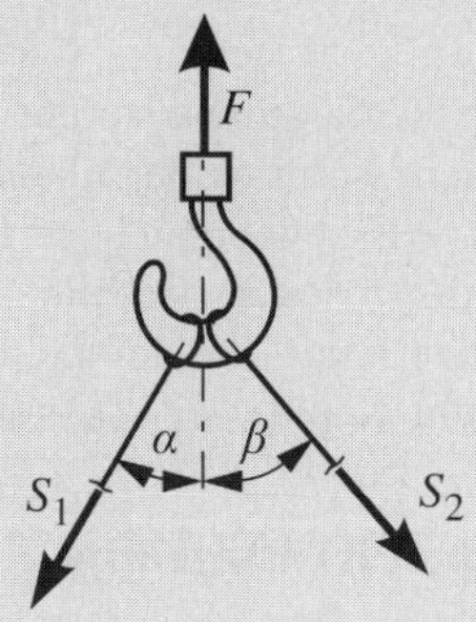

An einem Kranhaken wird eine Last $F = G$ über 2 Seile angehoben. Wie groß müssen die Seilkräfte S_1 und S_2 sein, damit Gleichgewicht herrscht?

geg.: $F = G = 2500$ N, $\alpha = 30°$, $\beta = 40°$

Lösung:

a) Zeichnerisch mit Lage- und Kräfteplan

Lageplan:

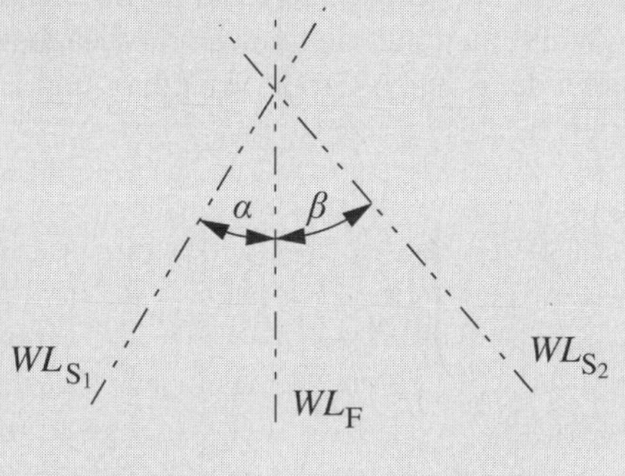

Kräfteplan:

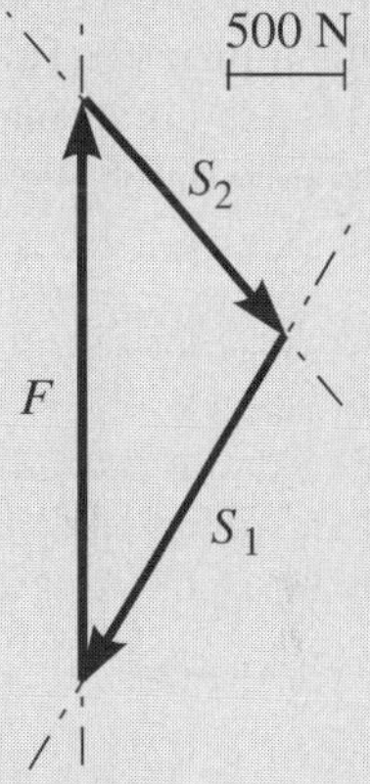

Durch Ausmessen folgt: $S_1 = 1750$ N,
$S_2 = 1312{,}5$ N

b) Rechnerisch mit Gleichgewichtsbedingungen

$$\rightarrow \quad -S_1 \cdot \sin\alpha + S_2 \cdot \sin\beta = 0 \Rightarrow S_1 = S_2 \cdot \frac{\sin\beta}{\sin\alpha} \qquad (1)$$

$$\uparrow \quad F - S_1 \cdot \cos\alpha - S_2 \cdot \cos\beta = 0 \qquad (2)$$

aus (1) und (2) folgt:

$$F - S_2 \cdot \frac{\sin\beta}{\sin\alpha} \cdot \cos\alpha - S_2 \cdot \cos\beta = 0 \quad \Rightarrow$$

$$S_2 = F \cdot \frac{1}{\dfrac{\sin\beta \cdot \cos\alpha}{\sin\alpha} + \cos\beta} = 2500\,\text{N} \cdot \frac{1}{\dfrac{\sin 40° \cdot \cos 30°}{\sin 30°} + \cos 40°} = 1330{,}2\,\text{N}$$

$$S_1 = 1330{,}2\,\text{N} \cdot \frac{\sin 40°}{\sin 30°} = 1710{,}1\,\text{N}$$

2.5 Beliebige ebene Kräftegruppe

Bei einer beliebigen Kräftegruppe greifen die Kräfte verteilt an, d. h. nicht alle Wirkungslinien der Kräfte schneiden sich in einem Punkt. Von einer ebenen Kräftegruppe spricht man, wenn alle Kräfte, die auf einen Körper oder eine Struktur einwirken, sich in einer Ebene befinden. Bei den in Kapitel 1 formulierten Fragestellungen liegen jeweils beliebige ebene Kräftegruppen vor. Dies wird besonders deutlich bei Bild 1-2 bis Bild 1-5 sowie bei Bild 2-7, wo die Kraftwirkungslinien parallel liegen. Neben einer resultierenden Kraft $\vec{R}$ kann bei einer beliebigen Kräftegruppe auch ein resultierendes Moment $\vec{M}_R$ (siehe Kapitel 3.2) auftreten.

2.5.1 Ermittlung der resultierenden Kraft einer ebenen Kräftegruppe

Für die Ermittlung der resultierenden Kraft existieren verschiedene zeichnerische Methoden. Die Methode des schrittweisen Zusammensetzens nach dem Kräfteparallelogramm kann auch hier Anwendungen finden, wenn nicht alle Kräfte parallel sind und die Wirkungslinien zum Schnitt gebracht werden können. Dieses Vorgehen ist in Bild 2-22 gezeigt. Durch Anwendung des Linienflüchtigkeitsaxioms sowie des Axioms vom Kräfteparallelogramm für die Kräfte $\vec{F}_1$ und $\vec{F}_2$ erhält man die Teilresultierende $\vec{R}_{1,2}$. Wählt man nun die gleiche Vorgehensweise für $\vec{R}_{1,2}$ und $\vec{F}_3$, so erhält man die Gesamtresultierende $\vec{R}$ nach Größe, Richtung und Lage. Die Lage wird dabei durch die Wirkungslinie definiert.

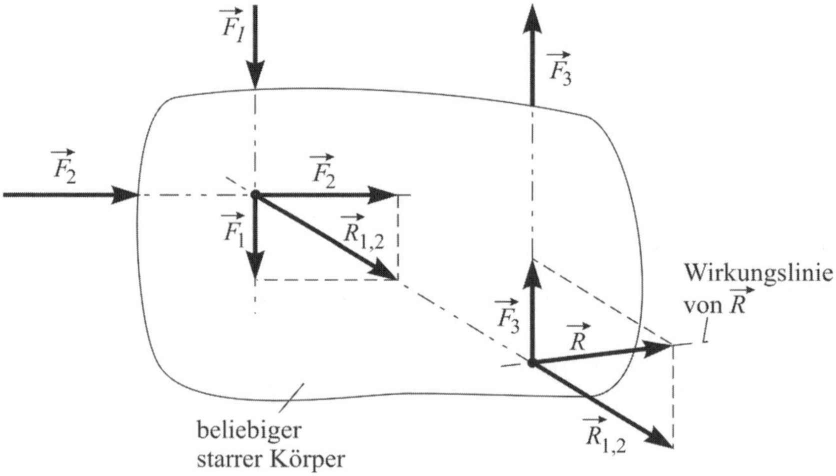

Bild 2-22 Ermittlung der Resultierenden einer ebenen Kräftegruppe durch schrittweises Zusammensetzen nach dem Kräfteparallelogramm

Die Gesamtresultierende $\vec{R}$ kann auch durch Kräfteaddition im Kräfteplan ermittelt werden. Dazu zeichnet man alle wirkenden Kräfte in den Kräfteplan. Die Verbindungsstrecke zwischen dem Anfangspunkt von $\vec{F}_1$ und der zuletzt eingezeichneten Kraft ergibt die Resultierende nach Größe und Richtung, Bild 2-23. Die Lage der Resultierenden ergibt sich bei diesem Verfahren aber nicht.

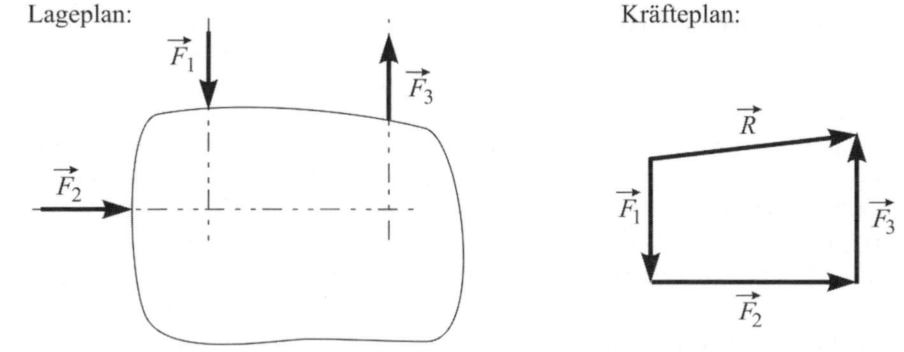

Bild 2-23 Ermittlung der Resultierenden durch Kräfteaddition im Kräfteplan

Ein sehr allgemeingültiges grafisches Verfahren – das Seileckverfahren – erlaubt dagegen die Bestimmung von Größe, Richtung und Wirkungslinie der Resultierenden einer beliebigen Kräftegruppe.

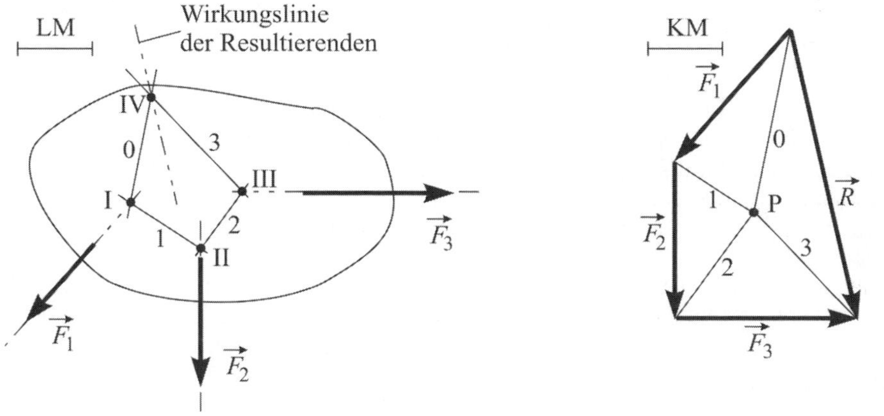

Bild 2-24 Ermittlung der Resultierenden einer beliebigen ebenen Kräftegruppe mit dem Seileckverfahren

Dabei ergibt sich folgendes Vorgehen:

Zunächst zeichnet man die Kräfte mit ihren Wirkungslinien in den Lageplan. Dann überträgt man die Kräfte in den Kräfteplan und ermittelt die Größe und die Richtung der Resultierenden $\vec{R}$. Um die Lage der Resultierenden im Lageplan zu erhalten, ist nun das Seileckverfahren erforderlich.

Dazu bestimmt man im Kräfteplan einen Pol P, dessen Lage beliebig ist, und verbindet Anfangs- und Endpunkte der Kräfte mit dem Pol durch so genannte Polstrahlen. Die Richtungen der Polstrahlen überträgt man dann in den Lageplan und zwar so, dass Seilstrahl 0 und Seilstrahl 1 sich auf der Wirkungslinie der Kraft $\vec{F}_1$ schneiden (Punkt I). Diese Zuordnung im Lageplan entspricht der Zuordnung im Kräfteplan, wo die Kraft $\vec{F}_1$ und die Polstrahlen 0 und 1 ein geschlossenes Kräftedreieck bilden. Der Seilstrahl 1 schneidet dann die Wirkungslinie

von $\vec{F}_2$. Durch den Schnittpunkt II muss dann auch der Seilstrahl 2 verlaufen, usw. Zuletzt erhält man einen Schnittpunkt der Seilstrahlen 0 und 3, der in Bild 2-24 mit IV bezeichnet ist. Dieser Schnittpunkt stellt einen Punkt der Wirkungslinie der Resultierenden $\vec{R}$ dar. Die Richtung der Resultierenden ist durch $\vec{R}$ selbst (siehe Kräfteplan) bestimmt.
Das Verfahren heißt Seileck, weil sich ein zunächst lose hängendes Seil bei Belastung durch die Kräfte $\vec{F}_1$, $\vec{F}_2$ und $\vec{F}_3$ in Form der Seilstrahlen (siehe Lageplan) spannen würde. Das Seileckverfahren funktioniert in gleicher Weise auch für parallele Kräfte. In diesem Fall würde allerdings der Pol *P* außerhalb des Kraftecks liegen (siehe Beispiel 2-6).

Die rechnerische Ermittlung der Größe und der Richtung der Resultierenden erfolgt wie in 2.4.1 beschrieben. Die Lage der Resultierenden kann rechnerisch aber erst nach der Einführung des Momentenbegriffs (siehe Kapitel 3) ermittelt werden.

Beispiel 2-6

Ein Balken ist durch vier vertikal wirkende Kräfte, F_1 = 1,5 kN, F_2 = 2,5 kN, F_3 = 2 kN und F_4 = 1,5 kN, belastet. Man bestimme die Größe und die Wirkungslinie der Resultierenden R.

Lösung:

Lageplan:

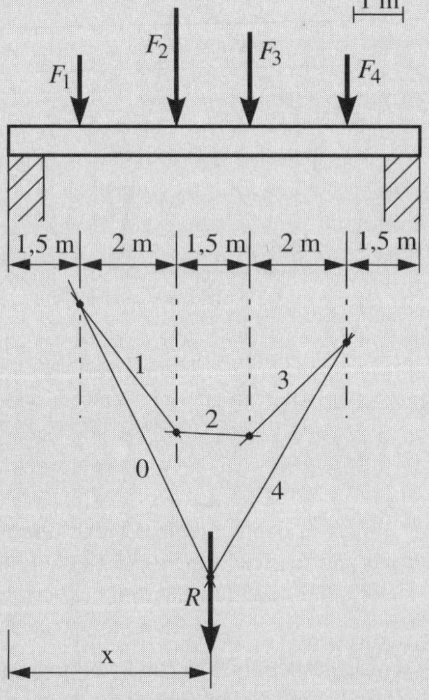

Kräfteplan:

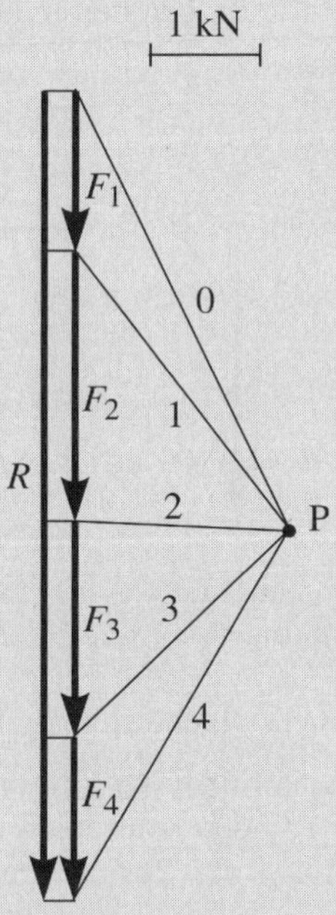

Mittels des Seileckverfahrens lässt sich die Größe und die Lage der Resultierenden ermitteln:

$$R = 7{,}5\,\text{kN} \text{ und } x = 4{,}2\,\text{m}$$

Anmerkung: Da alle Kräfte vertikal wirken, kann auf den Vektorpfeil über F verzichtet werden.

2.5.2 Zerlegung einer Kraft nach mehreren Richtungen

Die Zerlegung einer Kraft nach zwei nichtparallelen Richtungen ist nur möglich, wenn die zu zerlegende Kraft durch den Schnittpunkt der beiden gegebenen Wirkungslinien geht (siehe 2.4.2, zentrale Kräftegruppe).

Die Zerlegung einer Kraft nach zwei parallelen Richtungen kann nach dem Seileckverfahren vorgenommen werden.

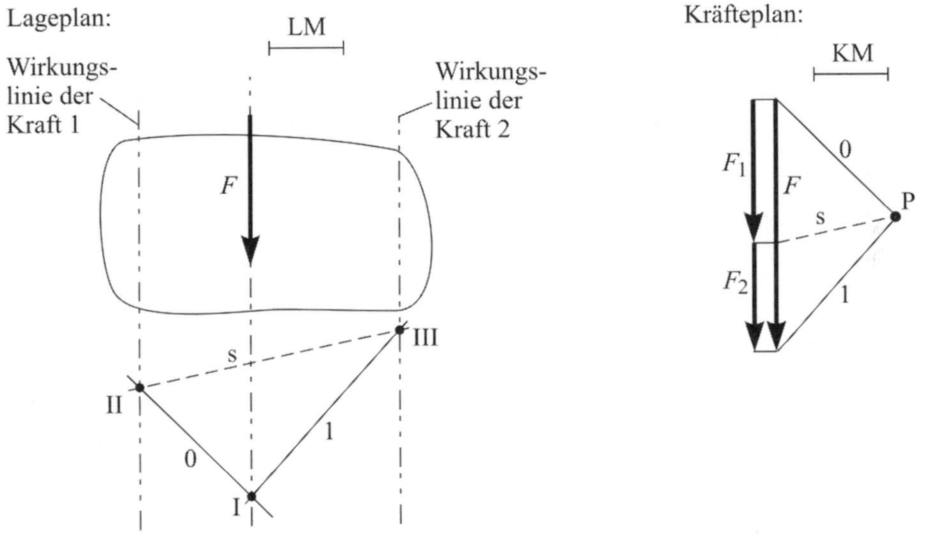

Bild 2-25 Zerlegung einer Kraft nach zwei parallelen Richtungen mit dem Seileckverfahren

Zunächst wird das Seileckverfahren in der bekannten Weise (Abschnitt 2.5.1) angewandt. Man sucht einen Pol im Kräfteplan und überträgt die Polstrahlen 0 und 1 in den Lageplan, so dass sich die Seilstrahlen 0 und 1 auf der Wirkungslinie der zu zerlegenden Kraft F schneiden. Verbindet man nun die Schnittpunkte der Seilstrahlen mit den gegebenen Wirkungslinien, hier gekennzeichnet mit II und III, dann erhält man im Lageplan eine so genannte Schlusslinie s. Überträgt man die Richtung von s in den Kräfteplan, erhält man die gesuchten Kräfte F_1 und F_2.

Die Zerlegung einer Kraft in drei nichtparallele Teilkräfte ist möglich, wenn sich die Wirkungslinien nicht in einem Punkt schneiden. Dann kann ein grafisches Verfahren nach CULMANN zur Anwendung kommen. Dabei ergibt sich folgendes Vorgehen (siehe Bild 2-26):

Zunächst wird die zu zerlegende Kraft $\vec{F}$ mit einer der drei vorgegebenen Wirkungslinien zum Schnitt gebracht. Dann verbindet man diesen Schnittpunkt (z. B. Punkt I) mit dem Schnittpunkt der beiden anderen Wirkungslinien (z. B. Punkt II) zur CULMANNschen Gerade C. Im Kräfteplan erfolgt die Kräftezerlegung nun schrittweise. Zunächst wird die Kraft $\vec{F}$ in die Kraft $\vec{F}_1$ und die CULMANNsche Kraft $\vec{C}$ aufgeteilt: Dies geschieht entsprechend den Wirkungslinien im Punkt I im Lageplan. Dann wird die CULMANNsche Kraft $\vec{C}$ in die Kräfte $\vec{F}_2$ und $\vec{F}_3$ aufgeteilt, deren Wirkungslinien sich im Lageplan im Punkt II schneiden.

Lageplan: Kräfteplan:

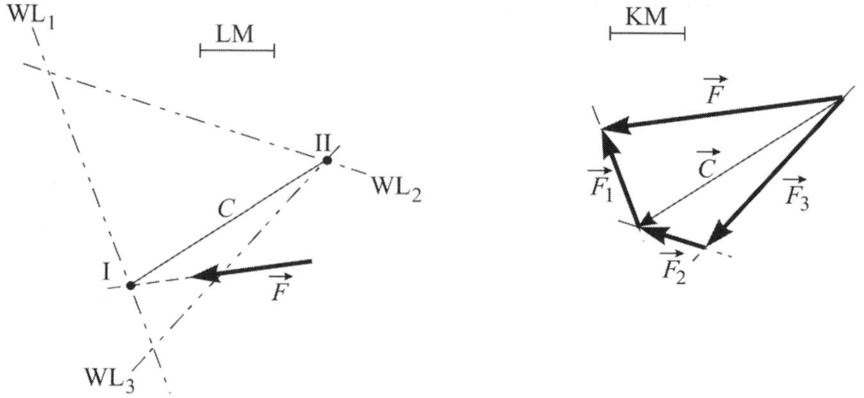

Bild 2-26 Zerlegung einer Kraft nach drei nichtparallelen Richtungen mit dem CULMANN-Verfahren

Eine Zerlegung einer Kraft nach mehr als drei Richtungen ist mit den Methoden der Statik unmöglich.

Beispiel 2-7 ***

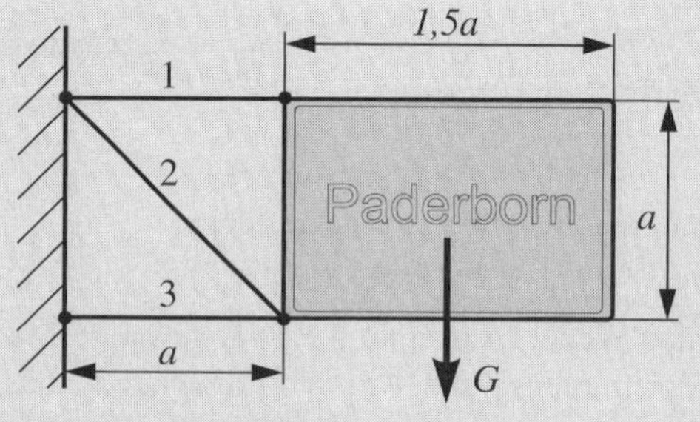

Ein Hinweisschild mit einem Gewicht G ist, wie nebenstehend gezeichnet, an einer Hausmauer befestigt. Bestimmen Sie zeichnerisch die Kräfte in den Stäben 1, 2 und 3.

geg.: $G = 3$ kN, a

Zeichnerische Lösung:

Da die Stäbe, mit denen das Schild an der Mauer befestigt ist, nur Zug- oder Druckkräfte in Stabrichtung aufnehmen können, ist die Lage der Wirkungslinien eindeutig definiert.

Lageplan: Kräfteplan:

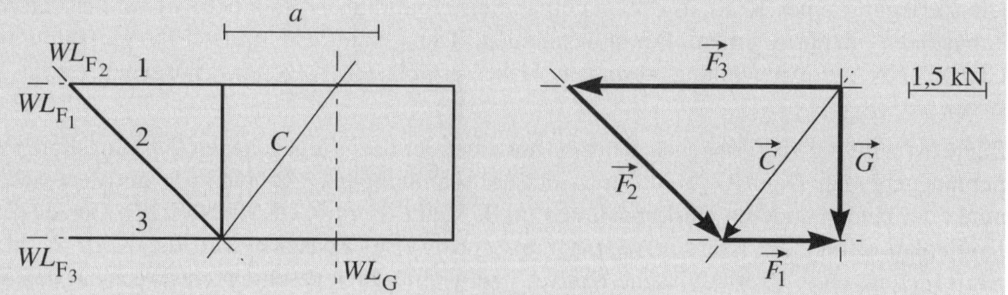

Durch Ausmessen folgt: $F_1 = 2{,}3$ kN, $F_2 = 4{,}3$ kN, $F_3 = 5{,}25$ kN

3 Momente und ihre Wirkungen

Neben der physikalischen Größe „Kraft" spielt die physikalische Größe „Moment" in der Statik, aber auch in der gesamten Mechanik eine bedeutende Rolle. So kann für eine beliebige Kräftegruppe nicht nur eine resultierende Kraft, sondern auch ein resultierendes Moment ermittelt werden. Ein Körper ist nur im Gleichgewicht, wenn die resultierende Kraft und das resultierende Moment null ist. Gleichgewicht erfordert somit $\vec{R} = \vec{0}$ und $\vec{M}_R = \vec{0}$. Für die Lösung der in Kapitel 1 beschriebenen Fragestellungen genügt die alleinige Betrachtung der Kräfte nicht. Es müssen auch die auftretenden Momente berücksichtigt werden. Deshalb ist es wichtig, sich mit Momenten und ihren Wirkungen zu beschäftigen.

Momente können auftreten als

- äußere Momente bzw. Lasten,
- Reaktionsmomente in Auflagern oder
- innere Momente, z. B. in Balken und sonstigen Tragstrukturen.

3.1 Moment einer Kraft

Betrachtet man einen beliebigen starren Körper, auf den eine Kraft F einwirkt, so ruft die Kraft bezüglich des Bezugs- oder Drehpunktes, der außerhalb der Wirkungslinie liegt, ein Moment

$$M = F \cdot l \tag{3.1}$$

hervor. l ist dabei der Hebelarm, d. h. der senkrechte Abstand des Bezugs- oder Drehpunkts (z. B. A) von der Wirkungslinie der Kraft, Bild 3-1a. Das Moment oder Drehmoment M ersetzt somit die Drehwirkung der Kraft bezüglich des gewählten Bezugspunktes, siehe Bild 3-1b.

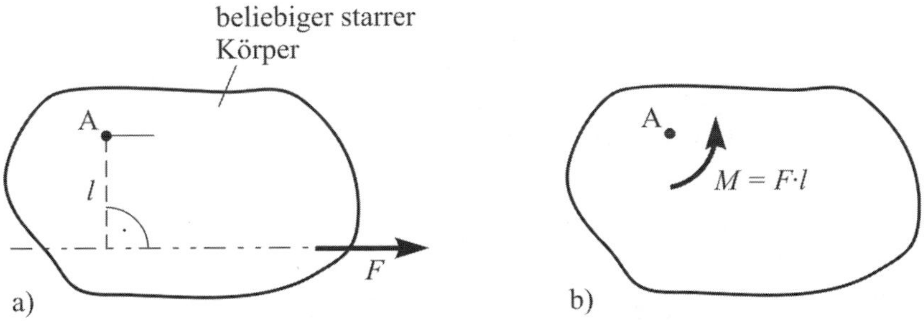

Bild 3-1 Moment einer Kraft
a) Die Kraft F wirkt im Abstand l vom Drehpunkt A des starren Körpers
b) Das Moment $M = F \cdot l$ ersetzt die Drehwirkung der Kraft F bezüglich des Drehpunktes A

Ein Moment M wird in der ebenen Statik im Allgemeinen als gekrümmter Pfeil (Drehpfeil) dargestellt. Es besitzt die Dimension Kraft mal Länge. Häufig wird die Einheit Nm verwendet.

3.1.1 Vektordarstellung des Momentes

Das Moment einer Kraft stellt einen Vektor dar. Es errechnet sich aus dem Ortsvektor $\vec{r}$ und der wirkenden Kraft $\vec{F}$ mit dem Vektorprodukt

$$\vec{M} = \vec{r} \times \vec{F} \tag{3.2}$$

Der Momentenvektor $\vec{M}$ steht somit senkrecht auf der von $\vec{r}$ und $\vec{F}$ aufgespannten Ebene und wird im Allgemeinen als Doppelpfeil dargestellt. Die Fläche des Parallelogramms entspricht dem Betrag von $\vec{M}$, Bild 3-2a. Der Betrag des Momentes ($\hat{=}$ dem Betrag des Vektorproduktes, siehe auch A2.5) ergibt sich mit der Formel

$$M = \left|\vec{M}\right| = F \cdot r \cdot \sin\varphi \tag{3.3}$$

Aus der Draufsicht in Bild 3-2b erkennt man, dass der Ausdruck $r \cdot \sin\varphi$ dem zuvor definierten Hebelarm l entspricht. D. h. die allgemein gebräuchliche Definition

„Moment = Kraft mal Hebelarm"

gilt auch hier, siehe auch Gleichung (3.1).

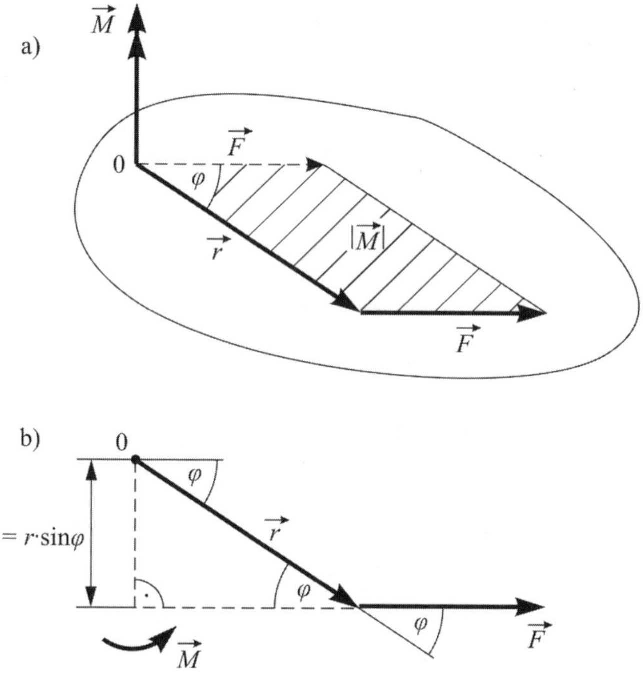

Bild 3-2 Definition des Momentenvektors
a) Räumliche Darstellung: Der Momentenvektor $\vec{M}$ steht senkrecht auf der von $\vec{r}$ und $\vec{F}$ gebildeten Belastungsebene
b) Ebene Darstellung (Draufsicht): Der Momentenvektor $\vec{M}$ wird als Drehpfeil dargestellt

Der Momentenvektor $\vec{M}$, der stets senkrecht auf der Ebene von $\vec{r}$ und $\vec{F}$ steht, bildet mit $\vec{r}$ und $\vec{F}$ ein Rechtssystem. D. h. bei Drehung von $\vec{r}$ nach $\vec{F}$ erhält man einen positiven Momentenvektor. Eine Drehung von $\vec{F}$ nach $\vec{r}$ hat einen negativen Momentenvektor zur Folge. Die Reihenfolge der Vektormultiplikation ist also nicht vertauschbar. Es gilt

$$\vec{M} = \vec{r} \times \vec{F} = -\vec{F} \times \vec{r} \qquad (3.4),$$

siehe auch A2.5.

3.1.2 Berechnung des Momentes mit den Kraftkomponenten

Bei vielen Problemen der Statik wird das Moment einer Kraft mit den Kraftkomponenten ermittelt. Dies soll mit Bild 3-3 verdeutlicht werden.

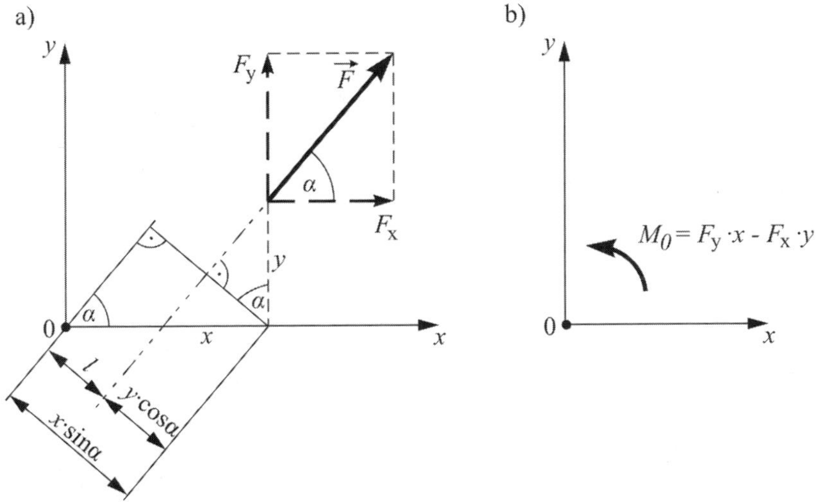

Bild 3-3 Moment einer Kraft bezüglich des Koordinatenursprungs 0
a) Kraftkomponenten F_x und F_y mit den Hebelarmen y und x
b) Moment M_0 als Summe der Momente der Kraftkomponenten

Die Komponenten von $\vec{F}$, Bild 3-3a, errechnen sich mit den Gleichungen

$$F_x = F \cdot \cos\alpha \qquad (3.5)$$

$$F_y = F \cdot \sin\alpha \qquad (3.6).$$

Der Hebelarm der Kraft $\vec{F}$ bezüglich des Koordinatenursprungs ergibt sich aus geometrischen Zusammenhängen:

$$l = x \cdot \sin\alpha - y \cdot \cos\alpha \qquad (3.7).$$

Der Betrag des Momentenvektors von $\vec{F}$ bezüglich 0 errechnet sich unter Berücksichtigung eines Linksdrehsinns (mathematisch positiver Drehsinn) zu

$$\curvearrowleft 0: \; M_0 = F \cdot l = F \cdot (x \cdot \sin\alpha - y \cdot \cos\alpha) \qquad (3.8).$$

Mit den Gleichungen für die Kraftkomponenten F_x und F_y, Gleichungen (3.5) und (3.6), erhält man das Moment

$$M_0 = F_y \cdot x - F_x \cdot y \tag{3.9},$$

Bild 3-3b. Der Term $F_y \cdot x$ stellt dabei das linksdrehende Moment der Kraftkomponente F_y und der Term $-F_x \cdot y$ das rechtsdrehende Moment der Kraftkomponente F_x bezüglich des Koordinatenursprungs dar. Man erkennt, dass der Drehsinn der Teilmomente stets beachtet werden muss. Ist M_0 in Gleichung (3.9) negativ, so ist das Moment entgegengesetzt der angenommenen Drehrichtung gerichtet. Allgemein gilt:

„Das Moment einer Kraft errechnet sich aus der Summe der Momente der Kraftkomponenten."

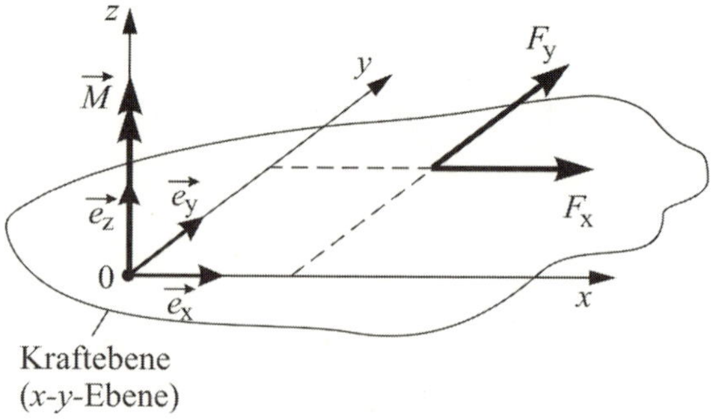

Bild 3-4 Momentenvektor zeigt bei einem ebenen Kräftesystem stets senkrecht zur Ebene, er hat in einem kartesischen Koordinatensystem (Kräfte in *x*-*y*-Richtung) nur eine Komponente M_z

Da der Momentenvektor $\vec{M} = \vec{r} \times \vec{F}$ stets senkrecht auf der Ebene von $\vec{r}$ und $\vec{F}$ steht, besitzt bei einem ebenen Kräftesystem der Momentenvektor nur eine Komponente. Liegen die Kräfte in der *x*-*y*-Ebene, so zeigt der Momentenvektor in die *z*-Richtung, Bild 3-4. Der Momentenvektor besitzt daher nur die *z*-Komponente $M = M_z$ und lässt sich mit dem Basisvektor $\vec{e}_z$ wie folgt schreiben:

$$\vec{M} = \vec{e}_z \cdot M_z = \vec{e}_z \cdot \left(F_y \cdot x - F_x \cdot y\right) \tag{3.10}.$$

Ist der Betrag M_z des Momentes negativ, so zeigt der Momentenvektor in negative *z*-Richtung, d. h. entgegengesetzt von $\vec{e}_z$.

In der ebenen Statik wird im Allgemeinen auf den Vektorpfeil und die Indizierung verzichtet und das Moment als Bogenpfeil (siehe Bild 3-3b) gezeichnet, da das Moment stets senkrecht zur Kraftebene gerichtet ist.

3.2 Moment einer ebenen Kräftegruppe

Die resultierende Wirkung einer allgemeinen ebenen Kräftegruppe kann durch eine resultierende Kraft $\vec{R}$ (siehe Kapitel 2.5.1) und ein resultierendes Moment $\vec{M}_R$ (siehe Bild 3-5) dargestellt werden. Dabei ist die Summe der Momente der einzelnen Kräfte einer ebenen Kräftegruppe gleich dem Moment der Resultierenden dieser Kräftegruppe (Momentensatz).

Das Moment $\vec{M}_0$ bezüglich des Koordinatenursprungs 0, Bild 3-5, kann ermittelt werden durch die Summe der Momente $\vec{M}_1(\vec{F}_1)$ und $\vec{M}_2(\vec{F}_2)$ der Einzelkräfte $\vec{F}_1$ und $\vec{F}_2$:

$$\vec{M}_0 = \vec{M}_1 + \vec{M}_2 = \vec{M}_1(\vec{F}_1) + \vec{M}_2(\vec{F}_2) = \vec{e}_z \cdot M_0 \qquad (3.11).$$

Der Momentenvektor $\vec{M}_0$ hat bei einer ebenen Kräftegruppe wiederum nur eine Komponente, die auf der Kraftebene senkrecht steht (siehe auch Bild 3-4). Da bei Verwendung eines kartesischen Koordinatensystems, bei dem die Kräfte in der x-y-Ebene wirken, der Momentenvektor somit in z-Richtung zeigt, verzichtet man im Allgemeinen auf den Vektorpfeil über M_0 und schreibt den Betrag des Momentes an einen Drehpfeil in der x-y-Ebene.

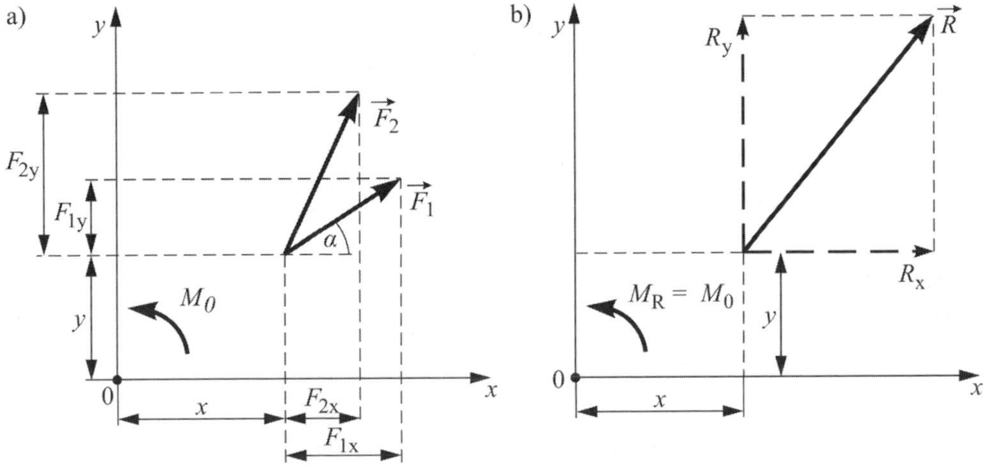

Bild 3-5 Moment oder resultierendes Moment einer ebenen Kräftegruppe
a) $\vec{M}_0$: Moment von $\vec{F}_1$ und $\vec{F}_2$ bezüglich des Koordinatenursprungs 0
b) $\vec{M}_R = \vec{M}_0$: Moment der Resultierenden $\vec{R}$ bezüglich Punkt 0

Bei dem ingenieurmäßigen Vorgehen wird in der Regel nur die Wirkung der Kraftkomponenten betrachtet. Dazu zerlegt man die Kräfte $\vec{F}_i$ in ihre Komponenten F_{ix} und F_{iy}, mit $F_{ix} = F_i \cdot \cos\alpha$ und $F_{iy} = F_i \cdot \sin\alpha$, siehe z. B. Bild 3-3 und Bild 3-5a. Der Betrag des Momentes bezüglich 0 berechnet sich dann unter Beachtung des mathematisch positiven Drehsinns wie folgt

$$\overset{\curvearrowleft}{0}: \; M_0 = \left|\vec{M}_0\right| = F_{1y} \cdot x - F_{1x} \cdot y + F_{2y} \cdot x - F_{2x} \cdot y \qquad (3.12),$$

wobei die Kräftegruppe in Bild 3-5a zugrunde gelegt wird. Der Drehpfeil über der Null bei der Momentenbedingung nach Gleichung (3.12) deutet die gewählte Drehrichtung an. Der Betrag des resultierenden Momentes kann auch mit der resultierenden Kraft oder mit den Komponenten R_x und R_y der Resultierenden ermittelt werden, siehe Bild 3-5b,

$$\overset{\curvearrowleft}{0}: \; M_R = M_0 = R_y \cdot x - R_x \cdot y \qquad (3.13).$$

M_R und M_0 sind dabei gleich groß, soweit derselbe Bezugspunkt gewählt wird.

Bei der Bestimmung des resultierenden Momentes einer beliebigen ebenen Kräftegruppe geht der Ingenieur im Allgemeinen wie folgt vor: Zunächst legt man den Bezugspunkt, für den das Moment zu bestimmen ist, fest. Gleichzeitig gibt man eine Drehrichtung vor, auf die alle Teilmomente und das resultierende Moment bezogen werden. Aus den Teilmomenten der einzelnen Kräfte wird dann unter Beachtung der Drehrichtungen (d. h. der Vorzeichen der Momente) das resultierende Moment bestimmt. Erhält man einen negativen Betrag des resultierenden Moments, so bedeutet dies, dass das Moment entgegen der angenommenen Drehrichtung wirkt. Anstatt z. B. in die positive z-Richtung, zeigt dann der Momentenvektor in die negative Richtung.

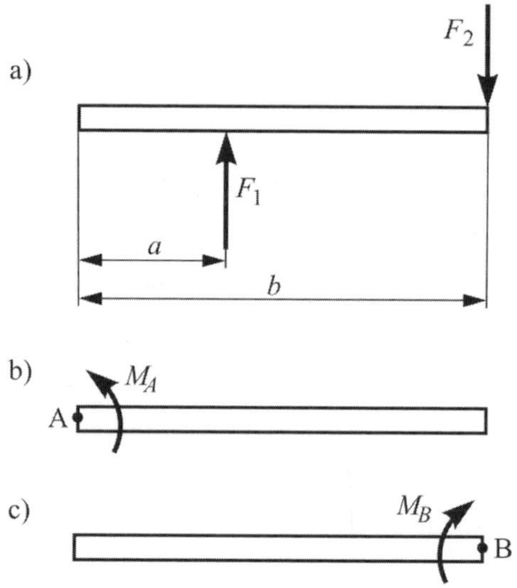

Bild 3-6 Bestimmung der wirkenden Momente für verschiedene Bezugspunkte einer ebenen Kräftegruppe
a) Ein auf reibungsfreier Ebene liegender Körper ist durch die Kräfte F_1 und F_2 belastet
b) Das Moment M_A um den Bezugspunkt A ergibt sich aus den Teilmomenten der Kräfte F_1 und F_2
c) M_B: Moment um den Bezugspunkt B

Das resultierende Moment ist vom Bezugspunkt abhängig. Für einen anderen Bezugspunkt ändert sich im Allgemeinen der Betrag des Momentes und unter Umständen auch das Vorzeichen und damit die Richtung.

Dies wird in Bild 3-6 verdeutlicht, wo ein Körper durch zwei Kräfte F_1 und F_2 belastet ist. Das Moment um den Drehpunkt A wird linksdrehend positiv angenommen. Somit ergibt sich

$$\overset{\curvearrowleft}{\mathrm{A}}: \quad M_{\mathrm{A}} = F_1 \cdot a - F_2 \cdot b \qquad (3.14).$$

Das Moment ist positiv für $F_1 \cdot a > F_2 \cdot b$ und negativ für $F_1 \cdot a < F_2 \cdot b$.
Das Moment um B wird z. B. rechtsdrehend positiv angenommen. Es errechnet sich mit

$$\overset{\curvearrowright}{\mathrm{B}}: \quad M_{\mathrm{B}} = F_1 \cdot (b - a) \qquad (3.15).$$

Die Kraft F_2 übt kein Moment bezüglich Drehpunkt B aus, da der Hebelarm null ist. Nach Gleichung (3.15) ist M_B positiv für $F_1 > 0$ und $b > a$. Für $F_1 = 1000$ N, $F_2 = 200$ N, $a = 0{,}5$ m und $b = 1$ m ergeben sich $M_A = 300$ Nm und $M_B = 500$ Nm. M_A und M_B sind damit entgegengesetzt gerichtet und haben unterschiedliche Beträge.

Beispiel 3-1

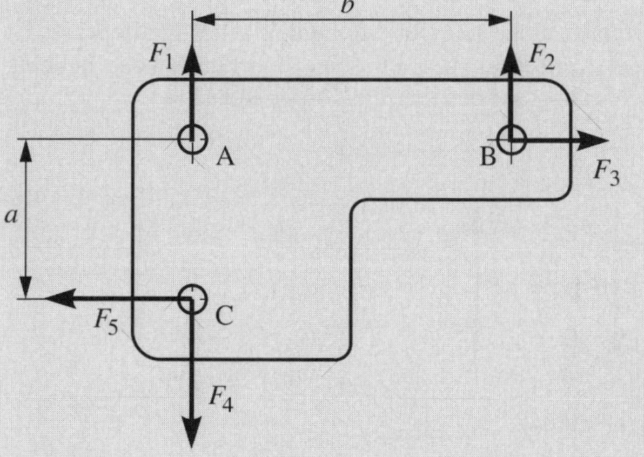

Ein Werkstück wird durch die Kräfte F_1, F_2, F_3, F_4 und F_5 an den Bohrungen A, B und C belastet.

Man bestimme die Momente der Kräfte bezüglich der Punkte A, B und C.

geg.:

$F_1 = F_2 = F_3 = 1000$ N,

$F_4 = F_5 = 1500$ N,

$a = 100$ mm, $b = 200$ mm

Lösung:

a) Moment der Kräfte bezüglich des Punktes A

$\curvearrowleft A: \; M_A = F_2 \cdot b - F_5 \cdot a = 50\,\text{Nm}$

b) Moment der Kräfte bezüglich des Punktes B

$\curvearrowleft B: \; M_B = -F_1 \cdot b - F_5 \cdot a + F_4 \cdot b = -50\,\text{Nm}$

c) Moment der Kräfte bezüglich des Punktes C

$\curvearrowleft C: \; M_C = F_2 \cdot b - F_3 \cdot a = 100\,\text{Nm}$

3.3 Moment eines Kräftepaares

„Als Kräftepaar bezeichnet man zwei gleichgroße, entgegengesetzt gerichtete Kräfte auf parallelen Wirkungslinien."

In Bild 3-7a ist ein Kräftepaar dargestellt, das auf einen starren Körper einwirkt.

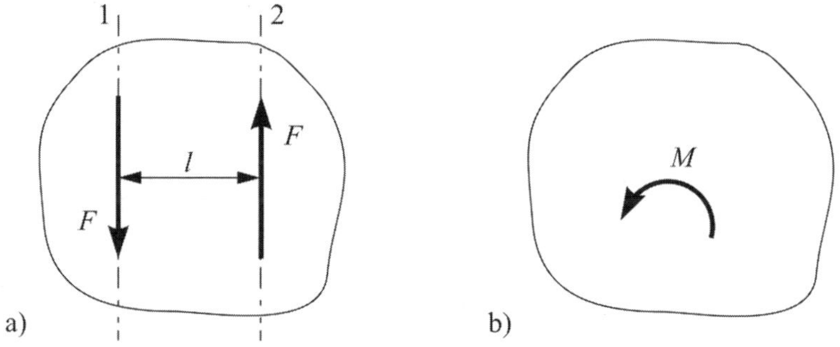

Bild 3-7 a) Kräftepaar, welches auf einen starren Körper einwirkt
b) Moment M als resultierende Wirkung des Kräftepaares

Die Wirkung des Kräftepaares wird durch sein Moment bestimmt:

$$M = F \cdot l \qquad (3.16).$$

Eine resultierende Kraft tritt beim Kräftepaar nicht auf. Das Moment M eines Kräftepaares ist unabhängig vom Bezugspunkt. D. h. ein Kräftepaar darf auf seiner Wirkungsebene beliebig verschoben werden, ohne dass sich die Wirkung auf den starren Körper ändert.

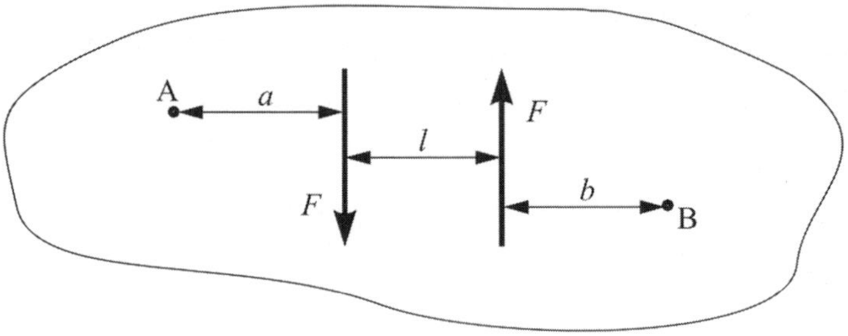

Bild 3-8 Das Moment eines Kräftepaares ist für beliebige Bezugspunkte gleich groß: $M = F \cdot l$

Dies kann mit Bild 3-8 verdeutlicht werden. Für den Bezugspunkt A ergibt sich das Moment

$$\overset{\frown}{A}: \; M_A = -F \cdot a + F \cdot (a + l) = -F \cdot a + F \cdot a + F \cdot l = F \cdot l = M \qquad (3.17).$$

Für Bezugspunkt B gilt:

$$\overset{\frown}{B}: \; M_B = F \cdot (l + b) - F \cdot b = F \cdot l + F \cdot b - F \cdot b = F \cdot l = M \qquad (3.18).$$

Dies bedeutet, das Moment ist unabhängig vom Bezugspunkt. Für jede Lage des Kräftepaares auf der Wirkungsebene, ist der Betrag des Momentes $M = F \cdot l$.

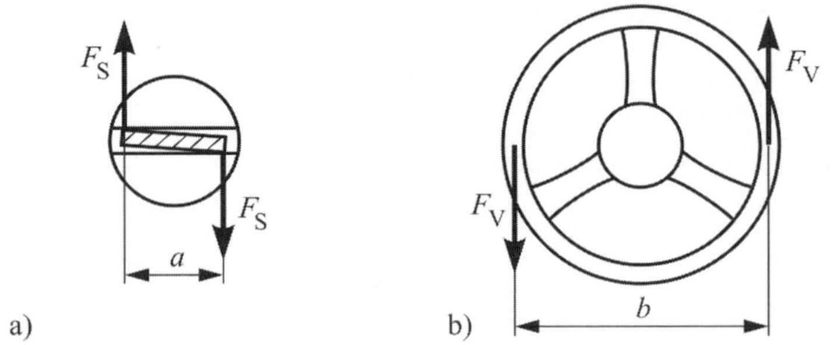

Bild 3-9 Beispiele für Kräftepaare

a) Ein Schraubendreher erzeugt bei einer Schlitzschraube beim Anziehen ein rechtsdrehendes Kräftepaar und somit ein rechtsdrehendes Moment $M_S = F_S \cdot a$

b) Beim Öffnen eines Ventils wirkt am Ventilrad ein linksdrehendes Kräftepaar und somit ein linksdrehendes Moment $M_V = F_V \cdot b$

Ein Kräftepaar, das auf einen nicht fest gelagerten oder drehbar gelagerten Körper wirkt, versetzt diesen in Drehung. Entsprechend der Wirkung des Kräftepaares entsteht dabei eine Rechts- oder eine Linksdrehung, siehe die Beispiele im Bild 3-9.

Wirken an einem Körper mehrere Kräftepaare, so können diese unter Beachtung des Drehsinns algebraisch addiert werden. Man kann dann alle wirkenden Kräftepaare durch ein resultierendes Moment M_R ersetzen:

$$M_R = \sum_i M_i \qquad (3.19).$$

Der Körper befindet sich im Gleichgewicht, d. h. er dreht sich nicht, wenn die Summe der Momente der Kräftepaare bzw. das resultierende Moment M_R den Wert Null hat:

$$M_R = \sum_i M_i = 0 \qquad (3.20).$$

Dies bedeutet auch, ein Kräftepaar kann nur durch ein entgegengesetzt drehendes, gleich großes Kräftepaar oder durch ein gleich großes Gegenmoment ins Gleichgewicht gesetzt werden.

Beispiel 3-2

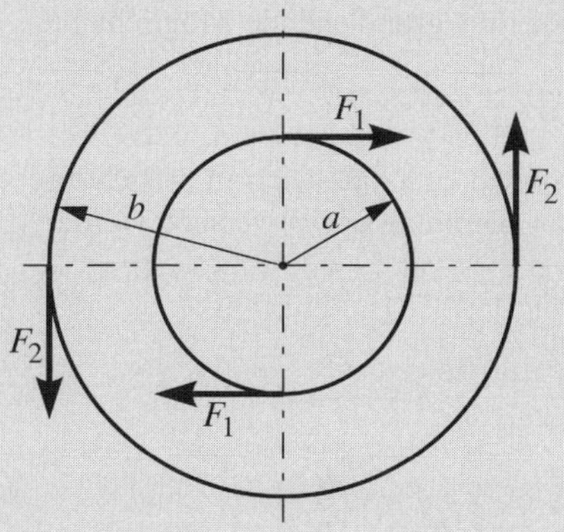

An einer Kreisscheibe greifen zwei Kräftepaare an.

Man bestimme

a) das auf die Scheibe wirkende resultierende Moment M_R,

b) die Größe von F_2, damit das resultierende Moment M_R verschwindet.

geg.: F_1, F_2, a, b

Lösung:

a) Resultierendes Moment der Kräftepaare

$$M_R = F_2 \cdot 2b - F_1 \cdot 2a = 2F_2 \cdot b - 2F_1 \cdot a$$

b) Größe von F_2, damit $M_R = 0$

$$M_R = 2F_2 \cdot b - 2F_1 \cdot a = 0 \quad \Rightarrow \quad F_2 = F_1 \cdot \frac{a}{b}$$

4 Lösen von Fragestellungen der ebenen Statik

In Kapitel 1 werden Fragestellungen der Statik formuliert, die es durch Anwendung der bisher beschriebenen Grundlagen und mit den noch zu formulierenden Gleichgewichtsbedingungen zu lösen gilt. Ein Körper oder eine Struktur ist im Gleichgewicht, wenn keine resultierende Kraft und kein resultierendes Moment vorhanden ist. D. h. die Summen aller wirkenden Kräfte und Momente müssen Null sein. Mit diesen Überlegungen lassen sich die notwendigen Gleichgewichtsbedingungen formulieren.

4.1 Gleichgewichtsbedingungen der ebenen Statik

Eine Struktur oder ein Bauteil, hier idealisiert als starrer Körper, kann durch Kräfte (Einzelkräfte, zentrale oder beliebige ebene Kräftegruppen), Momente und Kräftepaare belastet sein. Diese Belastungsgrößen versuchen den starren Körper zu verschieben und zu verdrehen.

In der Ebene besitzt ein ungebundener, starrer Körper drei grundlegende Möglichkeiten der Bewegung:

Zwei Translationen und *eine Rotation.*

D. h. ein Körper kann durch die wirkenden Kräfte sowohl in x- als auch in y-Richtung verschoben und durch die wirkenden Momente in Rotation (Drehung um φ) versetzt werden, Bild 4-1.

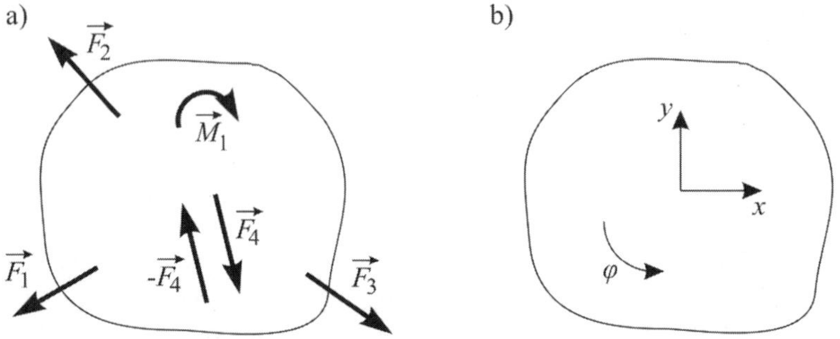

Bild 4-1 a) Kräfte, Moment und Kräftepaar am starren Körper
b) Drei grundlegende Möglichkeiten der Bewegung eines starren Körpers in der Ebene: Verschiebung in x-Richtung, Verschiebung in y-Richtung und Drehung um den Winkel φ

Gleichgewicht liegt vor, d. h. Bewegung wird verhindert, wenn keine resultierende Kraft $\vec{R}$ und kein resultierendes Moment $\vec{M}_{\mathrm{R}}$ auf den Körper wirken. Ein in Ruhe befindlicher Körper bleibt in Ruhe, wenn

$$\vec{R} = \vec{0} \tag{4.1}$$

und gleichzeitig

$$\vec{M}_{\mathrm{R}} = \vec{0} \tag{4.2}$$

ist. Mit den Komponenten der resultierenden Kraft und der Komponente des resultierenden Momentes gilt auch

$$R_x = 0 \qquad (4.3),$$

$$R_y = 0 \qquad (4.4),$$

$$M_R = M_{Rz} = 0 \qquad (4.5).$$

Daraus ergeben sich die Gleichgewichtsbedingungen der ebenen Statik in Komponentenschreibweise:

$$F_{1x} + F_{2x} + F_{3x} + \ldots = 0 \qquad (4.6),$$

$$F_{1y} + F_{2y} + F_{3y} + \ldots = 0 \qquad (4.7),$$

$$M(F_1) + M(F_2) + \ldots + M_1 + \ldots = 0 \qquad (4.8).$$

Diese lassen sich in allgemeiner Form wie folgt schreiben:

$$\sum F_{ix} = 0 \qquad \rightarrow \qquad (4.9),$$

$$\sum F_{iy} = 0 \qquad \uparrow \qquad (4.10),$$

$$\sum M_i = 0 \qquad \curvearrowleft \qquad (4.11).$$

In Worten können die Gleichgewichtsbedingungen der ebenen Statik wie folgt zusammengefasst werden:

„Gleichgewicht herrscht, wenn

- *die Summe aller Kräfte in x-Richtung gleich null,*
- *die Summe aller Kräfte in y-Richtung gleich null und*
- *die Summe aller Momente bezüglich eines beliebigen Drehpunktes gleich null*

sind."

Ein starrer Körper bzw. eine Struktur befindet sich nur dann im Gleichgewicht, wenn alle Gleichgewichtsbedingungen gleichzeitig erfüllt sind. Bei der Anwendung der Gleichgewichtsbedingungen ist auf das Vorzeichen, d. h. auf die Richtung der Kräfte und Momente genau zu achten. Eine in x-Richtung zeigende Kraft ist positiv einzusetzen und eine entgegengesetzte Kraft negativ. Ein linksdrehendes Moment erhält im Allgemeinen ein positives Vorzeichen, ein rechtsdrehendes Moment ein negatives Vorzeichen.

Die in den Gleichungen (4.9), (4.10) und (4.11) formulierten Gleichgewichtsbedingungen können durch Symbole wie folgt ersetzt werden: $\Sigma F_{ix} = 0$ durch $\rightarrow$, $\Sigma F_{iy} = 0$ durch $\uparrow$ und $\Sigma M_i = 0$ durch $\curvearrowleft$. Der horizontale Pfeil bedeutet, dass die Summe aller Kräfte in x-Richtung zu beachten ist. Er steht damit für Gleichung (4.9). Der vertikale Pfeil betrachtet das Gleichgewicht in y-Richtung und ersetzt Gleichung (4.10). Der gekrümmte Pfeil symbolisiert die Momentengleichgewichtsbedingung in Gleichung (4.11). Die Verwendung dieser Symbole hat noch den Vorteil, dass die Pfeilrichtung die positive Richtung der Kräfte und Momente anzeigt. Der Drehpfeil wird häufig auch in folgender Form verwendet: $\overset{\curvearrowleft}{A}$. Der Buchstabe unter dem Pfeil zeigt dabei den Drehpunkt an, auf den alle Momente bezogen werden.

Für die Anwendung der Gleichgewichtsbedingungen sind noch zwei wichtige Hinweise zu beachten:

- *„Bei der Anwendung der Gleichgewichtsbedingungen müssen nur die äußeren Kräfte und Momente, d. h. die wirkenden Lasten und die Lagerreaktionen berücksichtigt werden. Innere Kräfte bleiben dagegen unberücksichtigt.*
- *Die Momentengleichgewichtsbedingung ist unabhängig vom Bezugspunkt. Dieser kann also frei gewählt werden. Allerdings sind alle Momente auf den gewählten Bezugspunkt zu beziehen"*

Mit den drei Gleichgewichtsbedingungen der ebenen Statik kann man drei unbekannte statische Größen bestimmen. Zum Beispiel können die Reaktionskräfte eines in bestimmter Weise gelagerten starren Körpers mit den Gleichgewichtsbedingungen ermittelt werden. Grundsätzlich unterscheidet man

- statisch bestimmte Probleme und
- statisch unbestimmte Probleme.

Bei den statisch bestimmten Problemen reichen die drei Gleichgewichtsbedingungen zur Lösung der Fragestellung aus.

Bei statisch unbestimmten Problemen existieren hingegen mehr Unbekannte als Gleichgewichtsbedingungen. Eine Lösung ist daher mit den Methoden der Statik nicht möglich. Die Festigkeitslehre, ein weiteres wichtiges Teilgebiet der Technischen Mechanik, stellt hierfür allerdings Lösungsmöglichkeiten bereit.

Beispiel 4-1

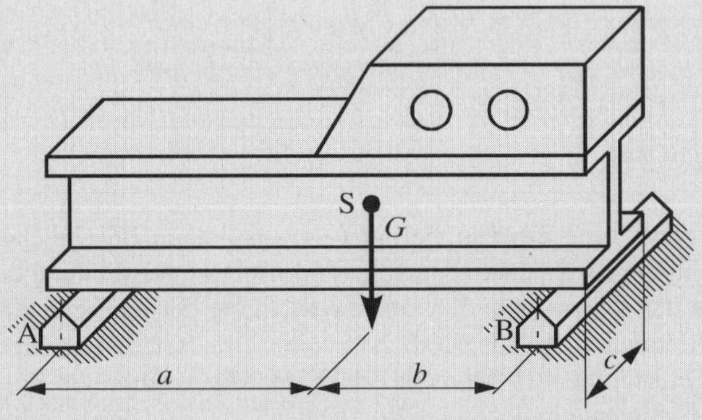

Ein Träger mit Aufbau ist in einer Fabrikhalle auf Schienen zwischengelagert. Das Gesamtgewicht beträgt G. Man bestimme mit den Gleichgewichtsbedingungen der ebenen Statik die Schienenreaktionskräfte und die zwischen Träger und Schienen übertragenen Linien- oder Streckenlasten q_A und q_B.

geg.: G, a, b, c

Lösung:

a) Freischnitt

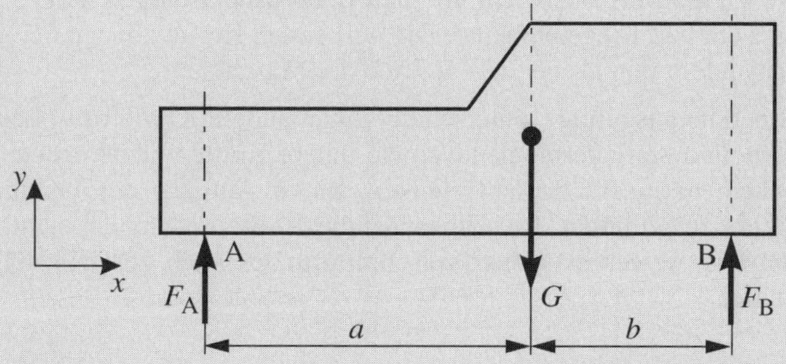

Freigeschnittener Träger mit der Gewichtskraft G und den Reaktionskräften F_A und F_B, die von der Schiene auf den Träger einwirken (Lagerreaktionen).

b) Bestimmung der Auflagerreaktionen mit den Gleichgewichtsbedingungen der ebenen Statik

$$\rightarrow: \quad \sum F_{ix} = 0 \tag{1}$$

$$\uparrow: \quad \sum F_{iy} = 0 = F_A + F_B - G \tag{2}$$

$$\curvearrowleft A: \quad \sum M_{iA} = 0 = F_B \cdot (a+b) - G \cdot a \quad \Rightarrow \quad F_B = \frac{G \cdot a}{a+b} \tag{3}$$

Aus (2) ergibt sich: $F_A = G - F_B = G - \dfrac{G \cdot a}{a+b} = \dfrac{G \cdot b}{a+b}$

c) Ermittlung der Streckenlasten, die zwischen Träger und Schiene übertragen werden

Bei einer Trägerbreite von c betragen die Linienlasten (siehe Kapitel 2.1):

$$q_A = \frac{F_A}{c} \qquad q_B = \frac{F_B}{c}$$

d) Für $G = 2500$ N, $a = 1{,}5$ m, $b = 1$ m und $c = 200$ mm ergibt sich

$$F_A = \frac{2500\,\text{N} \cdot 1\,\text{m}}{1{,}5\,\text{m} + 1\,\text{m}} = 1000\,\text{N} \qquad F_B = \frac{2500\,\text{N} \cdot 1{,}5\,\text{m}}{1{,}5\,\text{m} + 1\,\text{m}} = 1500\,\text{N}$$

$$q_A = \frac{1000\,\text{N}}{200\,\text{mm}} = 5\,\frac{\text{N}}{\text{mm}} \qquad q_B = \frac{1500\,\text{N}}{200\,\text{mm}} = 7{,}5\,\frac{\text{N}}{\text{mm}}$$

4.2 Der Freischnitt: Kräfte werden sichtbar

Kräfte und Momente sind unsichtbar. Wir können die Wirkungen jedoch spüren oder durch Beobachtung erfahren.

Jeder Mensch muss Gewichtskräfte überwinden, z. B. beim Tragen von Lasten. Auch das eigene Körpergewicht belastet täglich unsere Füße und unsere Gelenke. Der Autofahrer verspürt Beschleunigungs- und Verzögerungskräfte und insbesondere auch Fliehkräfte. Eine Hausdecke ist belastet mit allerhand Gewichtskräften. Natürlich ist auch das Eigengewicht der Decke im Allgemeinen nicht vernachlässigbar. Bei Maschinen und Anlagen wirken zahlreiche Kräfte und Momente. Neben dem Eigengewicht und den Betriebsbelastungen wirken auch Momente, z. B. Antriebsmomente und Biegemomente. Die wirkenden Kräfte können bei der Montage der Maschine gänzlich anders sein als bei dem Betrieb der Maschine.

Wie in Kapitel 2 bereits ausgeführt, unterscheidet man äußere Kräfte bzw. Lasten, Reaktions- bzw. Auflagerkräfte und Auflagermomente sowie innere Kräfte und Momente. Dazu kommen z. B. noch Zwischenreaktionskräfte in Gelenken. Es ist Aufgabe des Ingenieurs, alle diese Kräfte und Momente zu ermitteln. Dazu muss er die Kräfte gedanklich sichtbar oder für ihn erfahrbar machen. Die Anwendung des Freischnittprinzips nach LAGRANGE ist dabei das wichtigste Hilfsmittel.

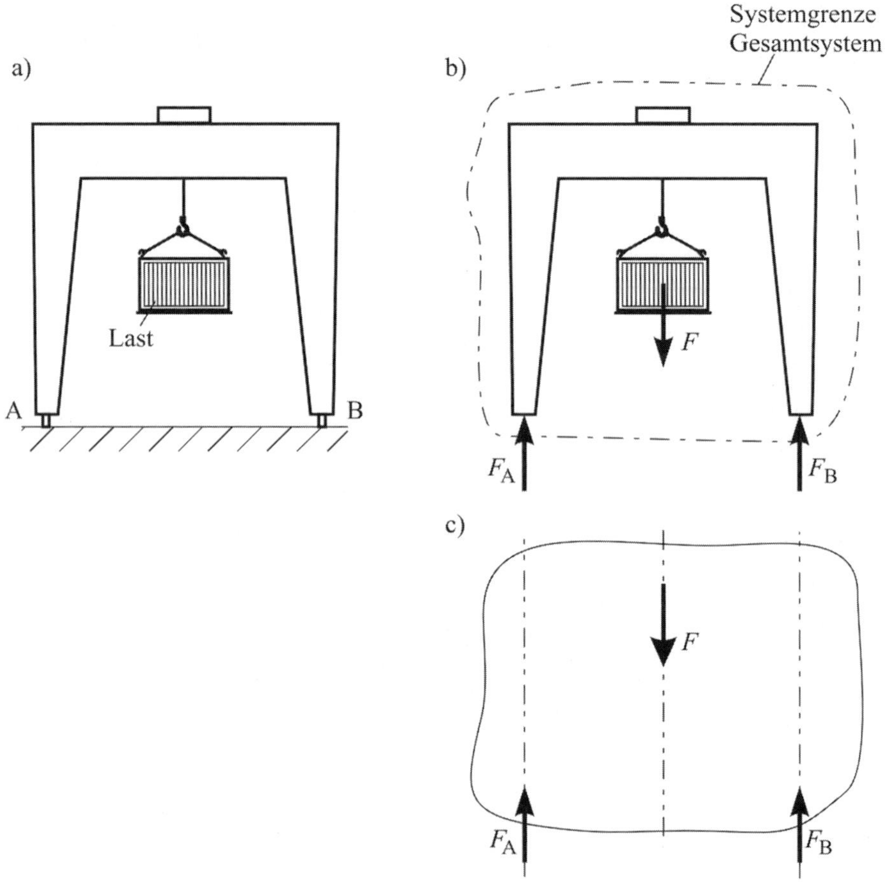

Bild 4-2 „Freischnitt" eines Hafenkrans
a) Prinzipskizze des Krans
b) Freischnitt des Gesamtsystems mit den wirkenden Kräften
c) Idealisierung der Gesamtstruktur als starrer Körper

Für die Ermittlung von Auflagerreaktionen wird der gesamte Körper von den Aufstandsstellen gedanklich gelöst. An diesem „freigeschnittenen" Körper werden dann alle auf ihn einwirkenden Kräfte und Momente eingezeichnet. Das so genannte Freikörperbild erlaubt nun, mit den bereits beschriebenen Grundlagen der Statik, die Kräfte in den Aufstandsstellen zu ermitteln.

Obwohl das gedankliche Freischneiden bereits an verschiedenen Stellen dieses Buches angesprochen wurde, so z. B. in Kapitel 2.2 und Kapitel 2.3 mit den Bildern 2-6, 2-7, 2-10, 2-11, sowie im Beispiel 2-4, soll dieses wichtige Prinzip der Statik an dieser Stelle nochmals erläutert werden. Beispielhaft soll dies an einem sich im Einsatz befindlichen Hafenkran geschehen.

Bild 4-2a zeigt einen Hafenkran, der eine Last anhebt. Zur Ermittlung der Lagerreaktionskräfte wird nun der gesamte Kran von den Aufstandsstellen gedanklich gelöst. In dieses freigeschnittene Gesamtsystem werden dann die wirkenden Kräfte eingezeichnet, Bild 4-2b. Als äußere Kraft wirkt beim langsamen Anheben der Last die Kraft F in vertikaler Richtung[1]. An den Aufstandsstellen wirken die Lagerreaktionskräfte F_A und F_B ebenfalls in vertikaler Richtung. Da in der Statik alle realen Strukturen als starre Körper angesehen werden, spielt die tatsächliche Kranstruktur für die Ermittlung der Lagerkräfte keine Rolle. Es kommt daher lediglich auf die Kräfte und ihre Wirkungslinien an, Bild 4-2c.

Zum Beispiel durch Anwendung der Gleichgewichtsbedingungen lassen sich jetzt die Auflagerreaktionen ermitteln, wobei man die Idealisierung der Gesamtstruktur als starrer Körper stets vor Augen haben sollte.

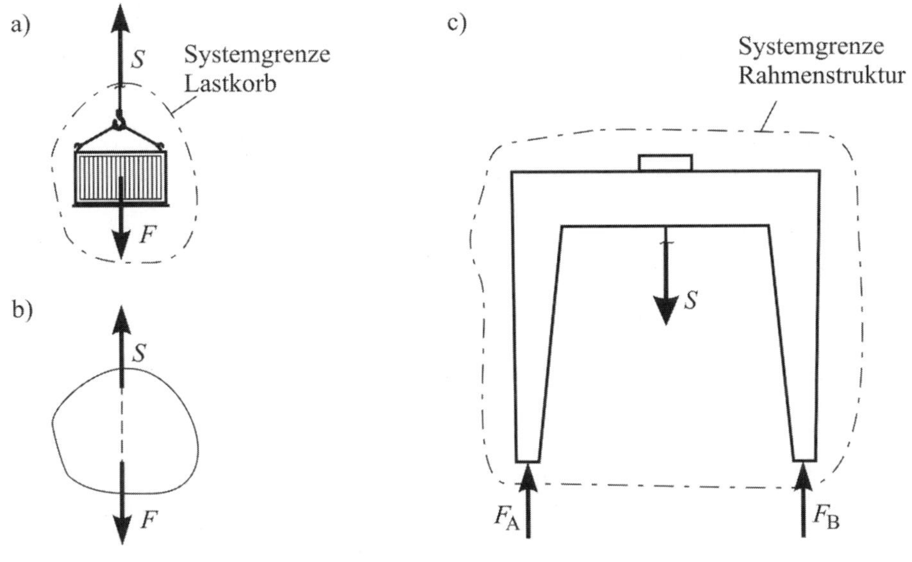

Bild 4-3 Teilsysteme des Hafenkrans
a) Teilsystem Lastkorb mit den wirkenden Kräften S und F
b) Idealisierung des Systems Lastkorb als starrer Körper
c) Teilsystem Rahmenstruktur

Da das Gesamtsystem Hafenkran aus mehreren Teilsystemen besteht, muss der Ingenieur auch die Kraftwirkungen zwischen diesen Teilsystemen kennen. Diese werden wiederum sichtbar durch gedankliches Trennen, „Freischneiden“, dieser Systeme. So kann z. B. das Teilsystem

[1] Bei dieser Betrachtung wird das Eigengewicht des Krans vernachlässigt.

Lastkorb unabhängig von dem Teilsystem Rahmenstruktur des Krans betrachtet werden, Bild 4-3.

Auf den Lastkorb wirkt dann die Kraft F und die Seilkraft S ein, Bild 4-3a. Diese sind, nach dem Wechselwirkungsgesetz, Kapitel 2.3.3, gleich groß, entgegengesetzt gerichtet und liegen auf derselben Wirkungslinie. Idealisiert kann das Teilsystem Lastkorb wieder als starrer Körper betrachtet werden, Bild 4-3b.

Ebenfalls nach dem Wechselwirkungsgesetz wirkt nun auf das Teilsystem Rahmenstruktur die Seilkraft S in entgegengesetzter Richtung, wie auf den Lastkorb, Bild 4-3c.

Will man nun die inneren Kräfte und Momente in der Rahmenstruktur kennen lernen, so benötigt man gedachte Schnitte des Rahmens. Dies erfordert die Anwendung des Schnittprinzips nach EULER/LAGRANGE, Bild 4-4.

Die inneren Kräfte N_I und Q_I sowie das innere Moment M_I in der vertikalen Rahmenstruktur erhält man durch einen gedachten Schnitt I. Im Schnitt werden die inneren Kräfte und Momente eingezeichnet. Diese lassen sich dann durch Anwendung der Gleichgewichtsbedingungen, Kapitel 4.1, für das System mit der Systemgrenze I ermitteln. In der horizontalen Rahmenstruktur verfährt man analog. Ein gedachter Schnitt II macht die Schnittgrößen N_II, Q_II und M_II sichtbar. Betrachtet man nun das Gleichgewicht für das System mit der Systemgrenze II, so erhält man mit den Gleichgewichtsbedingungen die gesuchten inneren Kräfte und Momente.

a) b)

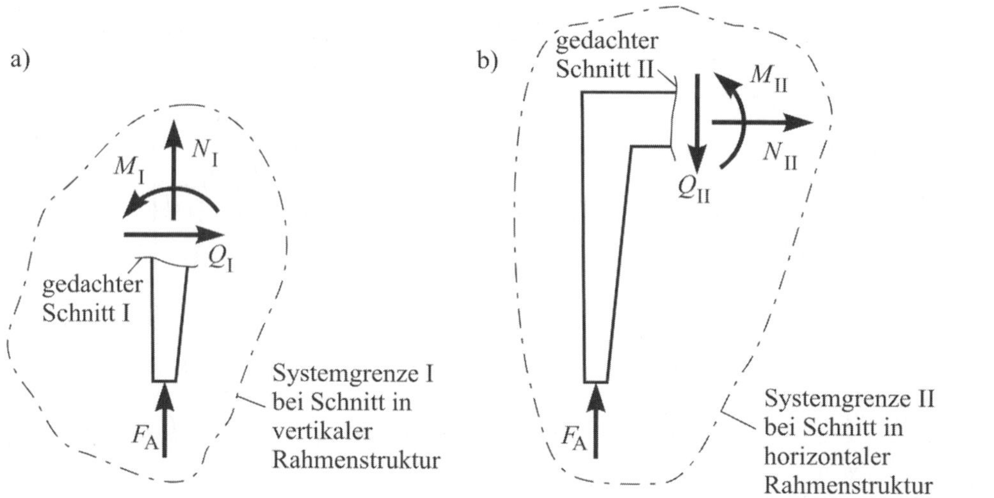

Bild 4-4 Schnittprinzip nach EULER/LAGRANGE zur Ermittlung der inneren Kräfte und Momente in der Rahmenstruktur

a) Gedachter Schnitt in der vertikalen Rahmenstruktur zur Ermittlung der inneren Kräfte N_I und Q_I sowie des inneren Momentes M_I

b) Gedachter Schnitt in horizontaler Rahmenstruktur

Die Ermittlung der inneren Kräfte und Momente ist insbesondere bei Tragwerken und Maschinen von großer Bedeutung. Die Kenntnis dieser Größen erlaubt dem Ingenieur eine sichere Auslegung von Konstruktionen jeglicher Art. Wegen der großen praktischen Bedeutung wird die Ermittlung der inneren Kräfte und Momente in den Kapiteln 5 bis 8 ausführlich behandelt.

4.3 Lösungen für Probleme in Natur und Technik

Mit den bisher erarbeiteten Grundlagen lassen sich Fragestellungen aus Natur und Technik lösen, die sich als ebene Probleme der Statik idealisieren lassen.

Hierzu zählen z. B.

- die Ermittlung der resultierenden Wirkung von Kräften und Momenten auf Bauteile und Strukturen,
- die Bestimmung der Kraftwirkungen auf Teilstrukturen,
- die Berechnung der Kräfte an den Aufstands- und Lagerstellen,
- die Ermittlung der inneren Kräfte und Momente in Strukturen sowie
- die Überprüfung der Standsicherheit von Fahrzeugen, Maschinen und Anlagen.

In den bisher dargestellten Beispielen wurden bereits Lösungswege und Lösungen für Problemstellungen aus der Praxis aufgezeigt, siehe unter anderem die Beispiele in den Kapiteln 2 und 4. Anhand von weiteren Problemen aus Natur und Technik soll die Thematik vertieft und erweitert werden.

Beispiel 4-2

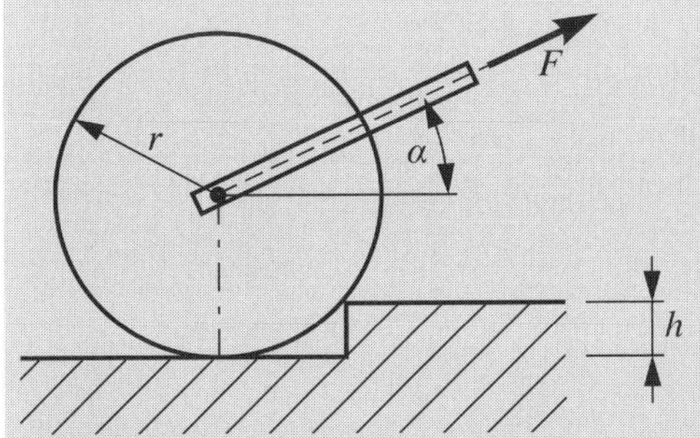

Eine Walze mit dem Gewicht G soll über eine Stufe mit der Höhe h gezogen werden.

Man ermittle die Größe der mindestens erforderlichen Zugkraft F, abhängig vom Winkel α, sowie die Kraft K an der Kante der Stufe nach Größe und Richtung.

geg.: $G = 1500$ N, $r = 500$ mm, $h = 1/3r$, $\alpha = 25°$

Lösung:

Für die Lösung mechanischer Fragestellungen ist zunächst ein Freischnitt zu erstellen.

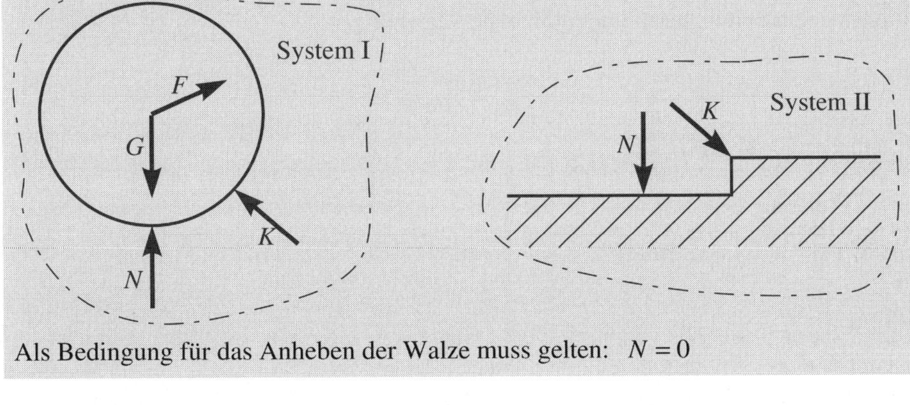

Als Bedingung für das Anheben der Walze muss gelten: $N = 0$

a) Zeichnerische Lösung

Für drei Kräfte im Gleichgewicht (siehe Kapitel 2.4.3) ergibt sich folgender Lage- und Kräfteplan:

Lageplan:

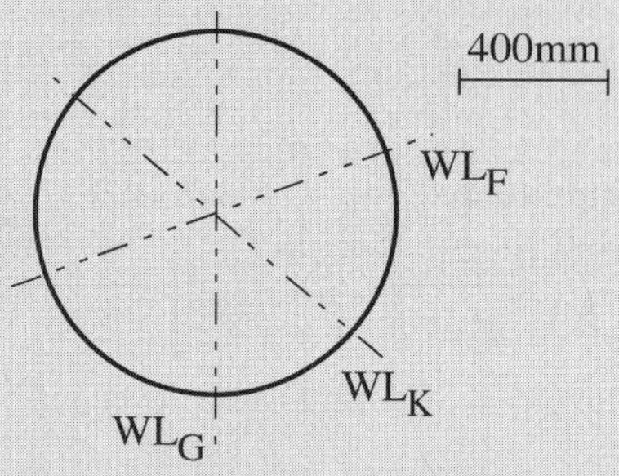

Kräfteplan:

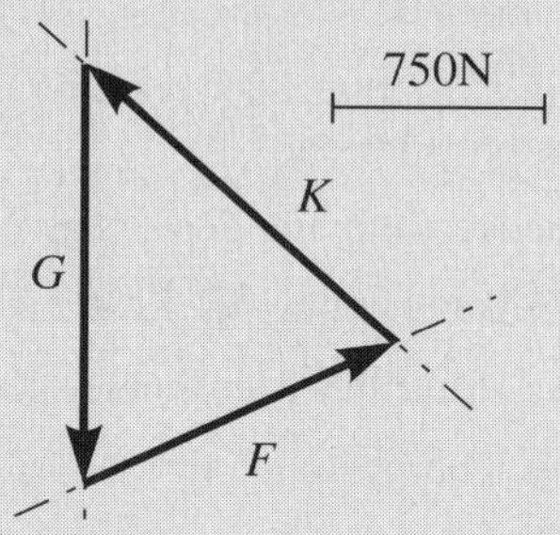

Durch Abmessen im Kräfteplan erhält man: $F = 1220\,\text{N}$ und $K = 1490\,\text{N}$

b) Rechnerische Lösung

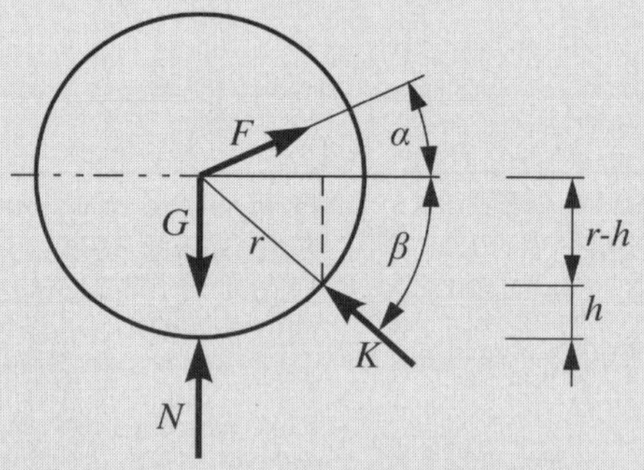

Für die rechnerische Ermittlung der Kräfte ist zunächst der Winkel β zu bestimmen:

$$\sin\beta = \frac{r-h}{r} \quad \Rightarrow \quad \beta = \arcsin\left(1 - \frac{h}{r}\right) = \arcsin\left(1 - \frac{1}{3}\right) = 41{,}8°$$

Für das Gleichgewicht gilt $\Sigma \vec{F}_i = \vec{0}$, d. h. $\vec{F} + \vec{G} + \vec{K} + \vec{N} = \vec{0}$, wobei $\vec{N} = \vec{0}$ als Kriterium für das Abheben gelten muss.

In Komponentendarstellung erhält man folgende Gleichungen:

$$\rightarrow: \quad F \cdot \cos\alpha - K \cdot \cos\beta = 0 \quad \Rightarrow \quad K = F \cdot \frac{\cos\alpha}{\cos\beta} \tag{1}$$

$$\uparrow: \quad F \cdot \sin\alpha - G + K \cdot \sin\beta = 0 \tag{2}$$

aus (1) und (2) folgt:

$$F \cdot \sin\alpha - G + F \cdot \frac{\cos\alpha}{\cos\beta} \cdot \sin\beta = 0 \quad \Rightarrow \quad F = \frac{G}{\sin\alpha + \cos\alpha \cdot \tan\beta} = 1216{,}3\,\text{N}$$

damit gilt für K:

$$K = \frac{G}{\sin\alpha + \cos\alpha \cdot \tan\beta} \cdot \frac{\cos\alpha}{\cos\beta} = 1479{,}0\,\text{N}$$

Beispiel 4-3

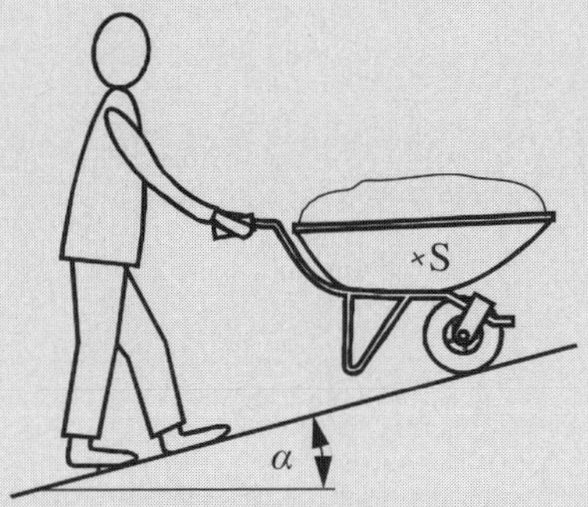

Ein Bauarbeiter schiebt eine mit Schutt gefüllte Schubkarre mit einer Gesamtmasse m eine Rampe hoch.

Ermitteln Sie zeichnerisch die Handkraft H des Bauarbeiters und die Kraft K auf das Rad nach Betrag und Richtung.

geg.: $m = 50$ kg, $\alpha = 15°$

Lösung:

Die Gewichtskraft der gefüllten Schubkarre ergibt sich zu:

$$G = m \cdot g = 50\,\text{kg} \cdot 9{,}81 \frac{\text{m}}{\text{s}^2} = 490{,}5\,N$$

Zeichnerische Lösung

Für drei Kräfte im Gleichgewicht (siehe Kapitel 2.4.3) ergibt sich folgender Lage- und Kräfteplan:

Lageplan:

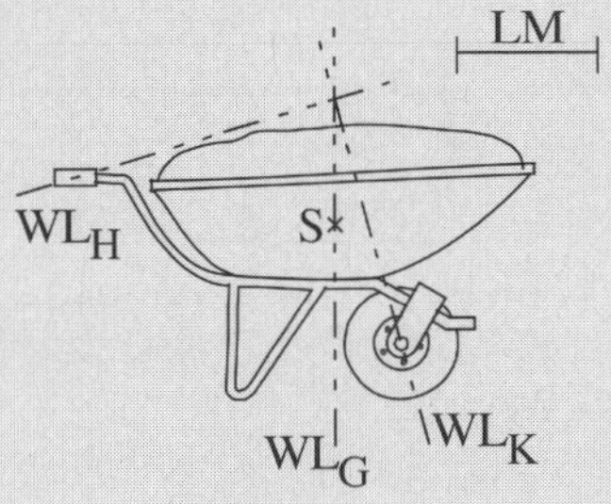

Kräfteplan:

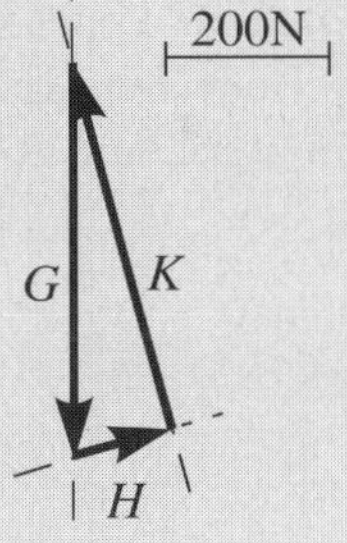

Durch Ausmessen folgt: $H = 130$ N, $K = 450$ N

Beispiel 4-4

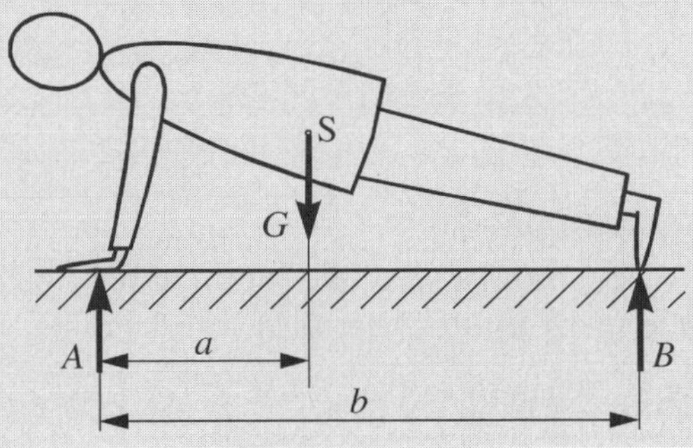

Eine Person mit einem Gewicht G führt Liegestützen durch.

Bestimmen Sie rechnerisch die Kräfte A und B, die an den Händen bzw. an den Fußspitzen wirken.

Lösung:

Die Lösung ergibt sich durch Aufstellen der Gleichgewichtsbedingungen:

$$\curvearrowleft A: \quad B \cdot b - G \cdot a = 0 \quad \Rightarrow \quad B = G \cdot \frac{a}{b} \qquad (1)$$

$$\uparrow: \quad A + B - G = 0 \qquad (2)$$

aus (1) und (2) folgt:

$$A + G \cdot \frac{a}{b} - G = 0 \quad \Rightarrow \quad A = G \cdot \left(1 - \frac{a}{b}\right)$$

Beispiel 4-5

Freischnitt:

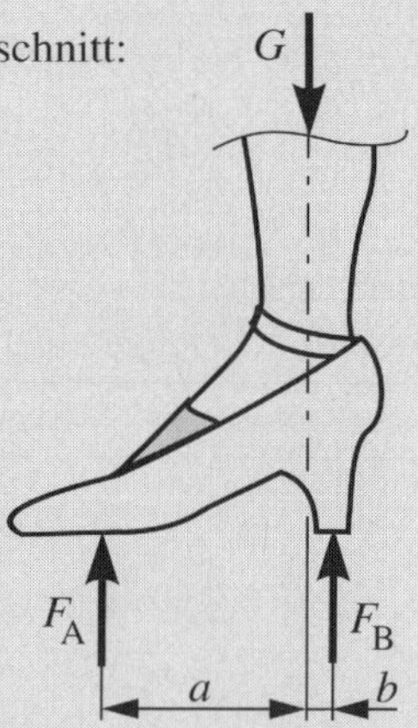

Eine Dame steht auf nur einem Fuß (Fragestellung 1-5, Bild 1-5). Ermitteln Sie die Aufstandskräfte in den Punkten A und B sowie die Flächenkraft unter dem

geg.: $G = 600$ N, $a = 150$ mm, $b = 30$ mm,
Schuhabsatzfläche $A = 50\ \text{mm}^2$

Um die entsprechenden Aufstandskräfte mittels der Gleichgewichtsbedingungen ermitteln zu können, ist ein Freischnitt zu erstellen.

Lösung:

$$\curvearrowright B: \quad F_A \cdot (a+b) - G \cdot b = 0 \quad \Rightarrow \quad F_A = G \cdot \frac{b}{a+b} = 100\,\text{N}$$

$$\curvearrowleft A: \quad F_B \cdot (a+b) - G \cdot a = 0 \quad \Rightarrow \quad F_B = G \cdot \frac{a}{a+b} = 500\,\text{N}$$

Gemäß Gleichung (2.5) ergibt sich die Flächenkraft unter dem Schuhabsatz wie folgt:

$$p = \frac{F_B}{A} = 10 \frac{\text{N}}{\text{mm}^2}$$

Beispiel 4-6 ***

Um die Beweglichkeit eines Patienten mit Hüftprothese nach der Operation weiter zu gewährleisten, soll er physiotherapeutisch behandelt werden. Vorab muss nun geklärt werden, ob bei einer Übung mit ausgestrecktem Bein die Kräfte an der Hüftprothese nicht schädlich sind.

geg.: $G = 300$ N, $l_S = 600$ mm, $l_m = 50$ mm, $h = 70$ mm, $l_1 = 30$ mm, $l_2 = 200$ mm, $\alpha_S = 10°$, $\alpha_M = 15°$

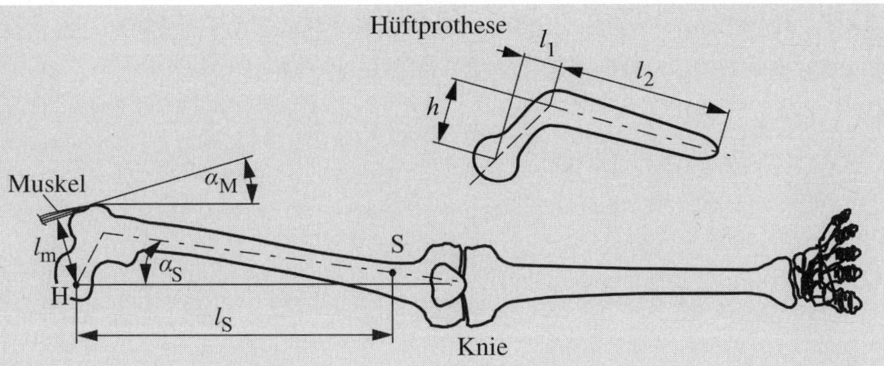

Lösung:

a) Berechnung der Kräfte im Hüftgelenk und im Muskel

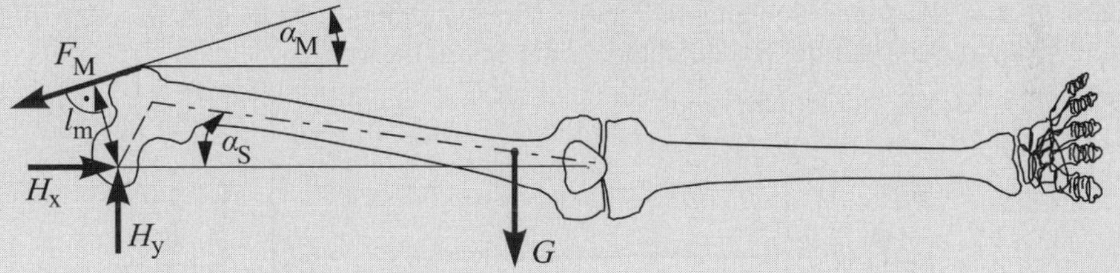

$$\curvearrowleft H: \quad F_M \cdot l_m - G \cdot l_S = 0 \quad \Rightarrow \quad F_M = G \cdot \frac{l_S}{l_m} = 3600\,\text{N}$$

$$\rightarrow: \quad H_x - F_M \cdot \cos\alpha_M = 0 \quad \Rightarrow \quad H_x = F_M \cdot \cos\alpha_M = 3477{,}3\,\text{N}$$

$$\uparrow: \quad H_y - F_M \cdot \sin\alpha_M - G = 0 \quad \Rightarrow \quad H_y = F_M \cdot \sin\alpha_M + G = 1231{,}7\,\text{N}$$

b) Kräfte auf die Prothese

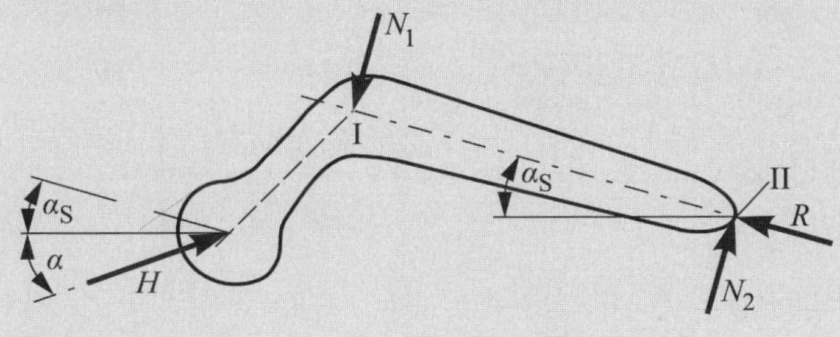

N_1, N_2 und R sind die Reaktionskräfte an der Prothese.

Aus den Komponenten H_x und H_y ergibt sich eine resultierende Kraft H zu:

$$H = \sqrt{H_x^{\,2} + H_y^{\,2}} = 3689{,}0\,\text{N}$$

Sie wirkt unter einem Winkel α zur Beinachse:

$$\tan\alpha = \frac{H_y}{H_x} \quad \Rightarrow \quad \alpha = 19{,}5°$$

$\leftarrow$: $R - H \cdot \cos(\alpha + \alpha_S) = 0 \quad \Rightarrow \quad R = H \cdot \cos(\alpha + \alpha_S) = 3210{,}6\,\mathrm{N}$

$\curvearrowleft$ I: $N_2 \cdot l_2 + H \cdot h \cdot \cos(\alpha + \alpha_S) - H \cdot l_1 \cdot \sin(\alpha + \alpha_S) = 0$

$$\Rightarrow \quad N_2 = \frac{H}{l_2} \cdot [l_1 \cdot \sin(\alpha + \alpha_S) - h \cdot \cos(\alpha + \alpha_S)] = -851{,}2\,\mathrm{N}$$

$\downarrow$: $N_1 - N_2 - H \cdot \sin(\alpha + \alpha_S) = 0$

$$\Rightarrow \quad N_1 = N_2 + H \cdot \sin(\alpha + \alpha_S) = 965{,}7\,\mathrm{N}$$

Zur Vereinfachung wurde das Koordinatensystem entsprechend der Kräfterichtungen gedreht.

Beispiel 4-7

Für die Radsatzwelle eines Schienenfahrzeugs (Fragestellung 1-3, Bild 1-3) sollen für den Lastfall der Geradeausfahrt die Radaufstandskräfte bestimmt werden.

geg.: $F_1 = F_2 = F$, a, b

Freischnitt:

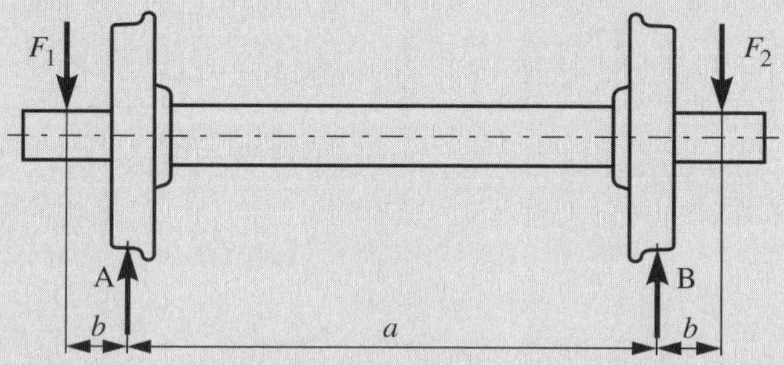

Bei der Geradeausfahrt eines Zuges werden idealerweise lediglich Kräfte in vertikaler Richtung übertragen.

Die Gleichgewichtsbedingungen ergeben sich zu:

$\curvearrowleft$ B: $F \cdot (a+b) - A \cdot a - F \cdot b = 0 \quad \Rightarrow \quad A = \dfrac{F \cdot (a+b-b)}{a} = F$ (1)

$\uparrow$: $A + B - 2 \cdot F = 0$ (2)

aus (1) und (2) folgt: $F + B - 2 \cdot F = 0 \quad \Rightarrow \quad B = F$

Wegen der großen Bedeutung von Tragwerken im Bereich der Technik werden diese in eigenen Kapiteln umfassend behandelt:

- Kapitel 5: Einteilige ebene Tragwerke
- Kapitel 6: Mehrteilige ebene Tragwerke
- Kapitel 7: Ebene Fachwerke

Dort werden neben den äußeren Kräften und den Auflagerreaktionen insbesondere auch die inneren Kräfte und Momente betrachtet.

4.4 Standsicherheit

Bei Strukturen, deren Auflagerungen nur Druckkräfte aufnehmen können, besteht die Gefahr des Umkippens. Sicherer Stand ist nur gewährleistet, d. h. das Umkippen wird verhindert, wenn um die mögliche Kippkante das Kippmoment M_{Kipp} kleiner ist als das Standmoment M_{Stand}. Es muss also gewährleistet sein, dass

$$M_{\mathrm{Kipp}} < M_{\mathrm{Stand}} \qquad (4.12)$$

oder

$$M_{\mathrm{Kipp}} = \frac{M_{\mathrm{Stand}}}{S_{\mathrm{K}}} \qquad (4.13),$$

wobei S_{K} die Kippsicherheit darstellt. Bei praktischen Problemen sollte die Kippsicherheit mindestens 1,3 bis 1,6 betragen.

Für die in Bild 4-5 dargestellte Struktur ergibt sich bezüglich der Kippkante B das Kippmoment

$$M_{\mathrm{Kipp}} = F_1 \cdot e + F_2 \cdot d + M_1 \qquad (4.14)$$

und ein Standmoment

$$M_{\mathrm{Stand}} = G_1 \cdot c + G_2 \cdot (a + b + c) \qquad (4.15).$$

Die Kippsicherheit beträgt nach Gleichung (4.13) somit

$$S_{\mathrm{K}} = \frac{M_{\mathrm{Stand}}}{M_{\mathrm{Kipp}}} = \frac{G_1 \cdot c + G_2 \cdot (a + b + c)}{F_1 \cdot e + F_2 \cdot d + M_1} \qquad (4.16).$$

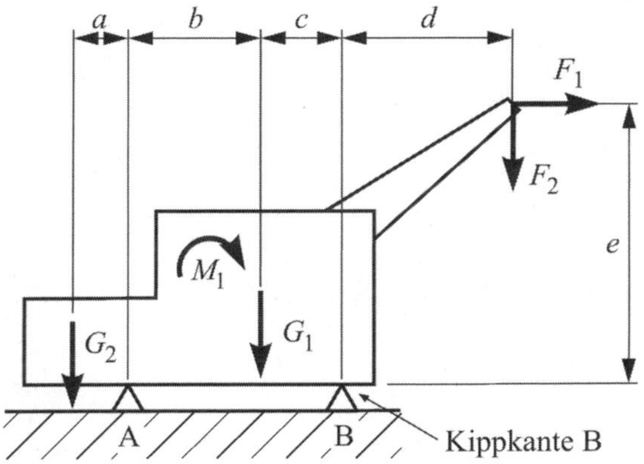

Bild 4-5 Ermittlung des Kippmomentes, des Standmomentes und der Standsicherheit für die dargestellte Struktur bezüglich der Kippkante B

Wirken auf ein Bauteil nur Kräfte und keine Momente, so ist Standsicherheit gegeben, wenn die Wirkungslinie der Resultierenden des wirkenden Kräftesystems innerhalb der möglichen Kippkanten verläuft.

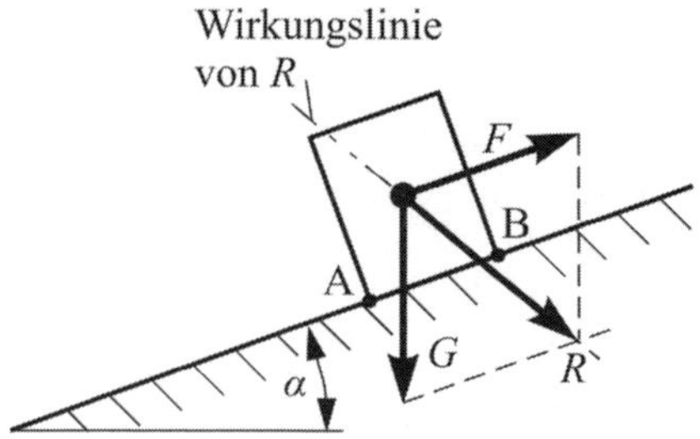

Bild 4-6 Standsicherheit bei Körpern, die durch ein ebenes Kräftesystem belastet sind (A, B: mögliche Kippkanten)

Bei Bild 4-6 verläuft die Wirkungslinie der aus den Kräften F und G gebildeten Resultierenden R innerhalb der Kippkanten A und B. Somit steht der Körper sicher auf der schiefen Ebene. Dies wäre auch der Fall, wenn nur die Gewichtskraft G wirken würde, d. h. für $F = 0$.

Beispiel 4-8

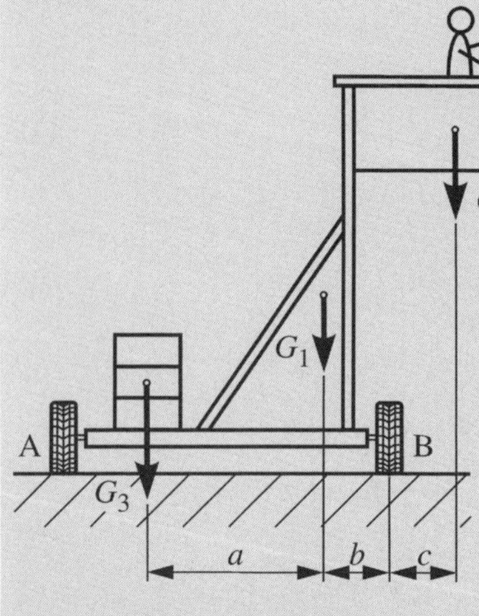

Die nebenstehend skizzierte Montageplattform hat ein Eigengewicht G_1 und kann ein Montagegewicht G_2 tragen. Man bestimme das Gegengewicht G_3, so dass ein Umkippen verhindert wird.

geg.: $G_1 = 1500$ N, $G_2 = 2000$ N, $a = 2$ m, $b = 0{,}5$ m, $c = 0{,}5$ m, Kippsicherheit $S_K = 2$

Lösung:

Das Umkippen der Montageplattform um die Kippkante B muss verhindert werden.

$$M_{\text{Kipp,B}} = \frac{M_{\text{Stand}}}{S_K}$$

$$\Rightarrow \quad G_2 \cdot c = \frac{G_1 \cdot b + G_3 \cdot (a+b)}{S_K}$$

$$\Rightarrow \quad G_3 = \frac{G_2 \cdot c \cdot S_K - G_1 \cdot b}{a+b} = 500\,\text{N}$$

Beispiel 4-9

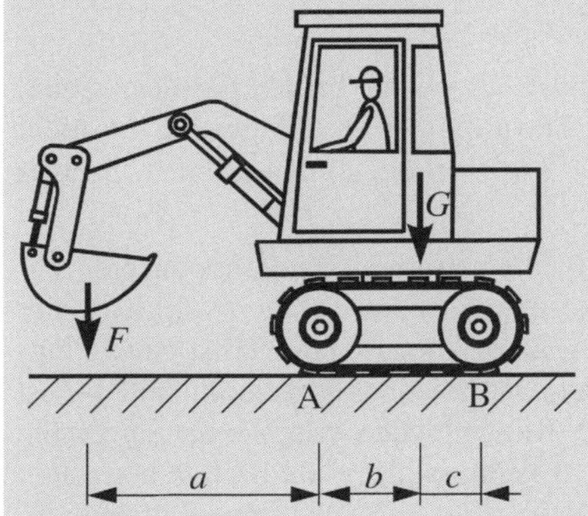

Im Zusammenhang mit Fragestellung 1-2, Bild 1-2, ergeben sich die Fragen hinsichtlich

a) der Kräfte in den Aufstandspunkten A und B sowie

b) der maximalen Kraft F, damit ausreichende Standsicherheit gewährleistet ist.

geg.: G, F, a, b, c, S_K

Lösung:

a) Ermittlung der Aufstandskräfte

Freischnitt:

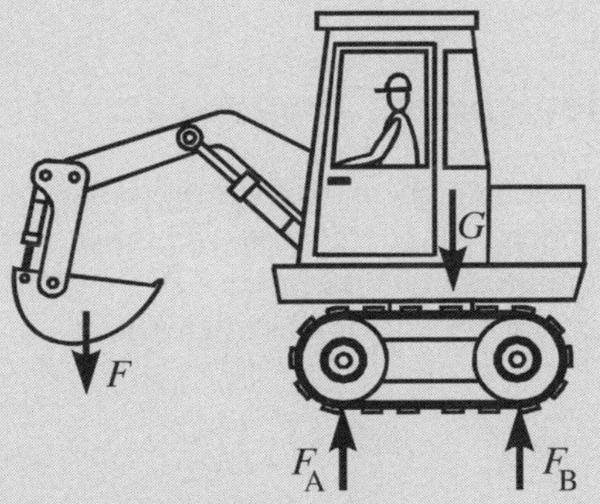

Anstelle einer Gleichgewichtsbedingung in y-Richtung und einer Momentenbedingung können auch zwei Momentengleichgewichte aufgestellt werden:

$$\curvearrowleft A: \quad F \cdot a - G \cdot b + F_B \cdot (b + c) = 0 \quad \Rightarrow \quad F_B = \frac{1}{b+c} \cdot (G \cdot b - F \cdot a)$$

$$\curvearrowleft B: \quad G \cdot c - F_A \cdot (b + c) + F \cdot (a + b + c) = 0 \quad \Rightarrow \quad F_A = \frac{1}{b+c} \cdot [G \cdot c + F \cdot (a + b + c)]$$

b) Bestimmung der maximalen Kraft $F = F_{max}$, damit eine ausreichende Standsicherheit des Baggers gewährleistet ist

Für den Bagger ergibt sich bezüglich der Kippkante A das Kippmoment $M_{Kipp} = F \cdot a$ und ein Standmoment $M_{Stand} = G \cdot b$.

Um Standsicherheit zu gewährleisten, muss gelten:

$$M_{Kipp} = \frac{M_{Stand}}{S_K} \quad \Rightarrow \quad F_{max} \cdot a = \frac{G \cdot b}{S_K} \quad \Rightarrow \quad F_{max} = \frac{G \cdot b}{S_K \cdot a}$$

5 Einteilige ebene Tragwerke

Viele Bauteile, Maschinen und Tragstrukturen lassen sich als ebene Tragwerke idealisieren und so mit den Methoden der ebenen Statik behandeln. Dazu müssen die Tragwerke gar nicht eben sein, lediglich die Kräfte und Momente bzw. die Kraftwirkungslinien müssen in einer Ebene liegen.

Komplexe Tragstrukturen oder Maschinen sind im Allgemeinen aus Einzelkomponenten zusammengesetzt, die miteinander verbunden sind, um so eine Gesamtstruktur zu bilden. Hier kann man zum Beispiel an den Tragrahmen eines Autos, an das innere Traggerüst eines Flugzeugs oder ganz einfach an eine Brückenstruktur denken. Die Eisenbahnbrücke in Bild 1-1 ist mechanisch gesehen aus Stäben aufgebaut, die durch Knotenbleche miteinander zu einem Fachwerk verbunden sind. Die Radsatzwelle in Bild 1-3 kann dagegen als Balken betrachtet werden, während die Grundstruktur der Montageplattform, Bild 1-4, aus einer Rahmenkonstruktion besteht. Stäbe, Balken und Rahmen sind somit Einzelkomponenten von Tragwerken. Diese und andere sollen im Folgenden umfassend beschrieben werden.

5.1 Einzelkomponenten ebener Tragwerke

Einzelbauteile oder Einzelkomponenten ebener Konstruktionen sind zum Beispiel Seile, Stäbe, Balken, Bogenträger oder Rahmen. Bei derartigen Gebilden sind die Längenabmessungen deutlich größer als die Querschnittsabmessungen. Es ist sinnvoll, diese Einzelkomponenten von Strukturen zunächst aus statischer Sicht zu klassifizieren.

5.1.1 Seil

Ein Seil ist dehnstarr, aber biegeschlaff und kann nur Zugkräfte in Seilrichtung aufnehmen, Bild 5-1. Es ist daher das einfachste Konstruktionselement.

Bild 5-1 Seil: nur Zugkräfte in Seilrichtung übertragbar

Die Schnur einer Lampe, Bild 2-6, ist im Sinne der Mechanik ein Seil. Bei Beispiel 2-2 ist der Funkmast durch insgesamt 8 Seile abgespannt. Lasten werden am Kranhaken mit Seilen befestigt, siehe Beispiel 2-5. Ein nicht mehr funktionsfähiges Auto wird zum Beispiel mit einem Seil abgeschleppt.

5.1.2 Stab

Ein Stab hat eine gewisse Biegesteifigkeit. Er kann daher Zug- und Druckkräfte in Stabrichtung aufnehmen, Bild 5-2. Die Querschnittsabmessungen beim Stab sind allerdings sehr klein gegenüber der Stablänge.

Bild 5-2 Stab: Zug- oder Druckkräfte in Stabrichtung übertragbar

Zum Beispiel ist ein Fachwerk, Bild 1-1, aus Stäben aufgebaut, die über Knotenpunkte (idealerweise über Gelenke) miteinander verbunden sind. Stäbe finden auch in Beispiel 2-7 Verwendung, um ein Schild an einer Hauswand zu befestigen.

5.1.3 Balken

Ein Balken hat eine deutlich größere Biegesteifigkeit als ein Stab. Er kann daher nicht nur Kräfte in Balkenrichtung, sondern auch Kräfte quer zu seiner Achse aufnehmen und sogar Momente übertragen, Bild 5-3. Neben Einzelkräften können zum Beispiel auch Streckenlasten auf den Balken wirken. Auch beim Balken sind die Querschnittsabmessungen klein gegenüber der Balkenlänge.

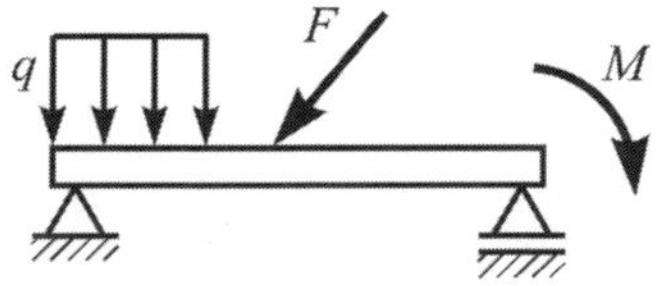

Bild 5-3
Balken: kann auch Querkräfte und Momente aufnehmen

Der Balken ist ein sehr wichtiges Einzelbauteil, das hohe Stabilität in eine Konstruktion bringt. In diesem Buch kommen Balken bereits in einigen Abbildungen und Beispielen vor. Die Radsatzwelle eines Schienenfahrzeugs, Bild 1-3, stellt – aus Sicht der Mechanik – einen Balken dar (siehe auch Beispiel 4-7). Die Leiter, Bild 1-6, die Rohrleitung, Bild 2-4, und die Träger in den Beispielen 2-4 und 4-1 sind, mechanisch gesehen, ebenfalls Balken. Wegen ihrer großen Bedeutung werden Balken im Kapitel 5.4 und Kapitel 5.6.4 sehr ausführlich behandelt.

5.1.4 Bogenträger

Ein Bogenträger ist ein Balken mit gekrümmter Achse. Er kann ebenso wie ein Balken Normal- und Querkräfte und aber auch Momente übertragen. Konstruktiv bedingt kommt ein Bogenträger in verschiedenen Tragstrukturen vor.

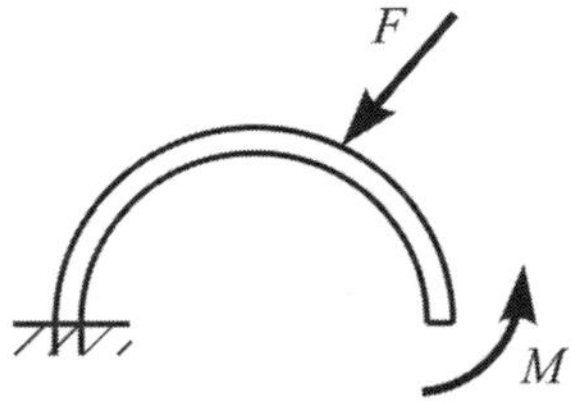

Bild 5-4 Bogenträger: Balken mit gekrümmter Achse

5.1.5 Rahmen

Ein Rahmen besteht aus mehreren Balken, die biegesteif miteinander verbunden sind. Die Verbindung kann zum Beispiel durch Verschweißung oder Verschraubung erfolgen. Ein Rahmen überträgt ebenso wie ein Balken und ein Bogenträger Normal- und Querkräfte sowie Biegemomente. Ein Rahmen ist ein sehr stabiles Konstruktionselement.

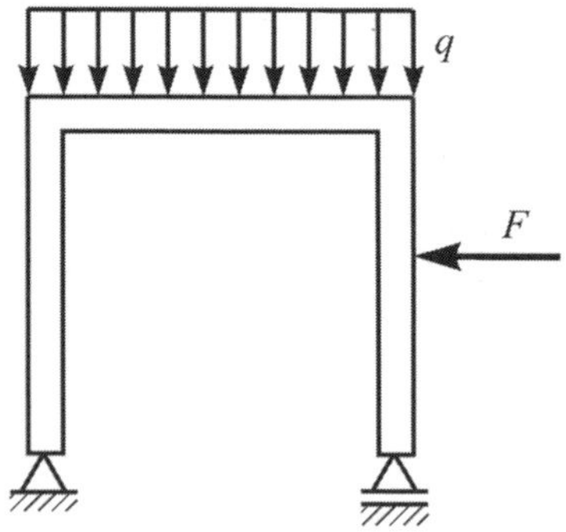

Bild 5-5 Rahmen: Kombination biegesteif miteinander verbundener Balken

Die Montageplattform in Bild 1-4 besteht im Wesentlichen aus einer Rahmenstruktur. Ein weiteres praktisches Beispiel für einen Rahmen stellt die Tragstruktur des Hafenkrans in den Bildern 4-2 bis 4-4 dar. Die Traggerüste von Personenkraftwagen und Flugzeugen sind aus Sicht der Mechanik Rahmenstrukturen.

5.1.6 Gelenkträger

Beim Gelenkträger werden Einzelkomponenten durch ein Gelenk zu einem Gesamttragwerk miteinander verbunden. Gelenke können zwar Kräfte, aber keine Momente übertragen. Bild 5-6 zeigt die Einzelkomponente Rahmen in Verbindung mit der Einzelkomponente Bogenträger. Es handelt sich also um ein mehrteiliges ebenes Tragwerk. Derartige Tragstrukturen werden später in Kapitel 6 behandelt.

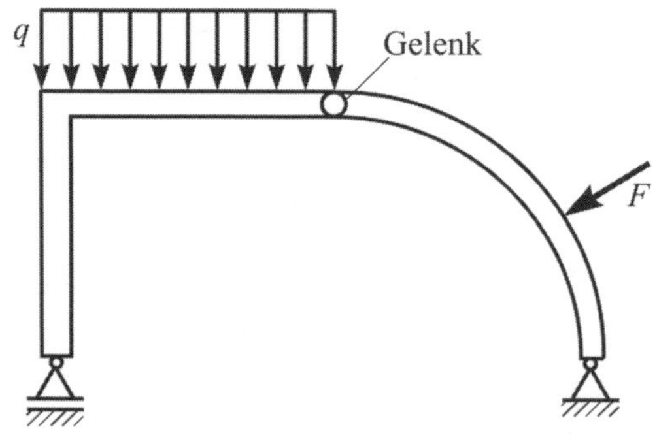

Bild 5-6 Gelenkträger: Einzelkomponenten sind durch Gelenke zu einem Gesamttragwerk miteinander verbunden

5.1.7 Scheibe

Ein weiteres ebenes Einzeltragwerk stellt eine Scheibe dar. Es ist ein ausgedehntes ebenes Gebilde, bei dem alle Belastungen in der Scheibenebene wirken.

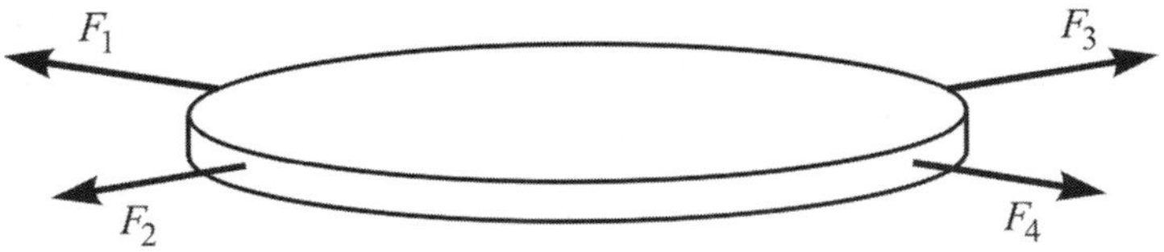

Bild 5-7 Scheibe: in der Scheibenebene belastet

Scheiben, Platten und Schalen werden als Flächentragwerke bezeichnet, allerdings liegt nur bei der Scheibe ein ebener Belastungszustand vor. Platten und Schalen unterliegen räumlicher Belastung.

5.2 Lagerungsarten

Sämtliche Auflagerungen, Stützungen und Führungen von Tragwerken lassen sich auf drei Grundfälle zurückführen:

- verschiebbares Lager (Loslager),
- festes Lager (Festlager) und
- Einspannung.

Diese Lagerungsarten werden im Folgenden dargestellt.

5.2.1 Verschiebbares Lager

Das verschiebbare Lager wird auch Loslager oder verschiebbares Stützgelenk genannt, Bild 5-8a. Das Tragwerk wird über ein Gelenk mit dem Lagerstuhl verbunden. Dieser lässt sich nur parallel zur Unterlage bzw. zur Lagerführung verschieben. Eine Bewegung senkrecht zur Lagerführung ist nicht möglich. Die über ein Loslager übertragene Kraft wirkt daher stets senkrecht zur Führungsebene. Dabei wirkt auf den starren Körper (das Tragwerk) die Lagerreaktionskraft A, Bild 5-8b. Auf die Unterlage bzw. die Lagerführung drückt, entsprechend dem Wechselwirkungsgesetz, eine gleich große Gegenkraft.

Eine Lagerung schränkt die Bewegungsmöglichkeiten eines Tragwerkes bzw. eines starren Körpers ein. Ist ein starrer Körper nicht gelagert, hat er in der Ebene drei Möglichkeiten der Bewegung: Er kann zum Beispiel in x-Richtung und in y-Richtung verschoben werden und er kann sich um den Winkel φ verdrehen, Bild 4-1. Die Bewegungsmöglichkeiten nennt man Freiheitsgrade. Somit hat ein nicht gelagerter starrer Körper bei ebener Bewegung insgesamt drei Freiheitsgrade, d. h. die Anzahl der Freiheitsgrade ist $f = 3$.

Durch ein Loslager (verschiebbares Lager) wird eine Verschiebung, z. B. in y-Richtung, unterbunden. Damit kann ein Körper, der durch ein Loslager gelagert ist, nur noch eine Bewegung in x-Richtung und eine Drehung um den Gelenkpunkt des Lagers ausführen. Es verbleiben dem starren Körper also nur noch zwei Freiheitsgrade: $f = 2$.

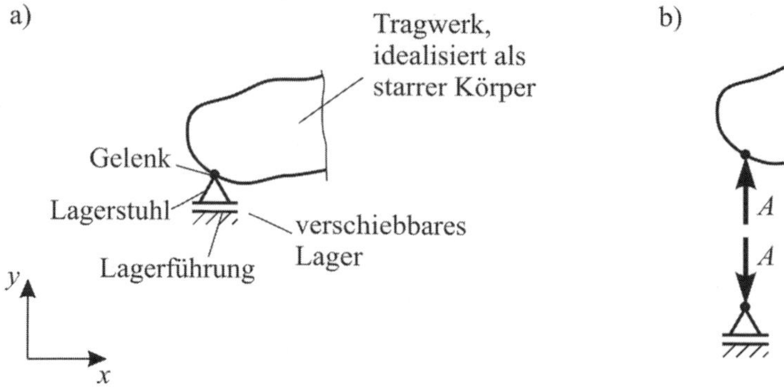

Bild 5-8 Verschiebbares Lager oder Loslager
a) Lagerung des Tragwerkes
b) Freischnitt des Lagers mit Aktions- und Reaktionskraft A

Das verschiebbare Lager hat damit eine Auflagerbindung. Man spricht dann von einem statisch einwertigen Lager. Die Auflagerbindungen werden im Allgemeinen mit a bezeichnet. Somit gilt für verschiebbare Lager: $a = 1$.

5.2.2 Festes Lager

Das feste Lager wird auch Festlager oder festes Stützgelenk genannt. Über ein Gelenk ist der starre Körper mit dem Lagerstuhl verbunden, der auf einer Unterlage befestigt ist, Bild 5-9a. Ein derartiges Lager lässt sich nicht mehr verschieben, d. h. weder eine Verschiebung in x-Richtung noch eine Verschiebung in y-Richtung ist möglich. Die Richtung der Lagerkraft $\vec{A}$, Bild 5-9b, ist von den auf den starren Körper einwirkenden Kräften und Momenten abhängig. D. h. im Allgemeinen besitzt die Lagerreaktionskraft eine Komponente in x-Richtung, A_x, und eine Komponente in y-Richtung, A_y, Bild 5-9c.

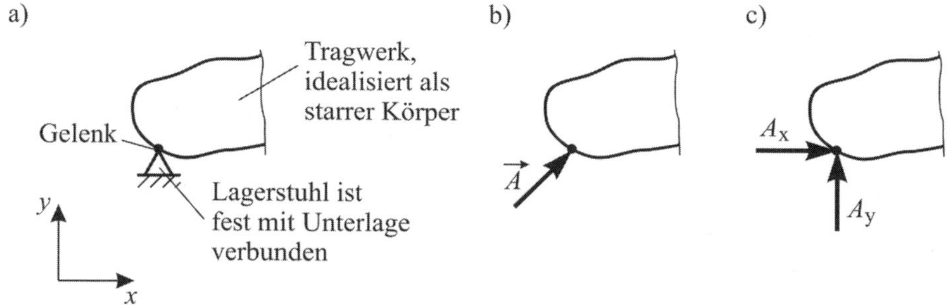

Bild 5-9 Festes Lager oder Festlager
a) Lagerung des Tragwerks
b) Freischnitt mit Lagerreaktionskraft $\vec{A}$
c) Freischnitt mit den Komponenten A_x und A_y der Lagerreaktionskraft

Ein Festlager hat zwei Auflagerbindungen, $a = 2$, und ist somit statisch zweiwertig. Dementsprechend kann sich ein Körper, der durch ein festes Lager gehalten wird, nur noch um den

Gelenkpunkt des Lagers verdrehen. Ihm verbleibt also noch ein Freiheitsgrad der Bewegung: $f = 1$.

5.2.3 Einspannung

Die Lagerungsart Einspannung liegt vor, wenn ein Tragwerk eingeklemmt, eingemauert, eingeschweißt oder fest verschraubt mit einer Wand, einem Boden oder einem anderen stabilen Tragwerksteil ist. Ein eingespannter starrer Körper kann sich nicht mehr bewegen. D. h. er lässt sich nicht mehr verschieben und nicht mehr verdrehen.

Bild 5-10 Lagerungsart Einspannung
a) Tragwerk ist eingespannt, eingeklemmt oder eingeschweißt
b) Freischnitt des Lagers mit den Lagerreaktionskräften A_x und A_y und dem Lagereaktionsmoment oder Einspannmoment M_E

Das Lager besitzt drei Auflagerbindungen und ist damit statisch dreiwertig. Damit besitzt der eingespannte starre Körper keine Freiheitsgrade mehr; es gilt $f = 0$. Als Lagerreaktionen ergeben sich die Kräfte A_x und A_y sowie das Einspannmoment M_E.

5.2.4 Übersicht, alternative Darstellungen

Eine Zusammenstellung der Lagerungsarten mit den in der Statik verwendeten, vereinfachten Symbolen, ihren Lagerreaktionen, den Auflagerbindungen und den verbleibenden Freiheitsgraden zeigt Bild 5-11. Dort sind auch alternative Darstellungen der Lagerungsarten angegeben. So stellt die Abstützung eines starren Körpers mit einer Pendelstütze (Stab) eine statisch einwertige Lagerung dar. Die gezeigte Abstützung mit zwei Pendelstützen entspricht einer zweiwertigen Lagerung und somit einem Festlager. Die Lagerung mit drei Pendelstützen ist einer dreiwertigen Lagerung und somit einer Einspannung gleichwertig. Diese Lagerung wurde zum Beispiel bei der Befestigung eines Hinweisschildes in Beispiel 2-7 verwendet.

Lagerungsart	Lagerreaktionen	a	f	Alternative Darstellung
Loslager 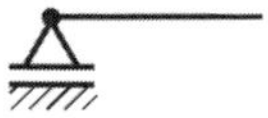	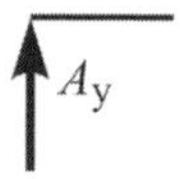	1	2	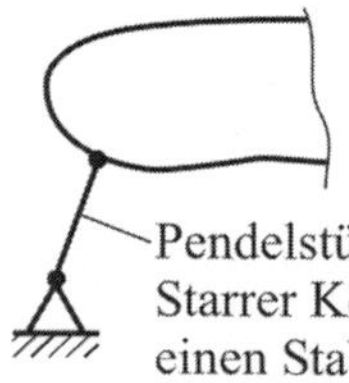 Pendelstütze: Starrer Körper ist über einen Stab mit dem Lagersitz verbunden
Festlager 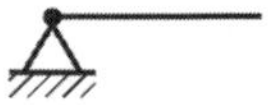	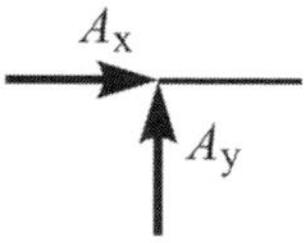	2	1	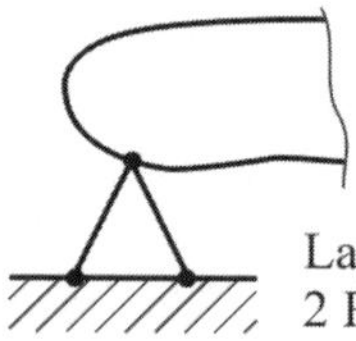 Lagerung mit 2 Pendelstützen
Einspannung 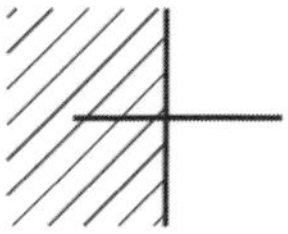	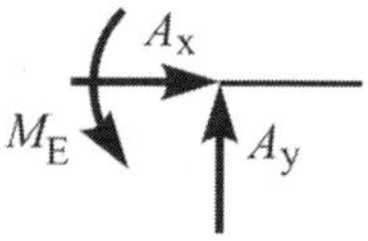	3	0	 Lagerung mit 3 Pendelstützen, die nicht parallel verlaufen und deren Wirkungslinien sich nicht in einem Punkt schneiden

Bild 5-11 Zusammenstellung der Lagerungsarten
a: Anzahl der Auflagerbindungen, statische Wertigkeit
f: Anzahl der Freiheitsgrade

5.3 Lagerungen für ebene Tragwerke

Tragwerke können ihre Funktion nur erfüllen, wenn sie stabil gelagert sind. Sie dürfen sich also bei den möglichen Belastungen nicht bewegen, d. h. nicht verschieben oder verdrehen. Natürlich können sich reale Tragwerke auch verformen. Diese Verformungen sind aber im Allgemeinen sehr klein gegenüber den Tragwerksabmessungen. In der Statik werden alle Tragwerke als starre, nicht verformbare Körper idealisiert, siehe Kapitel 2.3.

Beim starren Körper sind die Verformungen nicht nur klein, sondern überhaupt nicht existent. Bei falscher Lagerung kann sich ein starrer Körper aber bewegen. Diese so genannten Starrkörperbewegungen müssen durch geschickte Lagerung unbedingt ausgeschlossen werden. D. h. ein Tragwerk ist nur dann funktionstüchtig, wenn es keine Starrkörperfreiheitsgrade besitzt.

5.3.1 Freiheitsgrade, stabile Lagerung und statische Bestimmtheit

Ein nicht gelagerter Körper kann sich frei bewegen. In einer Ebene hat der starre Körper somit drei Möglichkeiten der Bewegung, nämlich zwei Translationen und eine Rotation. D. h. die Anzahl der Freiheitsgrade ist $f = 3$, da keine Auflagerbindungen bestehen: $a_{ges} = 0$. Ganz allgemein kann man damit festhalten, dass die Summe der Freiheitsgrade den Wert drei nicht überschreitet. Somit erhält man bei einem gelagerten Körper die Anzahl der Freiheitsgrade mit der Beziehung

$$\boxed{f = 3 - a_{ges}} \qquad (5.1).$$

In Gleichung (5.1) stellt a_{ges} die Summe der Auflagerreaktionen eines gelagerten Körpers dar.

Ergibt sich $f > 0$, so kann sich das Tragwerk noch bewegen. Es ist damit statisch unbrauchbar, insbesondere bei allgemeiner Belastung des Tragwerks. Für $f = 0$ sind in der Regel keine Starrkörperbewegungen des Bauteils mehr möglich und es liegt eine statisch bestimmte und stabile Lagerung vor. Eine Ausnahme ist in Kapitel 5.3.7, Bild 5-17b, gezeigt. $f = 0$ ist somit eine notwendige, aber nicht immer hinreichende Bedingung für statische Bestimmtheit und Stabilität. Bei statisch bestimmten Tragwerken können die insgesamt wirkenden drei Auflagerreaktionen mit den Methoden der Statik, d. h. mit den drei Gleichgewichtsbedingungen der ebenen Statik (siehe Kapitel 4.1), bestimmt werden.

Ist nach Gleichung (5.1) die Anzahl der Freiheitsgrade $f < 0$, so ist das Tragwerk ebenfalls stabil gelagert. Es liegt jetzt allerdings eine statisch unbestimmte Lagerung vor. Die Auflagerreaktionen können nicht mehr mit den Methoden der Statik allein bestimmt werden. Dies bedeutet, die drei Gleichgewichtsbedingungen reichen nicht aus, um vier und mehr Lagerreaktionen zu ermitteln. Es müssen zusätzlich noch die Verformungen der Tragstrukturen berücksichtigt werden. Daher werden statisch unbestimmte Probleme im Rahmen der Festigkeitslehre behandelt.

5.3.2 Tragwerke mit einem Festlager und einem Loslager

Tragwerke, die durch ein Festlager und ein Loslager gesichert sind, besitzen insgesamt drei Auflagerbindungen: $a_{ges} = 3$. Entsprechend Gleichung (5.1) ist $f = 0$. Das Tragwerk ist somit stabil und statisch bestimmt gelagert. Die Gleichgewichtsbedingungen der ebenen Statik reichen aus, um die Auflagerreaktionen zu berechnen.

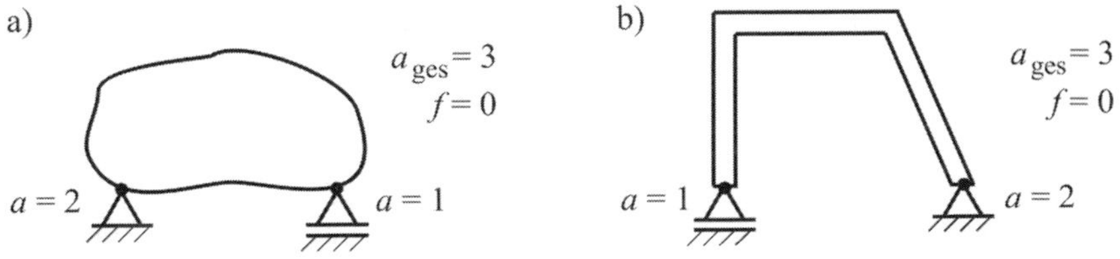

Bild 5-12 Tragwerke mit einem Festlager und einem Loslager
a) Beliebiges Tragwerk, idealisiert als starrer Körper, zweifach gelagert
b) Zweifach gelagerter Rahmen

5.3.3 Eingespannter Balken

Ein Tragwerk, zum Beispiel ein Balken oder Träger, mit einer Einspannung besitzt insgesamt drei Auflagerbindungen: $a_{ges} = 3$. Somit ist das Tragwerk statisch bestimmt und stabil gelagert.

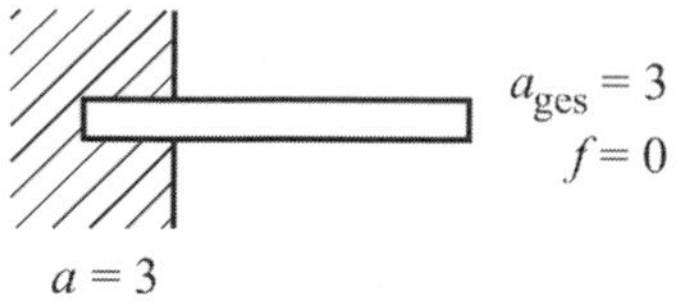

Bild 5-13 Tragwerk mit einer Einspannung

5.3.4 Tragwerk mit zwei Festlagern

Ein Tragwerk, das mit zwei Festlagern gesichert ist, besitzt insgesamt vier Auflagerbindungen. Mit Gleichung (5.1) ergibt sich

$$f = 3 - a_{ges} = 3 - 4 = -1 .$$

D. h. das Tragwerk ist stabil, aber statisch unbestimmt gelagert. Der Grad der statischen Unbestimmtheit ist $f = -1$, es handelt sich somit um ein einfach statisch unbestimmtes Problem.

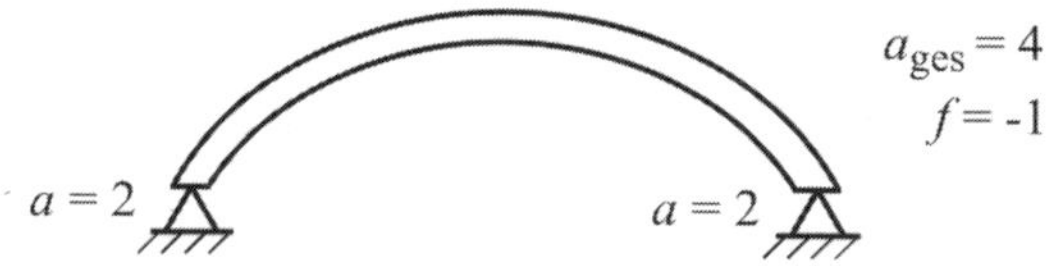

Bild 5-14 Tragwerk mit zwei Festlagern

Die Zahl der Auflagerreaktionen ist größer als die Zahl der Gleichgewichtsbedingungen. Mit den Methoden der Statik kann dieses Problem daher nicht gelöst werden.

5.3.5 Tragwerke mit drei Lagerungen

Bei dem dargestellten Tragwerk, Bild 5-15, kann es sich um eine Brücke oder einen Durchlaufträger einer Deckenkonstruktion handeln. Bei $a_{ges} = 4$ ergibt sich $f = -1$. Es handelt sich um ein einfach statisch unbestimmtes Problem.

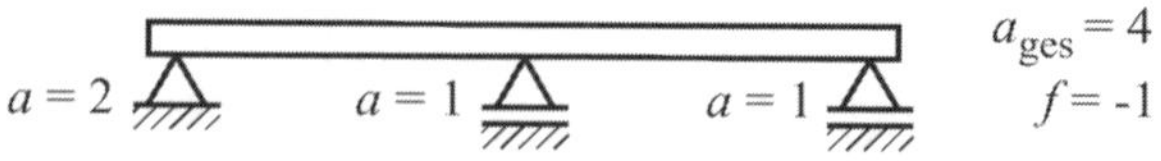

Bild 5-15 Lagerungen einer Brücke

5.3.6 Balken mit Einspannung und Festlager

Bei dem in Bild 5-16 gezeigten Balken mit Einspannung und Festlager liegen fünf Auflagerbindungen und damit fünf Auflagerreaktionen vor. Somit handelt es sich um ein zweifach statisch unbestimmtes Problem.

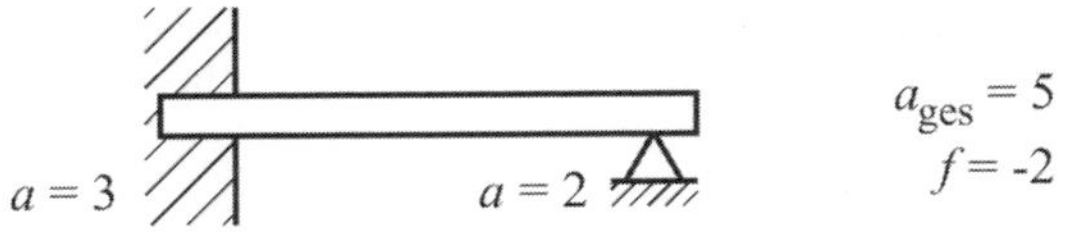

Bild 5-16 Zweifach statisch unbestimmt gelagerter Balken

5.3.7 Beispiele für nichtstabile Lagerungen

Der Balken mit zwei Loslagern ist nicht stabil gelagert, er besitzt eine horizontale Bewegungsmöglichkeit und ist damit für beliebige Belastungen unbrauchbar.

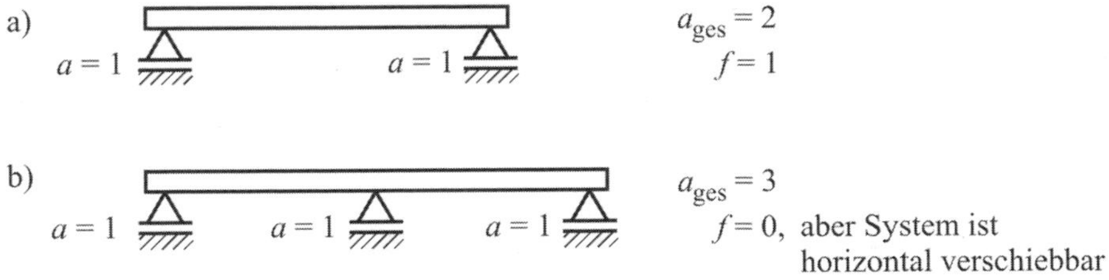

Bild 5-17 Nichtstabile Lagerungen
a) Balken mit zwei Loslagern
b) Balken mit drei Loslagern

Dies gilt auch für den Balken mit drei Loslagern, der sich horizontal verschieben lässt. An diesem Fall erkennt man, dass die Bedingung $f = 0$ notwendig, aber nicht immer hinreichend ist. D. h. der Ingenieur sollte stets seinen physikalischen Sachverstand einsetzen.

5.4 Rechnerische Ermittlung der Auflagerreaktionen von einteiligen Tragwerken

Eine wichtige Grundaufgabe der Statik ist die Ermittlung der Auflagerreaktionen von Tragwerken. Die Kenntnis der Reaktionskräfte und, falls vorhanden, des Reaktionsmomentes ist für die Auslegung der Lager selbst, aber auch für die Dimensionierung der Tragwerke von Bedeutung. So hängen die in Bauteilen und Strukturen übertragenen inneren Kräfte und Momente maßgeblich von den gewählten Lagerungen und somit von den Lagerkräften und/oder den Lagermomenten ab. Unter Auflagerreaktionen versteht der Ingenieur die vom Auflager auf das Bauteil ausgeübten Kräfte und Momente.

5.4.1 Freischnitt des Tragwerkes

Auflagerreaktionen werden der Betrachtung zugänglich, wenn man das Bauteil gedanklich von den Auflagern löst. In diesem Freischnitt werden dann neben den äußeren Kräften die Auflagerreaktionen eingezeichnet und wie äußere Kräfte und Momente behandelt.

Diese Vorgehensweise wird in Bild 5-18 erläutert. Für den zweifach gelagerten Balken mit Einzelkraft F, Bild 5-18a, ist der Freischnitt in Bild 5-18b dargestellt. Das Festlager (links) kann dabei die Kraftkomponenten A_x und A_y aufnehmen, während das Loslager (rechts) nur eine vertikale Kraft $B = B_y$ übertragen kann.

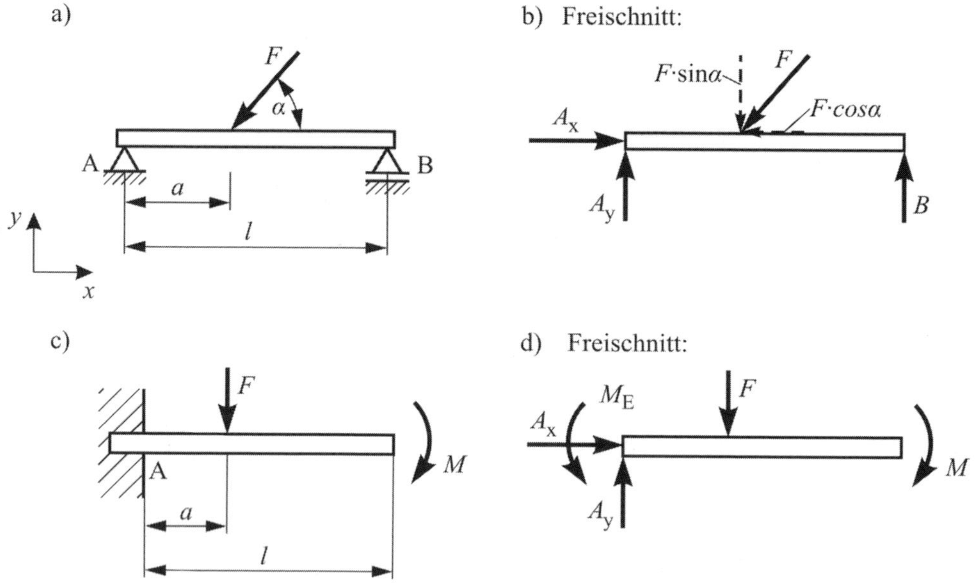

Bild 5-18 Freigeschnittene Balken für verschiedene Lagerungen und Belastungen
a) Balken mit Fest- und Loslager und Einzelkraftbelastung
b) Freischnitt des zweifach gelagerten Balkens mit den Lagerreaktionskräften A_x, A_y und B
c) Eingespannter Balken, belastet durch Einzelkraft F und Einzelmoment M
d) Freischnitt des eingespannten Balkens mit den Lagerreaktionen A_x, A_y und M_E

Der eingespannte Balken, Bild 5-18c, ist mit einer Einzelkraft F und einem Biegemoment M belastet. Bild 5-18d zeigt den entsprechenden Freischnitt mit den Lagerreaktionskräften A_x und A_y und dem Lagermoment M_E.

5.4.2 Anwendung der Gleichgewichtsbedingungen

Die Lagerreaktionen lassen sich nun mit den Gleichgewichtsbedingungen der ebenen Statik, Kapitel 4.1, ermitteln. Das Tragwerk befindet sich nur dann im Gleichgewicht, d. h. es ist stabil gelagert, wenn alle drei Gleichgewichtsbedingungen erfüllt sind. D. h. die Summen aller Kräfte in x-Richtung und in y-Richtung und die Summe aller Momente um einen beliebigen Punkt, am zweckmäßigsten um einen Lagerpunkt, müssen Null sein. Es muss also gelten $\Sigma F_{ix} = 0\ (\rightarrow)$, $\Sigma F_{iy} = 0\ (\uparrow)$ und zum Beispiel $\Sigma M_A = 0\ (\curvearrowleft A)$.

5.4.3 Balken mit Fest- und Loslager

Für den in Bild 5-18a dargestellten Balken sollen die Auflagerkräfte mittels der Gleichgewichtsbedingungen der ebenen Statik ermittelt werden. Das Aufstellen der Gleichgewichtsbedingungen erfolgt unter Betrachtung aller in dem Freischnitt eingetragenen Kräfte, Bild 5-18b. Die Gleichgewichtsbedingung in x-Richtung ergibt unter Beachtung der Kraftrichtungen:

$$\rightarrow: \quad A_x - F \cdot \cos\alpha = 0 \tag{5.2}$$

Gleichgewicht in y-Richtung erhält man für:

$$\uparrow: \quad A_y + B - F \cdot \sin\alpha = 0 \tag{5.3}$$

Die Momentenbedingung um den Lagerpunkt A ergibt unter Beachtung der Drehrichtungen der Momente:

$$\overset{\frown}{A}: \quad B \cdot l - F \cdot \sin\alpha \cdot a = 0 \tag{5.4}$$

Aus Gleichung (5.4) erhält man die Auflagerkraft im rechten Lager:

$$B = \frac{F \cdot a \cdot \sin\alpha}{l} \tag{5.5}$$

Gleichung (5.2) liefert die Auflagerkraft A_x:

$$A_x = F \cdot \cos\alpha \tag{5.6}$$

Mit Gleichung (5.3) und Gleichung (5.5) erhält man die vertikale Auflagerkraft A_y im linken Lager:

$$A_y = F \cdot \sin\alpha \cdot \left(1 - \frac{a}{l}\right) = \frac{F \cdot (l-a) \cdot \sin\alpha}{l} \tag{5.7}$$

Damit sind alle gesuchten Auflagerkräfte bestimmt. Bei der Berechnung der Auflagerreaktionen kann anstatt der Gleichgewichtsbedingung $\Sigma F_{iy} = 0$, Gleichung (5.3), auch eine zweite Momentenbedingung verwendet werden. Für den Lagerpunkt B würde diese wie folgt lauten:

$$\overset{\frown}{B}: \quad A_y \cdot l - F \cdot (l-a) \cdot \sin\alpha = 0 \tag{5.8}$$

Hieraus ergibt sich wiederum die in Gleichung (5.7) dargestellte Formel für die Auflagerkraft. Gleichung (5.3) kann in diesem Fall zur Kontrolle der Ergebnisse für A_y und B verwendet werden.

5.4.4 Eingespannter Balken

Für den in Bild 5-18c dargestellten Balken sollen die Auflagerreaktionen ermittelt werden. Beim Aufstellen der Gleichgewichtsbedingungen werden alle in dem Freischnitt eingetragenen Kräfte und Momente berücksichtigt:

$$\rightarrow: \quad A_x = 0 \tag{5.9}$$

$$\uparrow: \quad A_y - F = 0 \tag{5.10}$$

$$\overset{\curvearrowleft}{A}: \quad M_E - F \cdot a - M = 0 \qquad (5.11).$$

Aus diesen Gleichgewichtsbedingungen erhält man:

$$A_x = 0 \qquad A_y = F \qquad M_E = M + F \cdot a$$

und damit alle gesuchten Lagerreaktionen.

Beispiel 5-1

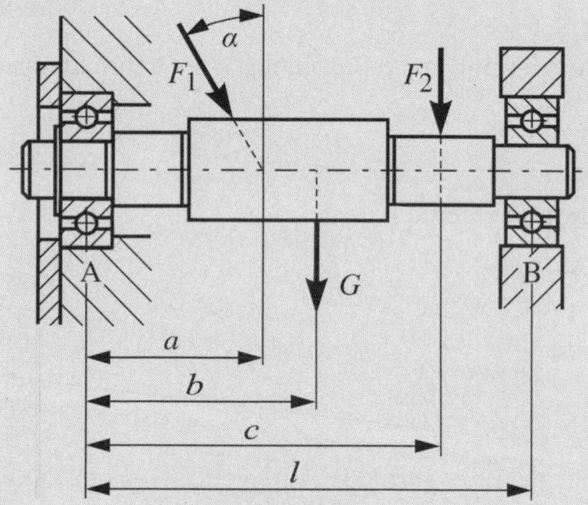

Eine Welle ist wie skizziert gelagert und durch die Kräfte F_1 und F_2 sowie durch die Gewichtskraft G belastet.

a) Zeichnen Sie für diese Welle das mechanische Ersatzmodell.

b) Bestimmen Sie die Auflagerkräfte in den Lagerpunkten A und B.

geg.: $F_1 = 1$ kN, $F_2 = 0{,}5$ kN, $G = 2$ kN,
$a = 240$ mm, $b = 360$ mm,
$c = 640$ mm, $l = 800$ mm,
$\alpha = 30°$

Lösung:

a) Mechanisches Ersatzmodell:

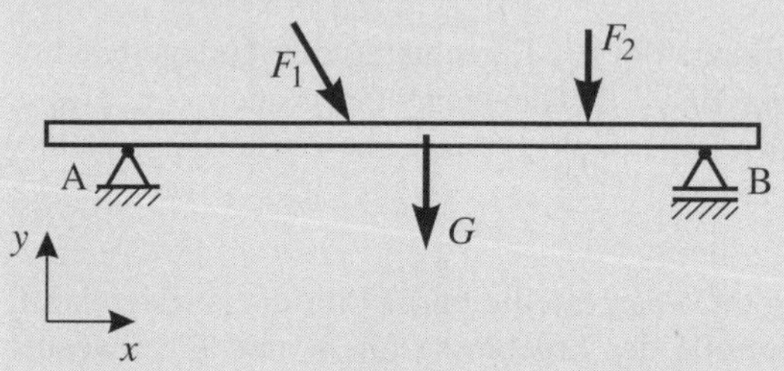

Im Lager A werden die Bewegungen sowohl in x- als auch in y-Richtung unterbunden, d. h. es handelt sich um ein Festlager. Das Lager B ist als Loslager anzusetzen, da noch eine Bewegung in x-Richtung möglich ist.

b) Auflagerkräfte in den Lagerpunkten A und B

Freischnitt:

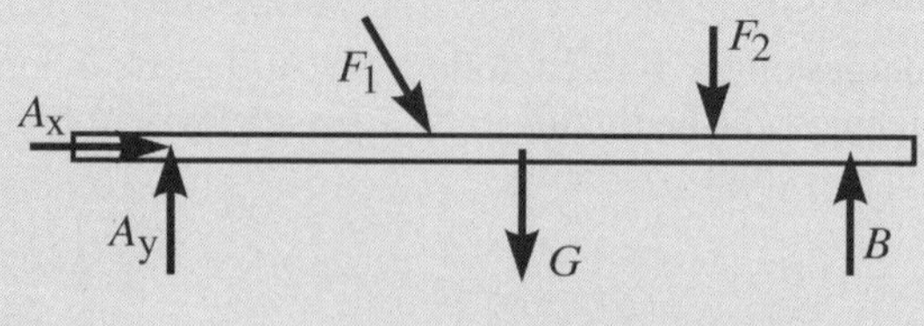

$$\rightarrow: \quad A_x + F_1 \cdot \sin\alpha = 0 \quad \Rightarrow \quad A_x = -F_1 \cdot \sin\alpha = -0{,}5\,\text{kN}$$

$$\overset{\curvearrowleft}{A}: \quad F_1 \cdot \cos\alpha \cdot a + G \cdot b + F_2 \cdot c - B \cdot l = 0$$

$$\Rightarrow \quad B = \frac{1}{l} \cdot (F_1 \cdot \cos\alpha \cdot a + G \cdot b + F_2 \cdot c) = 1{,}56\,\text{kN}$$

$$\uparrow: \quad A_y - F_1 \cdot \cos\alpha - G - F_2 + B = 0$$

$$\Rightarrow \quad A_y = F_1 \cdot \cos\alpha + G + F_2 - B = 1{,}81\,\text{kN}$$

5.4.5 Rahmen

Für den in Bild 5-19 dargestellten Rahmen sollen die Auflagerreaktionen ermittelt werden. Dazu werden die möglichen Lagerreaktionskräfte in den Freischnitt eingezeichnet. Gleichgewicht bzw. stabile Lagerung liegt vor, wenn folgende Gleichgewichtsbedingungen erfüllt sind:

$$\rightarrow: \quad A_x + F_1 = 0 \qquad (5.12),$$

$$\curvearrowleft A: \quad B \cdot a - F_1 \cdot c - F_2 \cdot b = 0 \qquad (5.13).$$

$$\curvearrowleft B: \quad -A_x \cdot d + A_y \cdot a + F_1 \cdot (c - d) - F_2 \cdot (a - b) = 0 \qquad (5.14).$$

Zur Kontrolle kann noch die Beziehung

$$\uparrow: \quad A_y + B - F_2 = 0 \qquad (5.15)$$

verwendet werden.

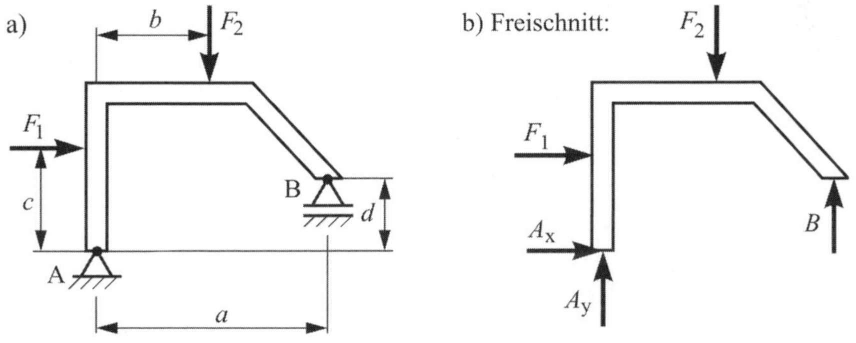

Bild 5-19 Zweifach gelagerter Rahmen
a) Rahmen mit Los- und Festlager
b) Freischnitt des Rahmens mit den Lagerkräften A_x, A_y und B

Die gesuchten Auflagerreaktionen erhält man unmittelbar aus den Gleichungen (5.12) bis (5.14).

Beispiel 5-2

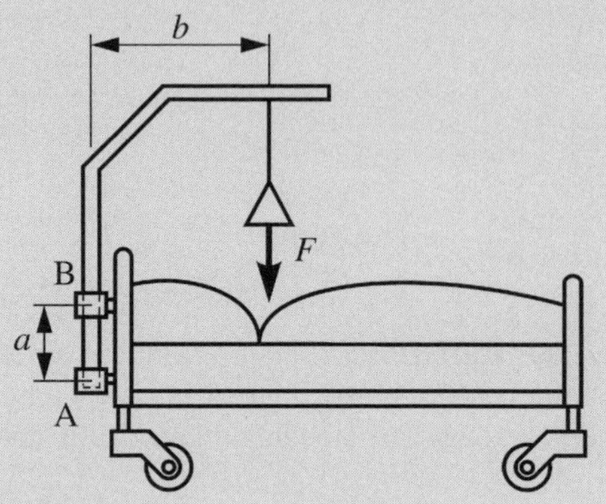

An einem Krankenhausbett ist wie skizziert ein Rahmen zum Festhalten der Patienten befestigt.

a) Zeichnen Sie für den Rahmen das mechanische Ersatzmodell.

b) Bestimmen Sie die Auflagerkräfte in den Lagerpunkten A und B.

geg.: $F = 600$ N, $a = 300$ mm, $b = 500$ mm

Lösung:

a) Mechanisches Ersatzmodell:

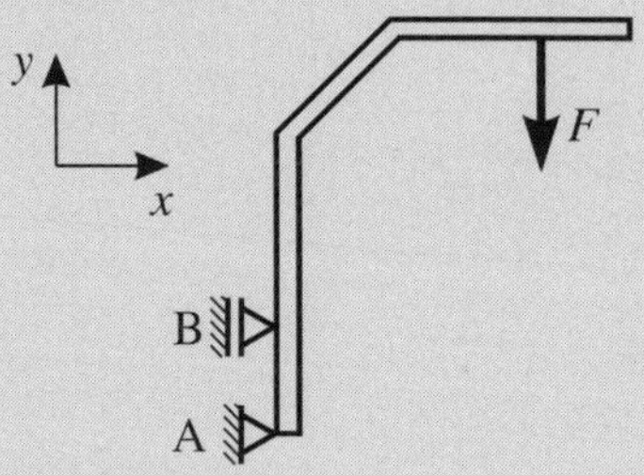

Das Lager A ist als Festlager ausgeprägt, während das Lager B einem Loslager mit Freiheitsgrad in y-Richtung entspricht.

b) Auflagerkräfte in den Lagerpunkten A und B

Freischnitt:

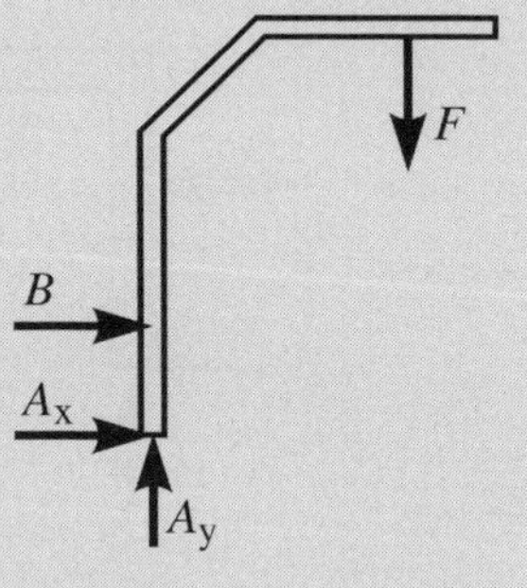

$$\uparrow: \quad A_y - F = 0 \quad \Rightarrow \quad A_y = F = 600\,\text{N}$$

$$\overset{\curvearrowleft}{B}: \quad F \cdot b - A_x \cdot a = 0 \quad \Rightarrow \quad A_x = F \cdot \frac{b}{a} = 1000\,\text{N}$$

$$\rightarrow: \quad A_x + B = 0 \quad \Rightarrow \quad B = -A_x = -1000\,\text{N}$$

5.5 Zeichnerische Ermittlung der Auflagerreaktionen

Ist eine Tragstruktur durch Einzelkräfte belastet, so lassen sich die Auflagerreaktionen mit dem Seileckverfahren, siehe auch Kapitel 2.5.2, bestimmen.

5.5.1 Vertikal belasteter Balken

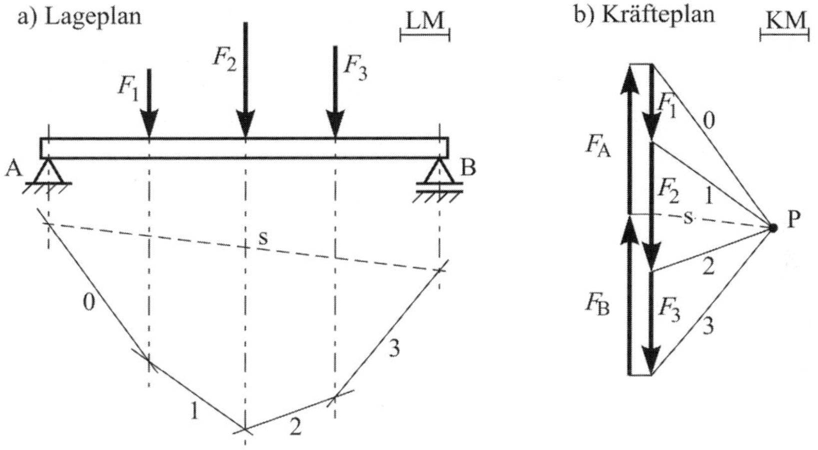

Bild 5-20 Ermittlung der Auflagerreaktionen bei einem Balken, der mit vertikalen Kräften belastet ist, mittels des Seileckverfahrens
a) Lageplan mit Seileck und Schlusslinie s
b) Kräfteplan mit den Auflagerkräften F_A und F_B

Das Seileckverfahren kommt in der bereits bekannten Art zur Anwendung. Im Kräfteplan werden die wirkenden Kräfte, z. B. F_1, F_2 und F_3, entsprechend Bild 5-20, im Kräftemaßstab eingezeichnet und der gewählte Pol P mit Anfangs- und Endpunkten der Kräfte durch Polstrahlen verbunden. Die Polstrahlen 0-3 im Bild 5-20b werden dann als Seilstrahlen (parallel zu den Polstrahlen) in den Lageplan übertragen, so dass sich die Seilstrahlen 0 und 1 auf der Wirkungslinie von F_1, 1 und 2 auf der Wirkungslinie von F_2 sowie 2 und 3 auf der Wirkungslinie von F_3 schneiden, Bild 5-20a. Diese Schnittpunkte im Lageplan repräsentieren die entsprechenden Kraftecke im Kräfteplan. Verbindet man nun den Schnittpunkt von Seilstrahl 0 mit der Wirkungslinie der Auflagerkraft F_A mit dem Schnittpunkt von Seilstrahl 3 mit der Wirkungslinie der Auflagerkraft F_B, so erhält man die Schlusslinie s. Die Richtung der Schlusslinie, übertragen in den Kräfteplan, ergibt die Kräfte F_A und F_B. Da alle Lasten, z. B. F_1, ..., F_3, vertikal ausgerichtet sind, wirken auch die Auflagerreaktionskräfte F_A und F_B vertikal, aber entgegengesetzt von F_1, F_2 und F_3. Die angreifenden Kräfte und die Lagerreaktionskräfte bilden ein geschlossenes Krafteck, da sich der Balken im Gleichgewicht befindet.

5.5.2 Balken mit nichtparallelen Kräften

Bei einem beliebig mit Einzelkräften belasteten Balken ist lediglich die Wirkungslinie der Kraft im Loslager bekannt. In diesem Fall muss das Seileck im Gelenkpunkt des Festlagers begonnen werden, da dieser einen Punkt der Wirkungslinie von F_A darstellt. Wendet man das

Seileckverfahren in der bekannten Weise an, Bild 5-21, so erhält man aus dem Kräfteplan die Auflagerkräfte F_A und F_B nach Größe und Richtung. Im Kräfteplan liegt F_B zwischen Polstrahl 2 und der Schlusslinie s, da sich im Lageplan 2 und s auf der Wirkungslinie von F_B schneiden. F_A ergibt sich nach Größe und Richtung durch Schließen des Kraftecks zwischen s und 0.

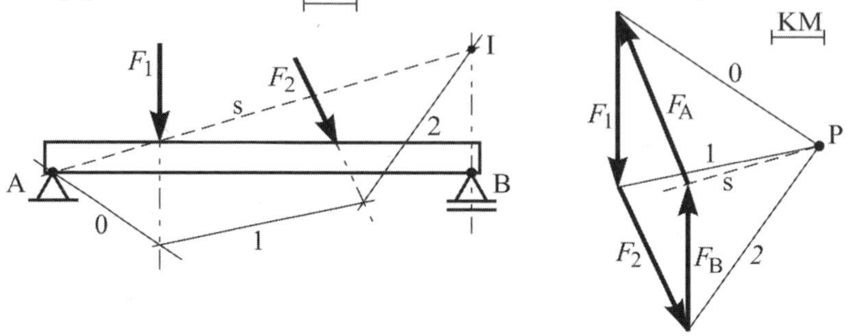

Bild 5-21 Ermittlung der Auflagerreaktionen beim Balken mit nichtparallelen Kräften mittels Seileckverfahren

a) Lageplan mit Seileck und Schlusslinie; da die Richtung der Auflagerkraft F_A und damit die Wirkung von F_A nicht bekannt ist, wird das Seileck im Lagerpunkt A begonnen

b) Kräfteplan mit den Polstrahlen und den mittels Seileckverfahren ermittelten Auflagerkräften F_A und F_B

Das Seileckverfahren kann in gleicher Weise auch bei anderen einteiligen Tragwerken, wie Rahmen oder Bogenträgern angewendet werden.

Beispiel 5-3

Für die in Beispiel 5-1 dargestellte Welle sollen nun zeichnerisch mittels des Seileckverfahrens die Auflagerkräfte bestimmt werden.

Zeichnerische Lösung:

Lageplan: Kräfteplan:

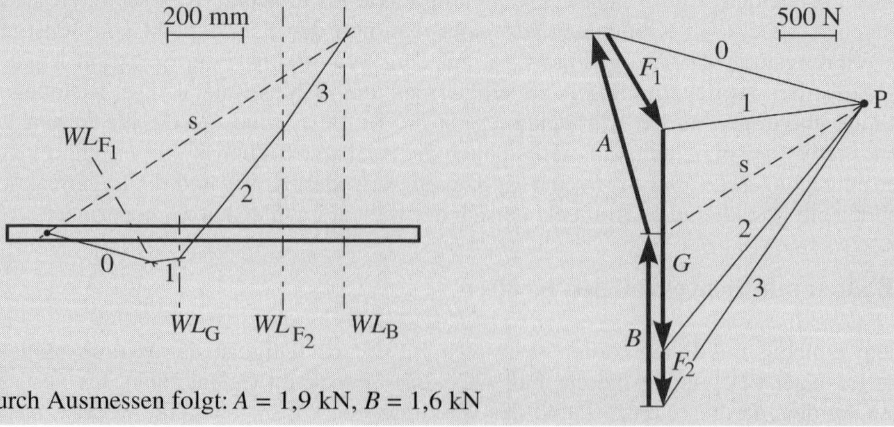

Durch Ausmessen folgt: $A = 1{,}9$ kN, $B = 1{,}6$ kN

5.6 Innere Kräfte und Momente ebener Tragwerke

Ein Tragwerk muss so konstruiert und dimensioniert sein, dass seine Tragfähigkeit für alle auftretenden Belastungen gewährleistet ist. Dies bedeutet, die zulässige Beanspruchungsgrenze des Materials darf nicht überschritten werden. Um dies nachweisen zu können, müssen die im Bauteil wirkenden inneren Kräfte und Momente ermittelt werden. Es ist also herauszufinden, wie die äußeren Kräfte durch das Bauteil hindurchgeleitet werden.

Die Ermittlung der resultierenden inneren Kräfte und des resultierenden inneren Momentes geschieht mit dem Schnittprinzip von EULER/LAGRANGE. Dabei wird das Tragwerk an den interessierenden Stellen gedanklich aufgeschnitten (siehe z. B. Bild 4-4). An diesen Schnittstellen werden die möglichen inneren Kräfte und das innere Moment angenommen und eingezeichnet. Durch Gleichgewichtsbetrachtungen am freigeschnittenen Tragwerksteil können dann die inneren Kräfte und das innere Moment ermittelt werden. Die resultierenden inneren Kräfte und das resultierende innere Moment nennt man zusammenfassend auch Schnittgrößen.

5.6.1 Normalkraft, Querkraft und Biegemoment

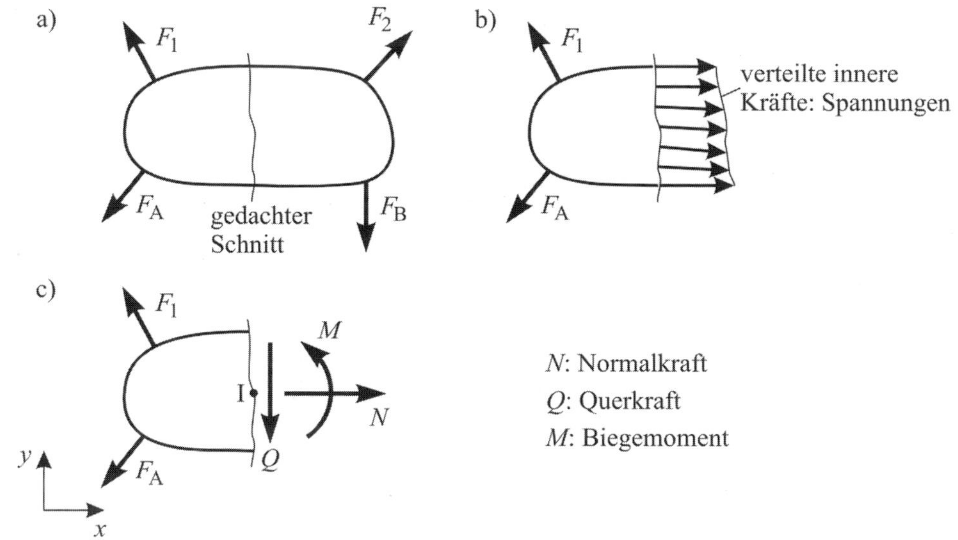

Bild 5-22 Schnittprinzip von EULER/LAGRANGE zur Ermittlung der Schnittgrößen N, Q und M
a) Tragwerk oder starrer Körper mit den wirkenden Kräften (äußeren Kräften und Lagerreaktionskräften) und dem gedachten Schnitt
b) Üblicherweise im Tragwerk auftretende verteilte innere Kräfte (Spannungen)
c) Die Schnittgrößen N, Q und M verkörpern die resultierende Wirkung der inneren Kräfte

Im Inneren eines Bauteils treten bei Belastung verteilte innere Kräfte auf, so genannte Spannungen, Bild 5-22b. Die Schnittgrößen

- Normalkraft N,
- Querkraft Q und
- Biegemoment M

verkörpern die resultierende Wirkung der inneren Kräfte, Bild 5-22c. Sie werden der Betrachtung zugänglich, wenn man den starren Körper bzw. das Tragwerk an der interessierenden Stelle gedanklich aufschneidet.

Die Normalkraft N wirkt dabei stets normal, d. h. senkrecht, zur Schnittfläche. Die Querkraft Q ist stets tangential zur Schnittfläche gerichtet. Das Schnittmoment bzw. innere Biegemoment M bezieht sich auf den Schwerpunkt der Schnittfläche. Die Schnittgrößen sind in der in Bild 5-22c dargestellten Weise positiv definiert.

Die Ermittlung von N, Q und M erfolgt am freigeschnittenen Tragwerksteil mit den Gleichgewichtsbedingungen der ebenen Statik, Kapitel 4.1. Mit $\Sigma F_{ix} = 0$ ($\rightarrow$) erhält man die Normalkraft N, mit $\Sigma F_{iy} = 0$ ($\downarrow$) ergibt sich die Querkraft Q, mit $\Sigma M_i = 0$ ($\curvearrowleft$) bezüglich des Schwerpunktes der Schnittfläche lässt sich das Biegemoment M berechnen.

Die drei unbekannten Schnittgrößen können also mit den drei Gleichgewichtsbedingungen der ebenen Statik ermittelt werden. Damit ist die Berechnung der Schnittgrößen ein statisch bestimmtes Problem.

5.6.2 Schnittkraftgruppe

Natürlich gilt auch für innere Kräfte das Wechselwirkungsgesetz, Kapitel 2.3.3. Demnach sind Normalkraft, Querkraft und Biegemoment am linken und am rechten Schnittufer oder am linken und am rechten freigeschnittenen Tragwerksteil gleich groß, jedoch entgegengesetzt gerichtet, Bild 5-23. Innere Kräfte haben somit keine Wirkung nach außen. D. h. bei Fragen des Gleichgewichts des Tragwerks oder des idealisierten starren Körpers und bei der Ermittlung der Lagerreaktionen müssen die inneren Kräfte nicht berücksichtigt werden.

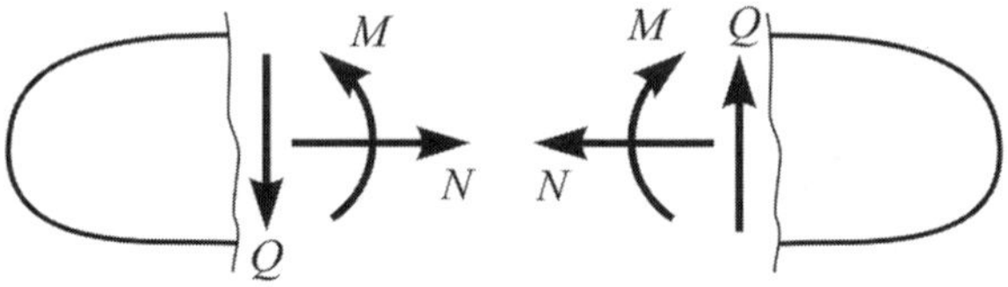

Bild 5-23 Schnittgrößen am linken und am rechten Schnittufer sind im Gleichgewicht

Tragwerke sind bekanntlich aus verschiedenen Einzelkomponenten aufgebaut. Die Ermittlung der Schnittgrößen in diesen Grundbausteinen von Konstruktionen wird im Folgenden vorgestellt.

5.6.3 Normalkraft im Seil

Ein Seil kann nur Zugkräfte in Seilrichtung aufnehmen. Die innere Kraft im Seil ist damit eine Normalkraft. Sie wirkt normal (senkrecht) zum Seilquerschnitt und wird mit N oder mit S (Seilkraft) bezeichnet.

Die Schnur der Lampe, Bild 2-6, kann als Seil aufgefasst werden. Für den unteren freigeschnittenen Teil der Lampe (siehe Bild 2-6d und Bild 5-24) kann die Seilkraft mit der Gleichgewichtsbedingung $\Sigma F_{iy} = 0$ ermittelt werden:

$$\uparrow: \quad S - G = 0 \qquad (5.16).$$

Daraus ergibt sich: $S = G$.

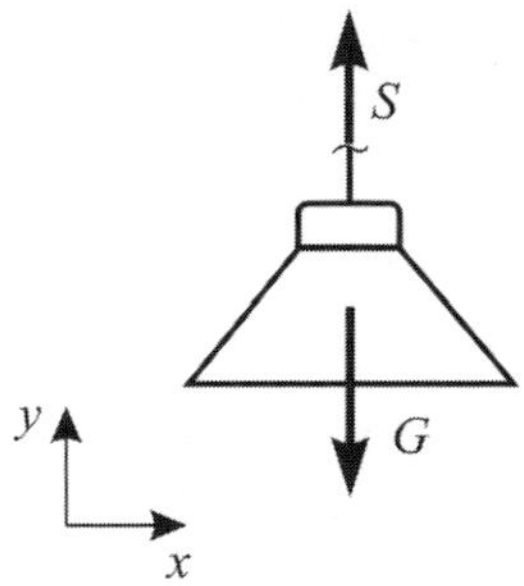

Bild 5-24
Ermittlung der Seilkraft S am freigeschnittenen Teil der Lampe

Die Ermittlung der Seilkräfte bei mehreren Seilen bzw. mehreren Kräften erfolgt in ähnlicher Weise. Beispiel 2-5 zeigt die Ermittlung der Seilkräfte für zwei Seile, die eine Last tragen.

5.6.4 Normalkraft im Stab

Ein Stab überträgt Zug- oder Druckkräfte in Stabrichtung, Bild 5-25a. Die innere Kraft im Stab ist damit eine Normalkraft.

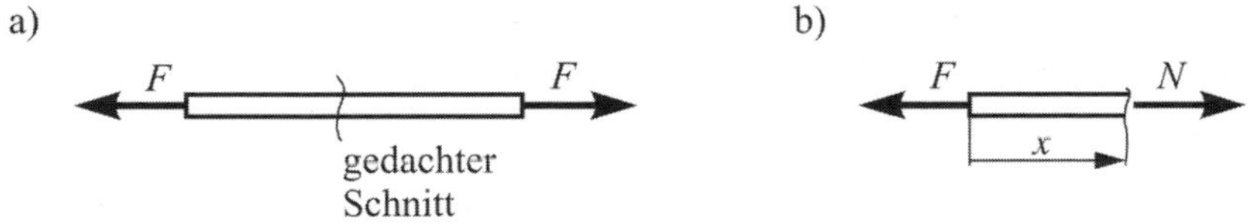

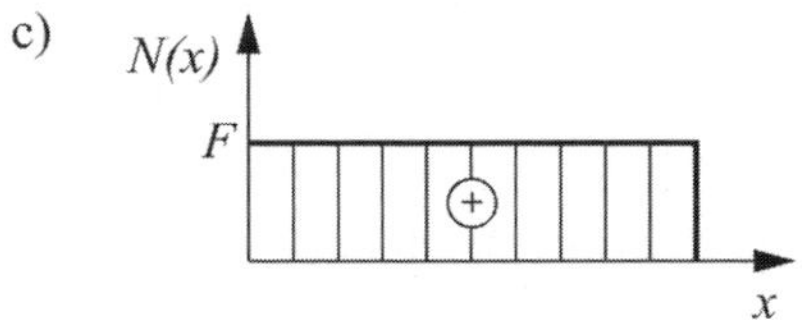

Bild 5-25 Normalkraft im Stab
a) Zugstab mit gedachtem Schnitt
b) Freigeschnittener Stabteil mit Schnittkraft N
c) Normalkraftverlauf über der Stablänge

Für das freigeschnittene Stabteil, Bild 5-25b, erhält man mit der Gleichgewichtsbedingung $\Sigma F_{ix} = 0$:

$$\rightarrow: \quad N - F = 0 \tag{5.17}$$

und somit

$$N = F\ .$$

Die Stabkraft ist in diesem Fall über die gesamte Stablänge konstant. Das positive Vorzeichen zeigt an, dass es sich bei N um eine innere Zugkraft handelt. Würde der Stab auf Druck beansprucht, ergäbe sich N negativ.

Da die Normalkraft über die gesamte Stablänge stetig ist, Bild 5-25c, spricht man auch von einem Einbereichsproblem. Ein Mehrbereichsproblem ist dagegen in Bild 5-26 dargestellt.

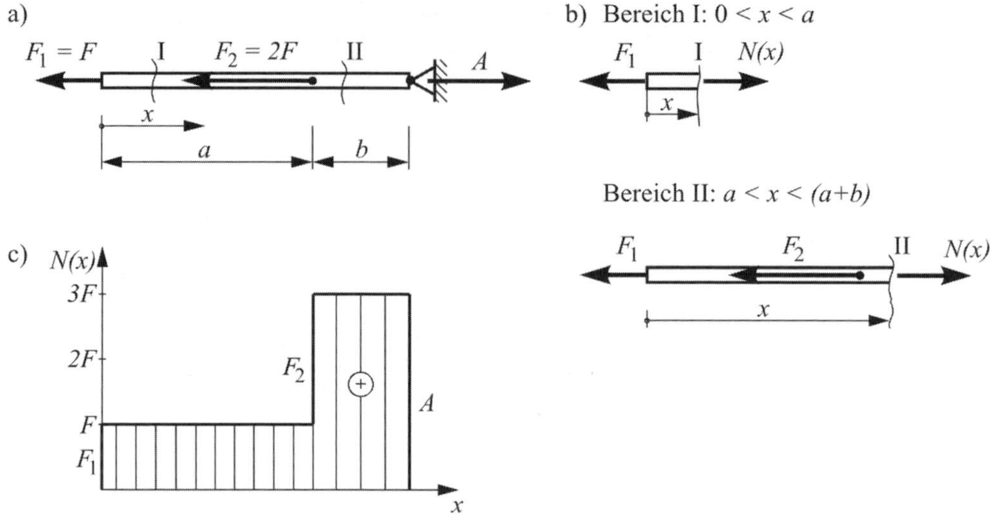

Bild 5-26 Stab mit zwei äußeren Kräften als Beispiel für ein Zweibereichsproblem
a) Zugstab mit den gedachten Schnitten I und II
b) Freigeschnittene Stabteile zur Ermittlung der Normalkräfte in den Bereichen I und II
c) Normalkraftverlauf über die Stablänge

Da zwei Kräfte F_1 und F_2 wirken, liegt ein Zweibereichsproblem vor, Bild 5-26 a und b. Die Kraft F_2 bringt eine Unstetigkeit im Normalkraftverlauf (siehe auch Bild 5-26c). Daher müssen bei der Berechnung der Normalkraft zwei Bereiche betrachtet werden bzw. sind zwei gedachte Schnitte I und II erforderlich. In diesen Teilbereichen ist die Normalkraft dann stetig.

Im Allgemeinen bestimmt man zunächst die Auflagerreaktion. Bei diesem Stab ergibt sich mit

$$\rightarrow: \quad A - F_1 - F_2 = A - F - 2F = 0 \qquad (5.18)$$

die horizontale Auflagerkraft $A = 3F$.

Die Normalkraft $N(x)$ muss jetzt getrennt in den Bereichen I + II ermittelt werden.

Für Bereich I erhält man mit

$$\rightarrow: \quad N(x) - F_1 = 0 \qquad (5.19)$$

die Normalkraft

$$N(x) = F_1 = F \qquad (5.20).$$

Bei Bereich II liefert die Gleichgewichtsbedingung

$$\rightarrow: \quad N(x) - F_1 - F_2 = 0 \qquad (5.21)$$

Daraus ergibt sich

$$N(x) = F_1 + F_2 = 3F \qquad (5.22).$$

Trägt man die Normalkraftverläufe über der Stabkoordinate x auf, so erhält man das in Bild 5-26c gezeigte Normalkraftdiagramm. Der Normalkraftverlauf wird im Ingenieurbereich häufig auch Normalkraftfläche genannt.

Aus Bild 5-26c erkennt man, dass die Normalkraft im Bereich I mit $N(x) = F$ der Kraft F_1 und im Bereich II mit $N(x) = 3F$ der Auflagerkraft A entspricht.

5.6.5 Normalkraft, Querkraft und Biegemoment im Balken

Ein Balken muss bei allgemeiner Belastung im Inneren eine Normalkraft N, eine Querkraft Q und ein Biegemoment M übertragen. Haben diese Schnittgrößen über die gesamte Balkenlänge einen stetigen Verlauf, spricht man von einem Einbereichsproblem. Ein Mehrbereichsproblem liegt vor, wenn die Verläufe $N(x)$, $Q(x)$ oder $M(x)$, mit x als Balkenkoordinate, nicht stetig sind. Dies ist z. B. der Fall, wenn im Mittenbereich des Balkens Einzelkräfte oder Einzelmomente wirken.

5.6.5.1 Einbereichsproblem

Für den in Bild 5-27a dargestellten eingespannten Balken sollen die Auflagerreaktionen A_x, A_y und M_A und die Schnittgrößenverläufe $N(x)$, $Q(x)$ und $M(x)$ ermittelt werden. Mit den Gleichgewichtsbedingungen für den gesamten Balken, siehe Freischnitt in Bild 5-27b,

$$\rightarrow: \quad A_x - F_x = 0 \qquad (5.23),$$

$$\uparrow: \quad A_y - F_y = 0 \qquad (5.24),$$

$$\overset{\frown}{A}: \quad M_A - F_y \cdot l = 0 \qquad (5.25),$$

ergeben sich die Auflagerreaktionen

$$A_x = F_x\,,\ A_y = F_y \text{ und } M_A = F_y \cdot l\,.$$

Die Schnittgrößen werden am freigeschnittenen Balkenteil, Bild 5-27c, ebenfalls mit den Gleichgewichtsbedingungen ermittelt.

Mit

$$\rightarrow: \quad N(x) - F_x = 0 \qquad (5.26)$$

erhält man

$$N(x) = F_x \qquad (5.27).$$

Die Gleichgewichtsbetrachtung

$$\downarrow: \quad Q(x) + F_y = 0 \qquad (5.28)$$

liefert

$$Q(x) = -F_y \qquad (5.29).$$

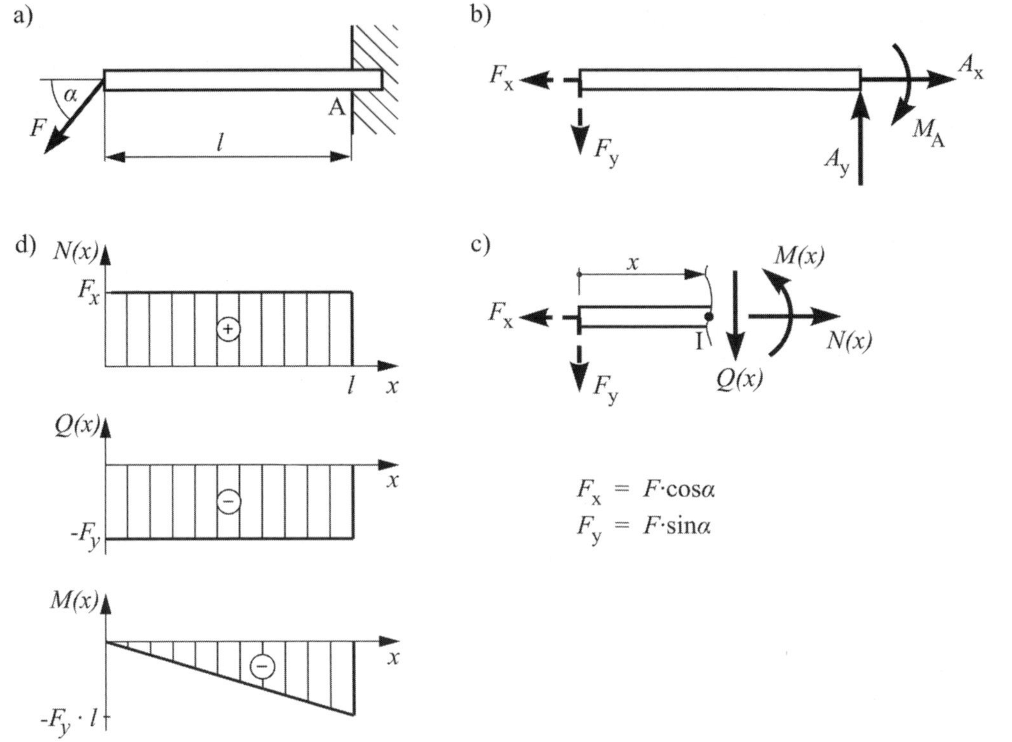

Bild 5-27 Ermittlung der Auflagerreaktionen und der Schnittgrößen beim Balken
a) Eingespannter Balken mit Einzelkraftbelastung
b) Freischnitt des gesamten Balkens zur Ermittlung der Auflagerreaktionen
c) Freigeschnittener Balkenteil zur Ermittlung der Schnittgrößen *N(x)*, *Q(x)* und *M(x)*
d) Schnittkraftverläufe bzw. Schnittkraftflächen

Die Momentenbedingung um den Schnittpunkt I ergibt

$$\curvearrowleft \mathrm{I}: \quad M(x) + F_y \cdot x = 0 \tag{5.30}$$

und somit

$$M(x) = -F_y \cdot x \tag{5.31}$$.

Stellt man die Gleichungen (5.27), (5.29) und (5.31) grafisch dar, so erhält man die Schnittkraftverläufe bzw. die Schnittkraftflächen in Bild 5-27d. Man erkennt, dass die Normalkraft und die Querkraft über die gesamte Balkenlänge konstant verlaufen, das Biegemoment nimmt allerdings mit der x-Koordinate betragsmäßig zu und erreicht für $x = l$ den Betrag des Einspannmomentes M_A. Ein positives Vorzeichen bei der Normalkraft bedeutet, dass die Normalkraft, genau wie in Bild 5-27c angenommen, als Zugkraft wirkt. Die negativen Vorzeichen bei *Q(x)* und *M(x)* bedeuten, dass diese Schnittgrößen entgegengesetzt, wie in Bild 5-27c angenommen, wirken. Ein Vergleich von Gleichung (5.31) und Gleichung (5.29) zeigt zudem, dass die Querkraft *Q(x)*, mathematisch gesehen, die erste Ableitung des Momentes *M(x)* darstellt.

5.6.5.2 Mehrbereichsproblem

Bei dem in Bild 5-28a gezeigten Balken handelt es sich um ein Dreibereichsproblem, da die Kräfte F_1 und F_2 jeweils eine Unstetigkeit im Querkraft- und Momentenverlauf bewirken. Bevor die Berechnung der Schnittkraftverläufe beginnen kann, müssen jedoch die Auflagerkräfte A und B ermittelt werden. Diese ergeben sich mit den Gleichgewichtsbedingungen für den freigeschnittenen gesamten Balken, Bild 5-28b, zu

$$A = \frac{F_1 \cdot (l - a) + F_2 \cdot (l - b)}{l} \qquad (5.32)$$

$$B = \frac{F_1 \cdot a + F_2 \cdot b}{l} \qquad (5.33).$$

Da nur vertikale Kräfte wirken, existiert im Festlager bei A keine horizontale Komponente.

Die Ermittlung der Schnittgrößen muss nun bereichsweise erfolgen. Für den Bereich I, Bild 5-28c, ergeben sich die Gleichgewichtsbedingungen

$$\downarrow: \quad Q_{\mathrm{I}} - A = 0 \qquad (5.34),$$

$$\curvearrowleft \mathrm{I}: \quad M_{\mathrm{I}} - A \cdot x = 0 \qquad (5.35)$$

und somit

$$Q_{\mathrm{I}} = A \qquad (5.36)$$

und

$$M_{\mathrm{I}} = A \cdot x \qquad (5.37).$$

Für Bereich II, Bild 5-28d, erhält man

$$\downarrow: \quad Q_{\mathrm{II}} - A + F_1 = 0 \qquad (5.38),$$

$$\curvearrowleft \mathrm{II}: \quad M_{\mathrm{II}} - A \cdot x + F_1 \cdot (x - a) = 0 \qquad (5.39)$$

und somit

$$Q_{\mathrm{II}} = A - F_1 \qquad (5.40)$$

und

$$M_{\mathrm{II}} = A \cdot x - F_1 \cdot (x - a) \qquad (5.41).$$

Im Bereich III, Bild 5-28e, ergeben sich die Gleichgewichtsbedingungen

$$\downarrow: \quad Q_{\mathrm{III}} - A + F_1 + F_2 = 0 \qquad (5.42),$$

$$\curvearrowleft \mathrm{III}: \quad M_{\mathrm{III}} - A \cdot x + F_1 \cdot (x - a) + F_2 \cdot (x - b) = 0 \qquad (5.43)$$

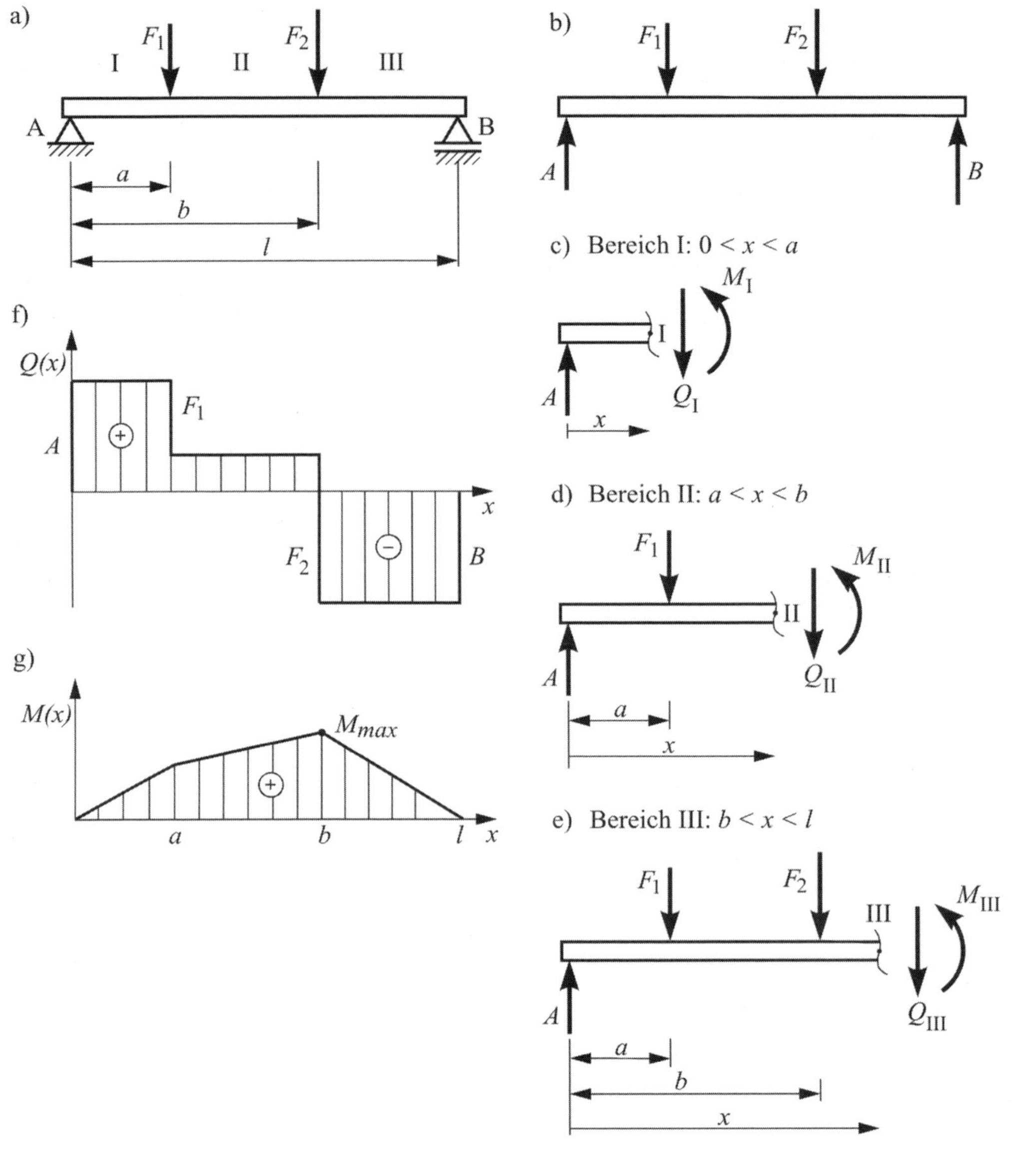

Bild 5-28 Schnittgrößen bei einem Balken mit mehreren Einzelkräften

a) Balken, zweifach gelagert mit zwei Einzelkräften

b) Freischnitt des gesamten Balkens

c) Schnittgrößen im Bereich I

d) Schnittgrößen im Bereich II

e) Schnittgrößen im Bereich III

f) Querkraftverlauf oder Querkraftdiagramm über die Balkenlänge

g) Momentenverlauf oder Momentendiagramm oder Momentenfläche für den Balken und die Schnittkräfte

$$Q_{\mathrm{III}} = A - F_1 - F_2 \qquad (5.44),$$

$$M_{\mathrm{III}} = A \cdot x - F_1 \cdot (x - a) - F_2 \cdot (x - b) \qquad (5.45).$$

Prinzipiell ist es auch möglich, die Schnittgrößen durch Betrachtung des rechten Schnittufers, beispielsweise für Bereich III, zu bestimmen (siehe auch die folgenden Beispiele).

Die Schnittkraftverläufe für den gesamten Balken sind in Bild 5-28f und in Bild 5-28g dargestellt. Man erkennt, dass das Moment dort maximal ist, wo die Querkraft einen Nulldurchgang hat.

5.6.5.3 Grafische Ermittlung der Biegemomentenfläche mit dem Seileckverfahren

Für den durch vertikale Einzelkräfte belasteten Balken liefert das Seileckverfahren unmittelbar die Momentenfläche. Die Anwendung des Seileckverfahrens erfolgt wie in Kapitel 2.5.2 bzw. 5.5.1 beschrieben. Die Fläche zwischen den Seilstrahlen und der Schlusslinie stellt die normierte Momentenfläche $M^*(x)$ dar, Bild 5-29a. Den Momentenverlauf $M(x)$ erhält man dann mit $M^*(x)$ und dem Polabstand H:

$$M(x) = H \cdot M^*(x) \qquad (5.46),$$

wobei H in der Krafteinheit des Kräfteplans, Bild 5-29b, und $M^*(x)$ in der Längeneinheit des Lageplans einzusetzen ist.

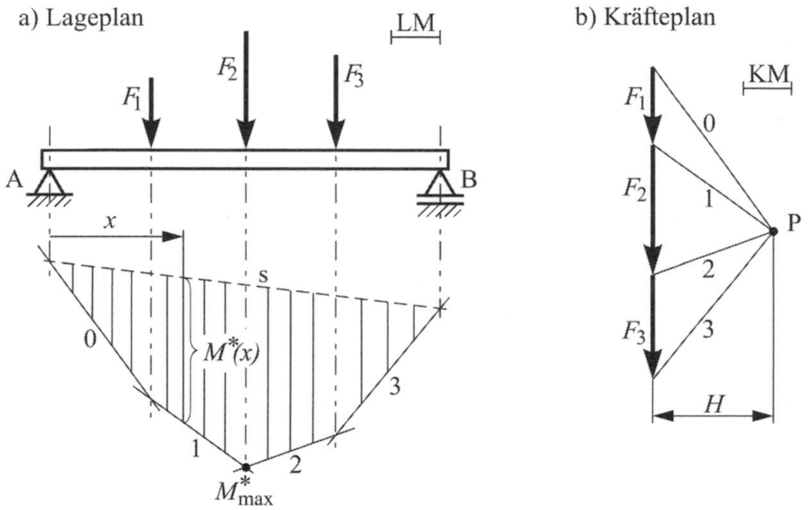

Bild 5-29 Ermittlung des Biegemomentenverlaufs mit dem Seileckverfahren
a) Lageplan mit belastetem Balken und konstruiertem Seileck mit Momentenhöhe $M^*(x)$
b) Kräfteplan mit Polstrahlen und Polabstand H

Das maximale Biegemoment M_{max} tritt an der Stelle von M^*_{max} auf.

Beispiel 5-4 ***

Für die Radsatzwelle eines Schienenfahrzeugs (Fragestellung 1-3) sollen für den Lastfall Geradeausfahrt die Querkräfte und Biegemomente bestimmt werden.

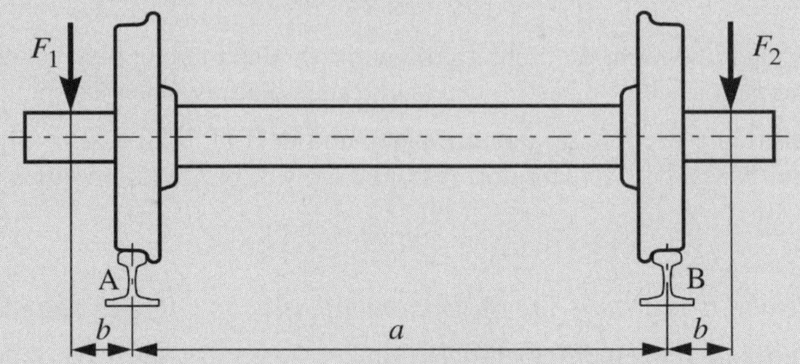

Freischnitt des mechanischen Modells:

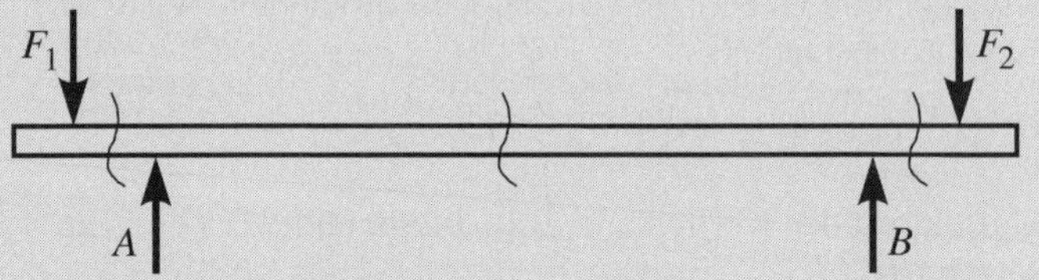

$A = B = F_1 = F_2 = F$ (siehe Lösung zu Beispiel 4-7)

Lösung:

Bereich I: $0 < x < b$

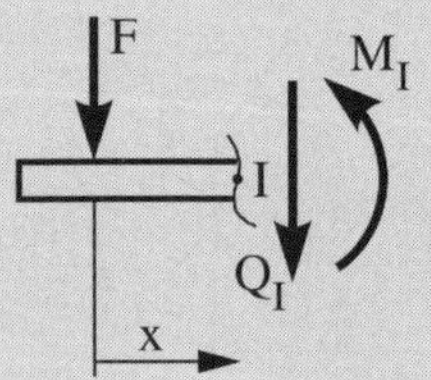

$\uparrow: \quad -F - Q_I = 0 \quad \Rightarrow \quad Q_I = -F$

$\widehat{I}: \quad M_I + F \cdot x = 0 \quad \Rightarrow \quad M_I = -F \cdot x$

$M_I(x=0) = 0 \quad M_I(x=b) = -F \cdot b$

Bereich II: $b < x < a+b$

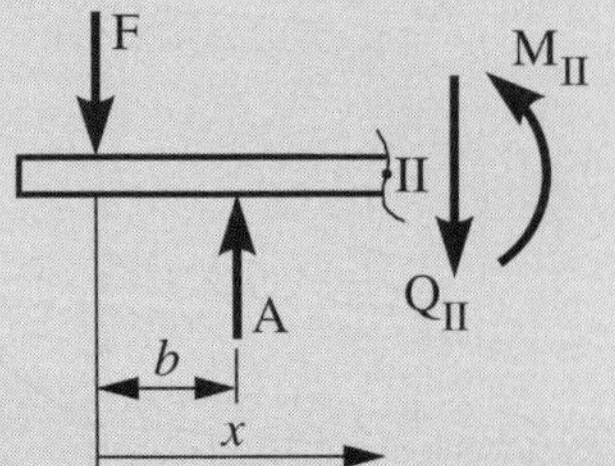

$\uparrow: \quad A - F - Q_{II} = 0 \quad \Rightarrow \quad Q_{II} = A - F = 0$

$\widehat{II} \quad M_{II} - A \cdot (x-b) + F \cdot x = 0$

$\Rightarrow \quad M_{II} = -F \cdot b$

Bereich III: $a+b < x < a+2b, \quad 0 < x' < b$ (Verwendung des rechten Schnittufers)

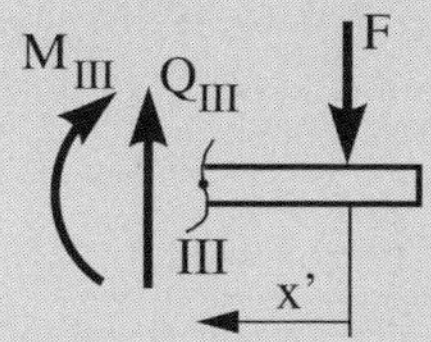

$$\uparrow: \quad Q_{III} - F = 0 \quad \Rightarrow \quad Q_{III} = F$$

$$\overset{\frown}{III}: \quad M_{III} + F \cdot x' = 0 \quad \Rightarrow \quad M_{III} = -F \cdot x'$$

$$M_{III}(x'=b) = -F \cdot b \qquad M_{III}(x'=0) = 0$$

Querkraft- und Biegemomentenverlauf

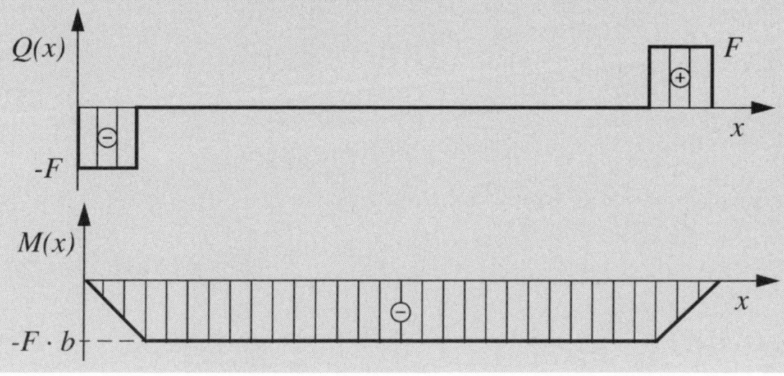

Beispiel 5-5 ***

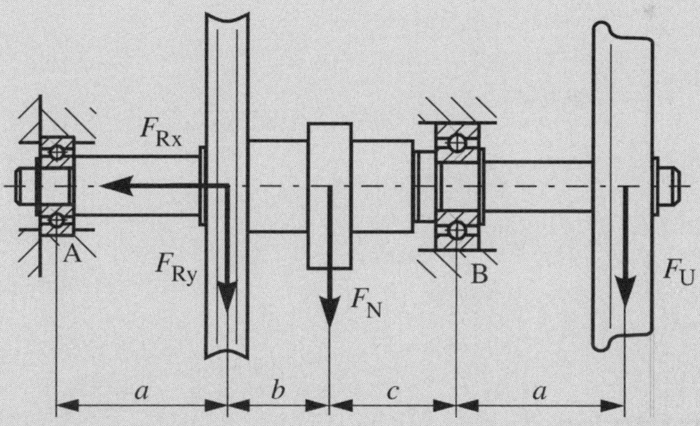

Die Welle eines Kompressors mit einer Riemenscheibe, einem Nocken und einem Laufrad ist, wie gezeichnet, bei A und B gelagert. Aus den Riemenkräften ergeben sich eine Axialkraft F_{Rx} und eine Radialkraft F_{Ry}. Durch den Nocken wird die Welle radial mit F_N und durch die Unwucht des Laufrades mit einer Kraft F_U belastet.

Bestimmen Sie

a) die Auflagerkräfte A und B sowie

b) die Schnittgrößen entlang der gesamten Welle.

c) Skizzieren Sie die Schnittgrößenverläufe unter Angabe der charakteristischen Werte.

geg.: $F_{Rx} = 5$ kN, $F_{Ry} = 20$ kN, $F_N = 1$ kN, $F_U = 5$ kN, $a = 400$ mm, $b = 250$ mm, $c = 300$ mm

Lösung:

a) Auflagerkräfte in den Lagerpunkten A und B

Freischnitt des mechanischen Modells:

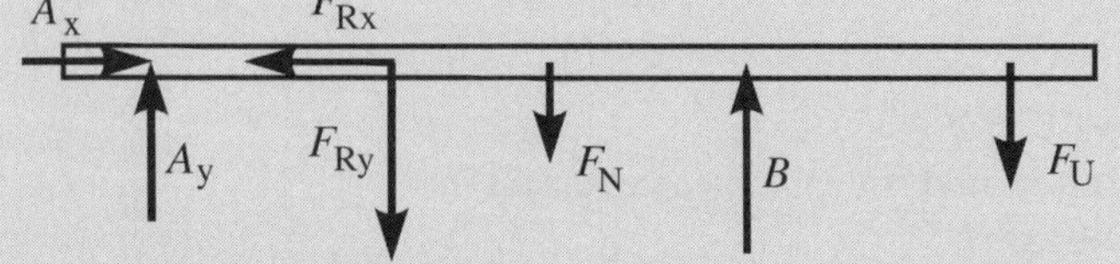

$\rightarrow: \quad A_x - F_{Rx} = 0 \quad \Rightarrow \quad A_x = F_{Rx} = 5\,\text{kN}$

$\curvearrowright A: \quad F_{Ry} \cdot a + F_N \cdot (a+b) - B \cdot (a+b+c) + F_U \cdot (2a+b+c) = 0$

$$\Rightarrow \quad B = \frac{1}{a+b+c} \cdot \left[F_{Ry} \cdot a + F_N \cdot (a+b) + F_U \cdot (2a+b+c)\right] = 16{,}2\,\text{kN}$$

$\uparrow: \quad A_y - F_{Ry} - F_N + B - F_U = 0 \quad \Rightarrow \quad A_y = F_{Ry} + F_N - B + F_U = 9{,}8\,\text{kN}$

b) Schnittgrößen entlang der Welle

Die Welle ist in 4 Bereiche einzuteilen. Vor dem Lagerpunkt A und hinter dem Laufrad treten keine Schnittgrößen auf.

Bereich I: $0 < x < a$

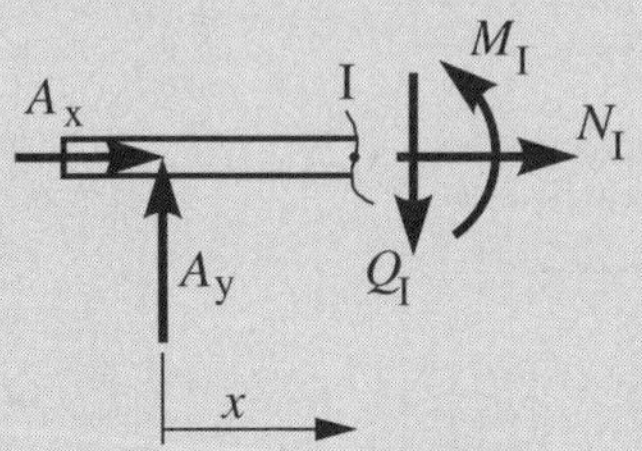

$\uparrow: \quad A_y - Q_I = 0 \quad \Rightarrow \quad Q_I = A_y = 9{,}8\,\text{kN}$

$\rightarrow: \quad N_I + A_x = 0 \quad \Rightarrow \quad N_I = -A_x = -5\,\text{kN}$

$\curvearrowleft I: \quad M_I - A_y \cdot x = 0 \quad \Rightarrow \quad M_I = A_y \cdot x$

$M_I(x=0) = 0 \quad M_I(x=a) = A_y \cdot a = 3916\,\text{Nm}$

Bereich II: $a < x < a+b$

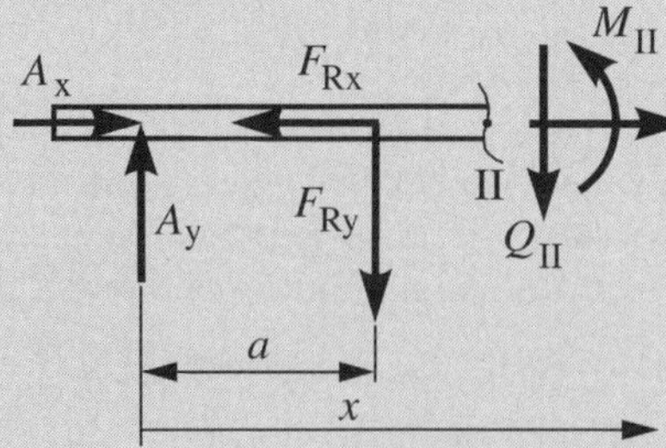

$\uparrow: \quad A_y - F_{R_y} - Q_{II} = 0 \quad \Rightarrow \quad Q_{II} = A_y - F_{R_y} = -10{,}2\,\text{kN}$

$\rightarrow: \quad N_{II} - F_{Rx} + A_x = 0 \quad \Rightarrow \quad N_{II} = F_{Rx} - A_x = 0$

$\widehat{II}$: $M_{II} - A_y \cdot x + F_{R_y} \cdot (x-a) = 0 \quad \Rightarrow \quad M_{II}(x) = A_y \cdot x - F_{R_y} \cdot (x-a)$

$M_{II}(x=a) = A_y \cdot a = 3916\,\text{Nm}$

$M_{II}(x=a+b) = A_y \cdot (a+b) - F_{R_y} \cdot b = 1363{,}2\,\text{Nm}$

Bereich III: $a+b < x < a+b+c$ (Verwendung des rechten Schnittufers)

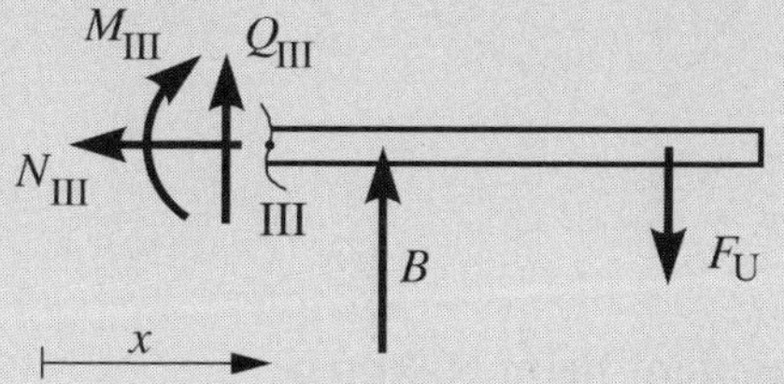

$\uparrow$: $Q_{III} + B - F_U = 0 \quad \Rightarrow \quad Q_{III} = F_U - B = -11{,}2\,\text{kN}$

$\leftarrow$: $N_{III} = 0$

$\widehat{III}$: $M_{III} - B \cdot (a+b+c-x) + F_U \cdot (2a+b+c-x) = 0$

$M_{III}(x=a+b) = B \cdot c - F_U \cdot (a+c) = 1363{,}2\,\text{Nm}$

$M_{III}(x=a+b+c) = -F_U \cdot a = -2000\,\text{Nm}$

Bereich IV: $a+b+c < x < 2 \cdot a+b+c$ (Verwendung des rechten Schnittufers)

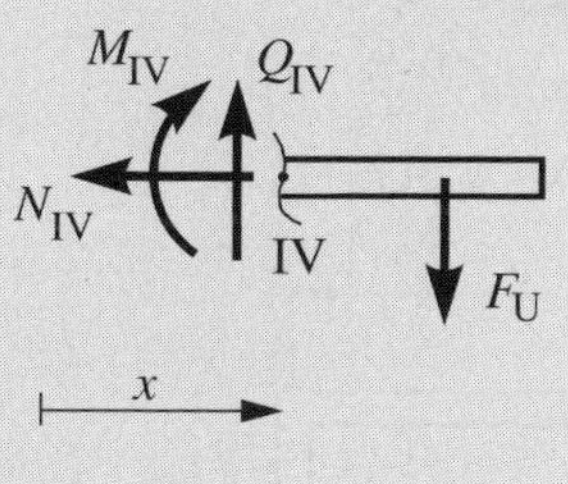

$\uparrow$: $Q_{IV} - F_U = 0 \quad \Rightarrow \quad Q_{IV} = F_U = 5\,\text{kN}$

$\leftarrow$: $N_{IV} = 0$

$\widehat{IV}$: $M_{IV} + F_U \cdot (2a+b+c-x) = 0$

$\Rightarrow \quad M_{IV}(x) = -F_U \cdot (2a+b+c-x)$

$M_{IV}(x=a+b+c) = -F_U \cdot a = -2000\,\text{Nm}$

$M_{IV}(x=2a+b+c) = 0$

c) Schnittgrößenverläufe

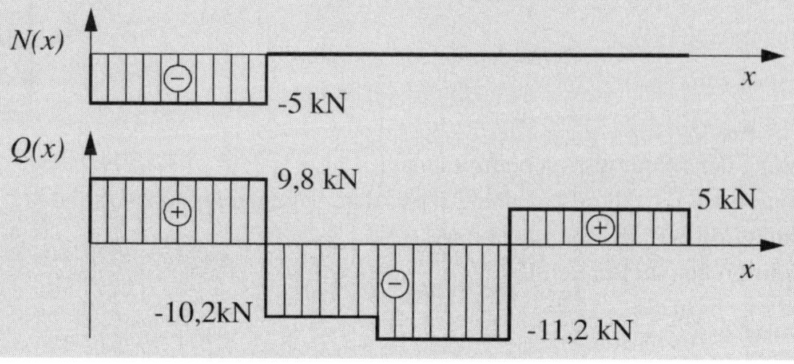

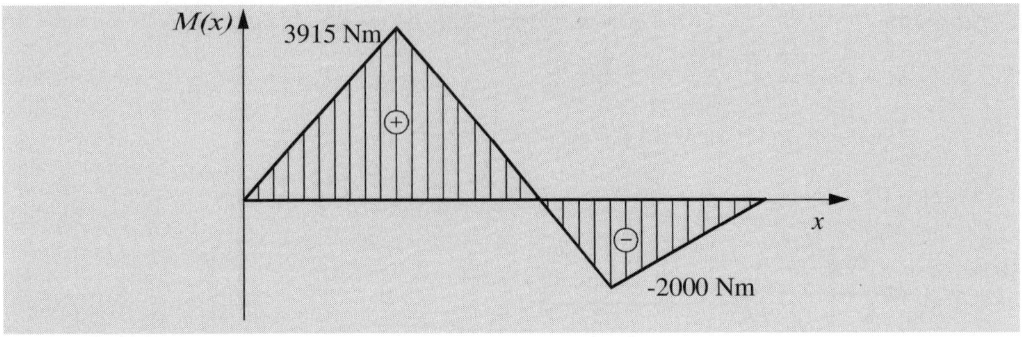

5.6.6 Normalkraft, Querkraft und Biegemoment beim Rahmen

Ein Rahmen ist aus biegesteif miteinander verbundenen Balken zusammengesetzt. Daher werden die Schnittgrößen in gleicher Weise wie beim Balken ermittelt. Allerdings stellt auch eine Rahmenecke eine Unstetigkeit dar. Es liegt somit stets ein Mehrbereichsproblem vor.

Bei dem Rahmen in Bild 5-30 handelt es sich, bedingt durch die Rahmenecke, um ein Zweibereichsproblem.

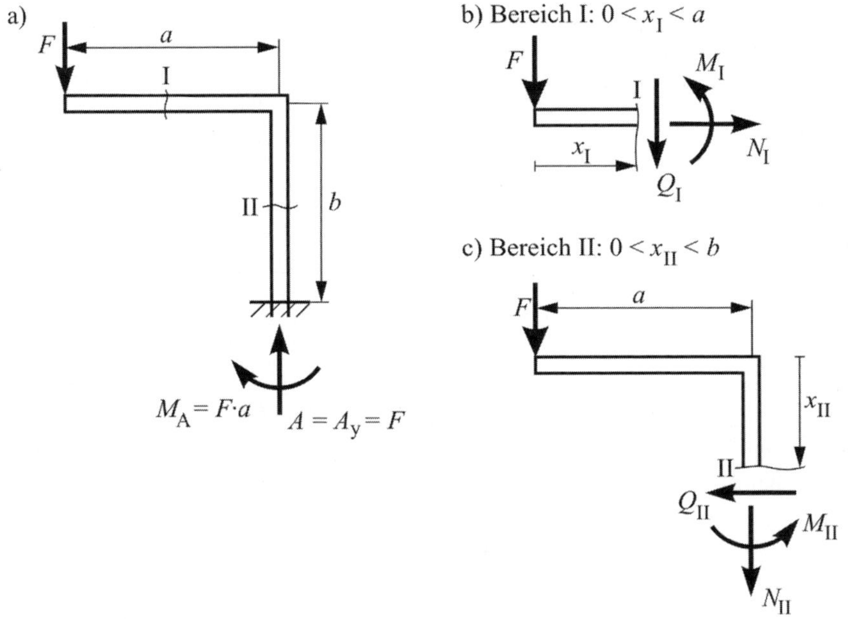

Bild 5-30 Ermittlung der Schnittgrößen beim Rahmen
a) Rahmen mit Einzelkraftbelastung F und den Auflagerreaktionen A und M_A
b) Schnittgrößen im Bereich I
c) Schnittgrößen im Bereich II

Für den Bereich I lauten die Gleichgewichtsbedingungen:

$$\rightarrow: \quad N_{\mathrm{I}} = 0 \qquad (5.47),$$

$$\downarrow: \quad Q_{\mathrm{I}} + F = 0 \qquad (5.48),$$

$$\curvearrowleft \mathrm{I}: \quad M_{\mathrm{I}} + F \cdot x_{\mathrm{I}} = 0 \qquad (5.49).$$

Daraus folgen die Gleichungen für die Schnittgrößen

$$N_{\mathrm{I}} = 0 \qquad (5.50),$$

$$Q_{\mathrm{I}} = -F \qquad (5.51),$$

$$M_{\mathrm{I}} = -F \cdot x_{\mathrm{I}} \qquad (5.52).$$

Im Bereich II gilt für das Gleichgewicht

$$\downarrow: \quad N_{\mathrm{II}} + F = 0 \qquad (5.53),$$

$$\leftarrow: \quad Q_{\mathrm{II}} = 0 \qquad (5.54),$$

$$\curvearrowleft \mathrm{II}: \quad M_{\mathrm{II}} + F \cdot a = 0 \qquad (5.55).$$

Daraus erhält man die Schnittgrößen

$$N_{\mathrm{II}} = -F \qquad (5.56),$$

$$Q_{\mathrm{II}} = 0 \qquad (5.57),$$

$$M_{\mathrm{II}} = -F \cdot a \qquad (5.58).$$

Die N-, Q- und M-Verläufe sind in Bild 5-31 dargestellt.

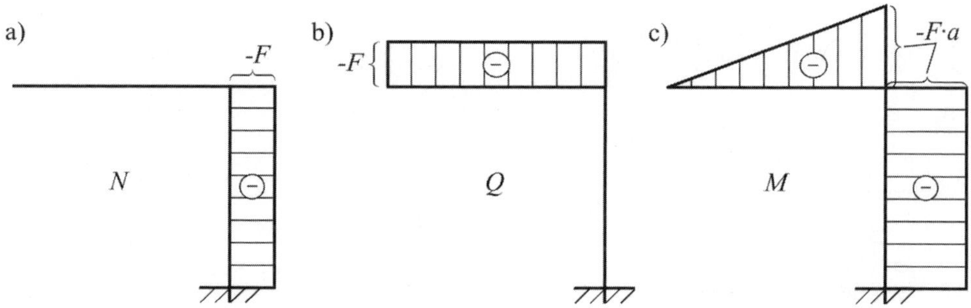

Bild 5-31 Verlauf für die Schnittgrößen im Rahmen
a) Normalkraft N
b) Querkraft Q
c) Biegemoment M

Die Normalkraft tritt nur im Bereich II auf, eine Querkraft wirkt nur im Bereich I. Das Biegemoment steigt im Bereich I betragsmäßig linear an und ist im Bereich II konstant. An der biegesteifen Rahmenecke wird das Moment komplett übertragen. Es ist somit kurz vor und kurz nach der Rahmenecke gleich groß.

Beispiel 5-6 ***

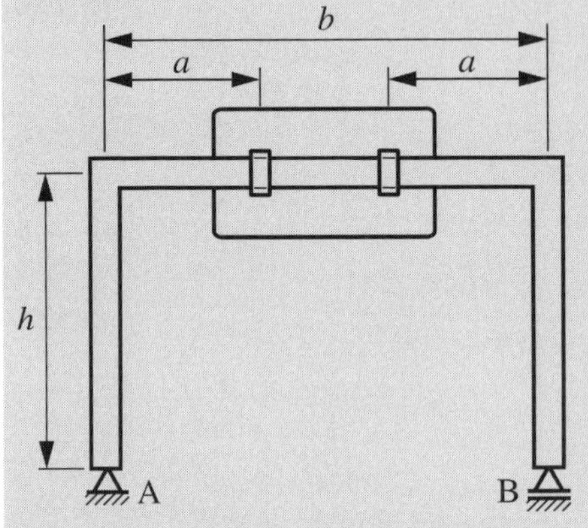

Ein Straßenschild mit dem Gewicht G ist über zwei Klemmen am Rahmen befestigt. Das Eigengewicht des Rahmens soll vernachlässigt werden.

Man ermittle:

a) die Auflagerkräfte in den Punkten A und B,

b) die Schnittgrößen entlang des gesamten Rahmens.

geg.: $G = 2500$ N, $h = 4$ m, $b = 6$ m, $a = 1{,}5$ m

Lösung:

Freischnitt:

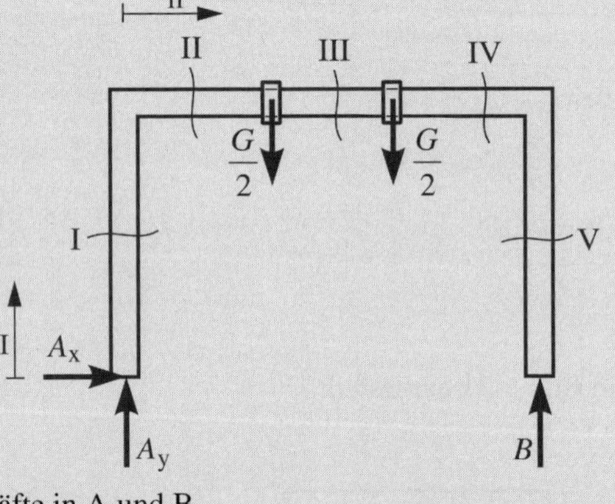

Aufgrund der symmetrischen Aufhängung des Schilds wirkt jeweils an den Klemmen $G/2$.

a) Auflagerkräfte in A und B

$$A_x = 0\,, \quad B = \frac{G}{2} = 1250\,\text{N}\,, \quad A_y = G - B = \frac{G}{2} = 1250\,\text{N}$$

b) Bereich I: $0 < x_I < h$

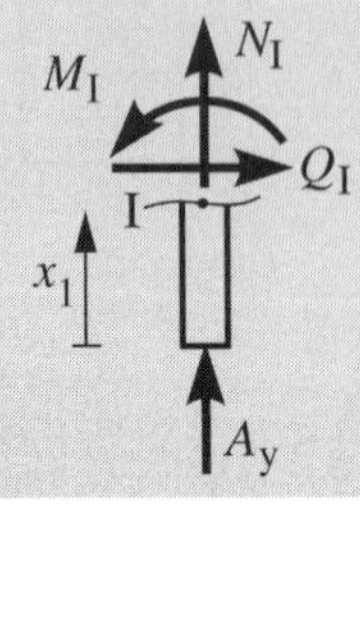

$$\uparrow: \quad N_I + A_y = 0 \quad \Rightarrow \quad N_I = -A_y = -\frac{G}{2} = -1250\,\text{N}$$

$$\rightarrow: \quad Q_I = 0$$

$$\overset{\frown}{\text{I}}: \quad M_I = 0$$

Bereich II: $0 < x_2 < a$

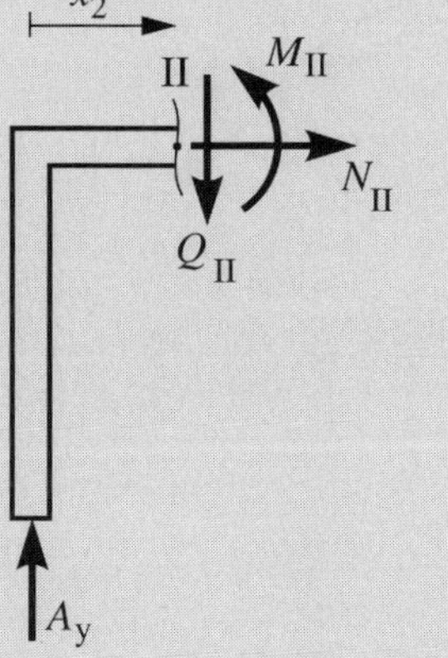

$\rightarrow$: $N_{\mathrm{II}} = 0$

$\uparrow$: $A_y - Q_{\mathrm{II}} = 0 \quad \Rightarrow \quad A_y = Q_{\mathrm{II}} = \dfrac{G}{2} = 1250\,\mathrm{N}$

$\overset{\frown}{\mathrm{II}}$: $M_{\mathrm{II}} - A_y \cdot x_2 = 0 \quad \Rightarrow \quad M_{\mathrm{II}} = A_y \cdot x_2$

$M_{\mathrm{II}}(x_2 = 0) = 0 \qquad M_{\mathrm{II}}(x_2 = a) = 1875\,\mathrm{Nm}$

Bereich III: $a < x_2 < b\text{-}a$

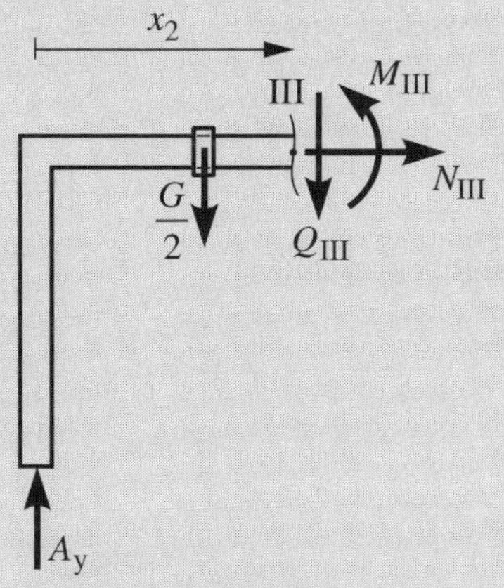

$\rightarrow$: $N_{\mathrm{III}} = 0$

$\downarrow$: $Q_{\mathrm{III}} + \dfrac{G}{2} - A_y = 0 \quad \Rightarrow \quad Q_{\mathrm{III}} = 0$

$\overset{\frown}{\mathrm{III}}$: $M_{\mathrm{III}} - A_y \cdot x_2 + \dfrac{G}{2} \cdot (x_2 - a) = 0$

$\Rightarrow \quad M_{\mathrm{III}} = A_y \cdot x_2 - \dfrac{G}{2} \cdot (x_2 - a) = 0$

$M_{\mathrm{III}}(x_2 = a) = 1875\,\mathrm{Nm}$

$M_{\mathrm{III}}(x_2 = b - a) = 1875\,\mathrm{Nm}$

Aufgrund der Symmetrie des Rahmens und der Belastung sind die Ergebnisse für die Bereiche IV und V identisch mit denen aus Bereich II bzw. I.

5.6.7 Normalkraft, Querkraft und Biegemoment beim Bogenträger

Ein Bogenträger kann als schwach gekrümmter Balken angesehen werden. Daher ergibt sich auch die gleiche Vorgehensweise wie beim geraden Balken. Anstatt einer Längenkoordinate ist aber meist eine Winkelkoordinate sinnvoll.

Beim fest eingespannten Viertelkreisbogen und der Belastung mit einer Einzelkraft F am Bogenende, Bild 5-32, liegt ein Einbereichsproblem vor. Für die Bestimmung der Schnittgrößen wird sinnvoller Weise eine Winkelkoordinate φ eingeführt, Bild 5-32b. Die Kräftegleichgewichtsbedingungen werden in Richtung von N und von Q aufgestellt:

$\searrow$: $N + F \cdot \sin\varphi = 0$ (5.59),

$\swarrow$: $Q + F \cdot \cos\varphi = 0$ (5.60).

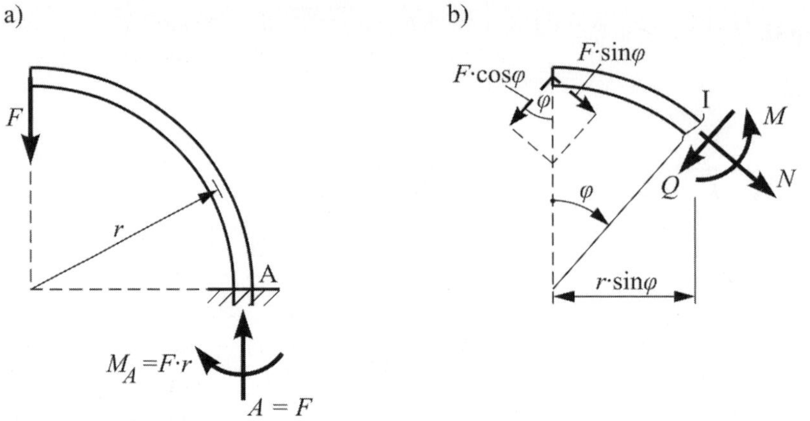

Bild 5-32 Ermittlung der Schnittgrößen beim Bogenträger
a) Bogenträger mit Einzelkraftbelastung F und Auflagerreaktionen A und M_A
b) Schnittgrößen N, Q und M beim Bogenträger mit der Winkelkoordinate φ und den Komponenten $F\cdot\sin\varphi$ und $F\cdot\cos\varphi$ der Kraft F in Richtung von N und Q

Die Momentenbedingung bezieht sich auf den Schnittpunkt I:

$$\curvearrowleft \mathrm{I}: \quad M + F \cdot r \cdot \sin\varphi = 0 \qquad (5.61).$$

Aus den Gleichgewichtsbedingungen erhält man die Schnittgrößenverläufe

$$N(\varphi) = -F \cdot \sin\varphi \qquad (5.62),$$

$$Q(\varphi) = -F \cdot \cos\varphi \qquad (5.63),$$

$$M = -F \cdot r \cdot \sin\varphi \qquad (5.64).$$

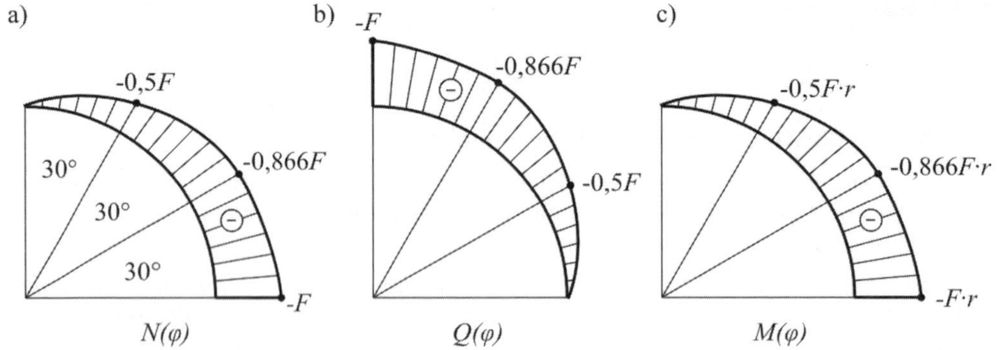

Bild 5-33 Verlauf der Schnittgrößen im Bogenträger
a) Normalkraft $N(\varphi)$
b) Querkraft $Q(\varphi)$
c) Biegemoment $M(\varphi)$

Diese sind in Bild 5-33 grafisch dargestellt. Die Normalkraft $N(\varphi)$ und das Biegemoment $M(\varphi)$ sind an der Einspannstelle ($\varphi = 90°$) maximal. Die Querkraft $Q(\varphi)$ besitzt einen Maximalwert an der Krafteinleitungsstelle ($\varphi = 0°$).

Beispiel 5-7 ***

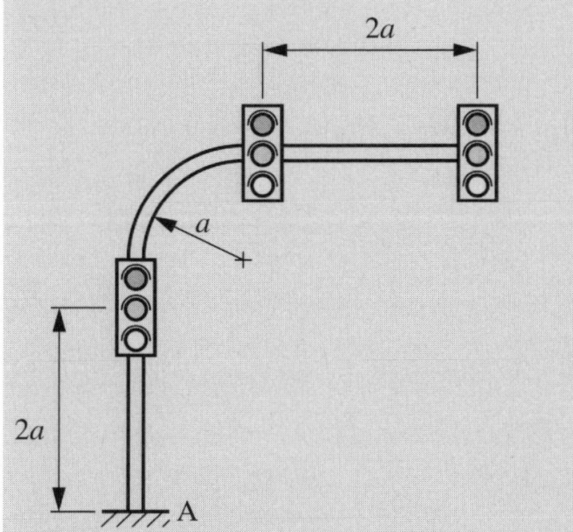

Bestimmen Sie für die skizzierte Ampelanlage (Fragestellung 1-4, Bild 1-4)

a) die Auflagerreaktionen in A und
b) die Schnittgrößen entlang des Ampelmastens.

geg.: Ampelgewicht $F = 100$ N, $a = 1$ m

Lösung:

a) Auflagerreaktionen

Freischnitt:

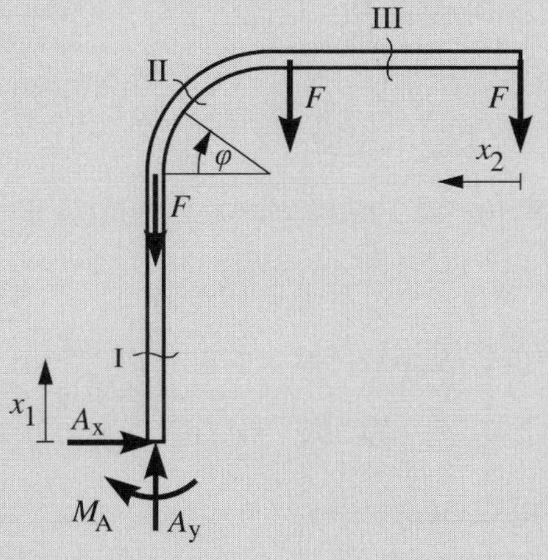

$\rightarrow$: $A_x = 0$

$\uparrow$: $A_y - F - F - F = 0 \quad \Rightarrow \quad A_y = 3 \cdot F = 300\,\text{N}$

$\overset{\curvearrowleft}{A}$: $M_A + F \cdot a + F \cdot 3 \cdot a = 0 \quad \Rightarrow \quad M_A = -4 \cdot F \cdot a = -400\,\text{Nm}$

b) Schnittgrößen entlang des Ampelmastes (Dreibereichsproblem)

Bereich I: $0 < x_1 < 2a$

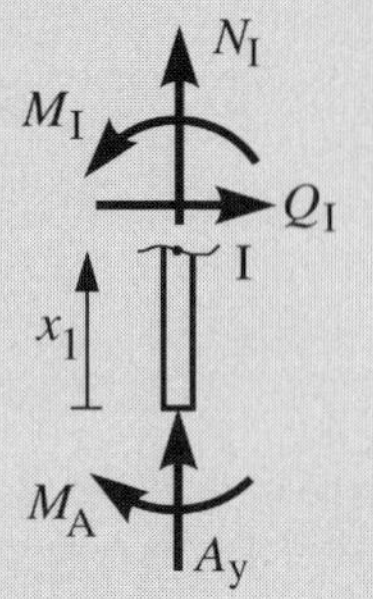

$\uparrow: \quad N_I + A_y = 0 \quad \Rightarrow N_I = -A_y = -300\,\text{N}$

$\rightarrow: \quad Q_I = 0$

$\overset{\curvearrowleft}{I}: \quad M_I - M_A = 0 \quad \Rightarrow \quad M_I = M_A = -400\,\text{Nm}$

Bereich II: $0° < \varphi < 90°$

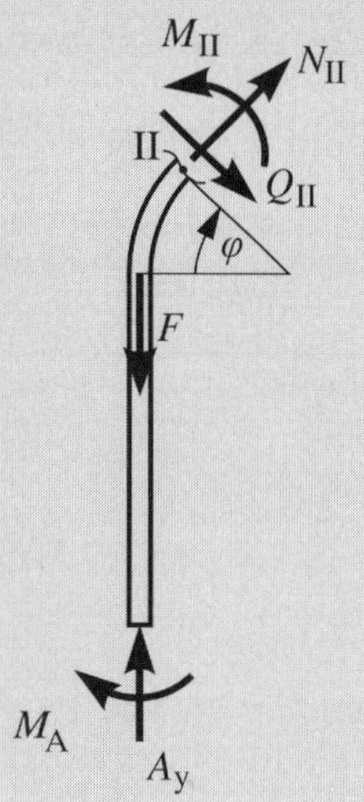

$\nearrow: \quad N_{II} - F \cdot \cos\varphi + A_y \cdot \cos\varphi = 0$

$\Rightarrow \quad N_{II}(\varphi) = F \cdot \cos\varphi - 3 \cdot F \cdot \cos\varphi = -2 \cdot F \cdot \cos\varphi$

$N_{II}(\varphi = 0°) = -200\,\text{N} \qquad N_{II}(\varphi = 90°) = 0$

$\searrow: \quad Q_{II} + F \cdot \sin\varphi - A_y \cdot \sin\varphi = 0$

$\Rightarrow \quad Q_{II}(\varphi) = -F \cdot \sin\varphi + 3 \cdot F \cdot \sin\varphi = 2 \cdot F \cdot \sin\varphi$

$Q_{II}(\varphi = 0°) = 0 \qquad Q_{II}(\varphi = 90°) = 200\,\text{N}$

$\overset{\curvearrowleft}{II}: \quad M_{II} + F \cdot a \cdot (1 - \cos\varphi) - A_y \cdot a \cdot (1 - \cos\varphi) - M_A = 0$

$\Rightarrow \quad M_{II} = -2 \cdot F \cdot a \cdot (1 + \cos\varphi)$

$M_{II}(\varphi = 0°) = -400\,\text{Nm} \qquad M_{II}(\varphi = 90°) = -200\,\text{Nm}$

Bereich III: $0 < x_2 < 2a$

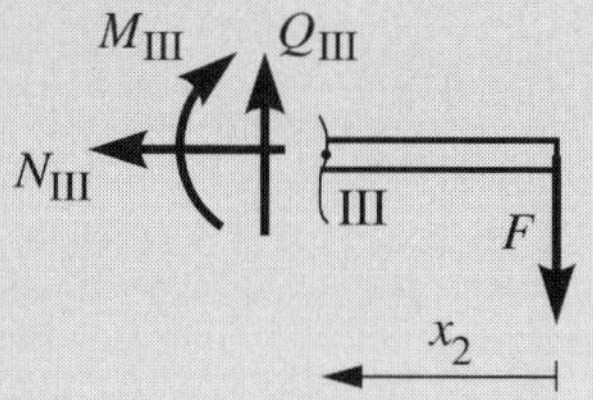

$\leftarrow: \quad N_{III} = 0$

$\uparrow: \quad Q_{III} - F = 0 \quad \Rightarrow \quad Q_{III} = F = 100\,\text{N}$

$\overset{\curvearrowright}{III}: \quad M_{III} + F \cdot x_2 = 0 \quad \Rightarrow \quad M_{III} = -F \cdot x_2$

$M_{III}(x_2 = 0) = 0 \qquad M_{III}(x_2 = 2a) = -200\,\text{Nm}$

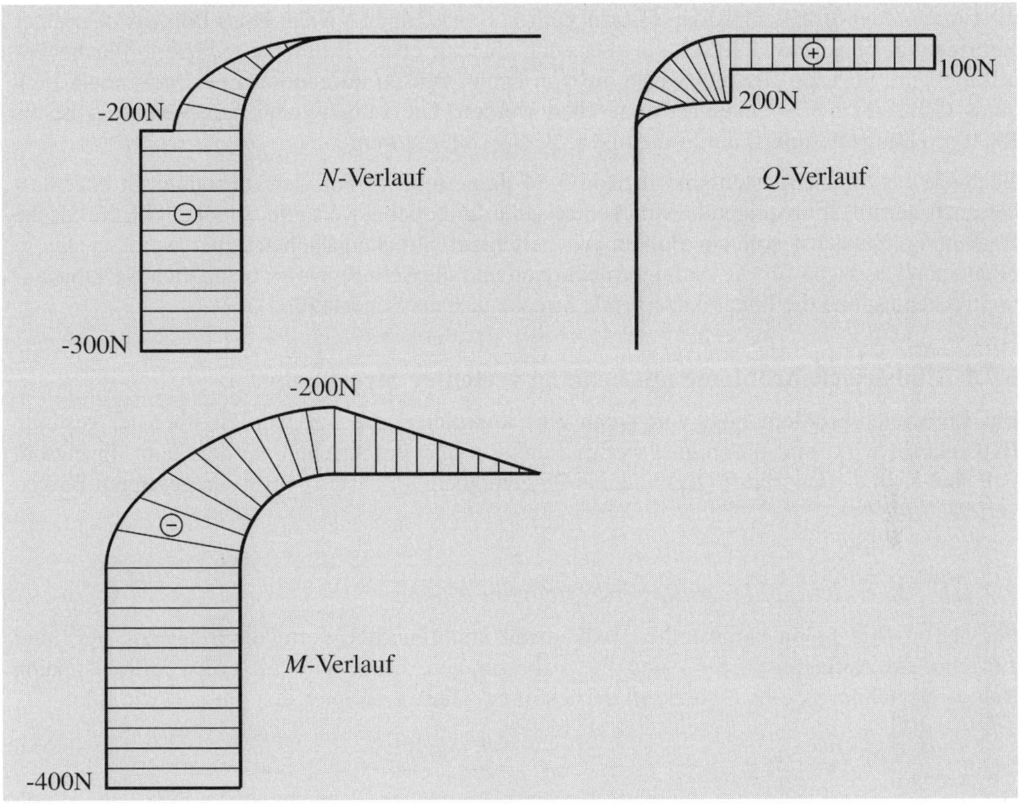

5.7 Tragwerke mit kontinuierlich verteilter Belastung

Die äußere Belastung der bisher betrachteten Tragwerke setzte sich überwiegend aus Einzelkräften und Einzelmomenten zusammen. In Natur und Technik treten aber auch Flächen- und Linienlasten auf (siehe Kapitel 2.1).

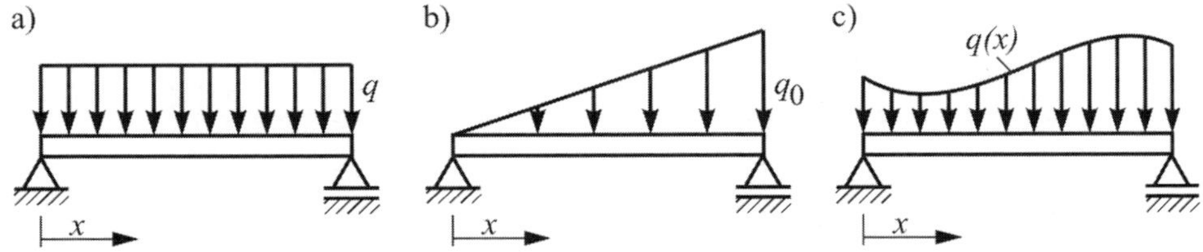

Bild 5-34 Mögliche kontinuierliche Belastungen (Streckenlasten) eines Balkens
a) Konstante Streckenlast
b) Linear ansteigende Streckenlast: Dreieckslast
c) Beliebig verteilte Streckenlast

Zu den Flächenlasten zählen z. B. Windlasten und Schneelasten, aber auch Verkehrs- und Deckenbelastungen bei Gebäuden. Eine weitergehende Idealisierung der ebenen Statik stellt die Linien- oder Streckenlast dar. Hierzu zählt z. B. das Eigengewicht eines Balkens oder einer Rohrleitung. Eine Streckenlast kann aber auch eine auf ebene Probleme reduzierte Flächenbelastung sein. So kann beispielsweise die von einem Balken aufgenommene Deckenbelastung eines Gebäudes als Streckenlast angesehen werden. Die Linien- oder Streckenlast q ist als Kraft pro Länge definiert; die Einheit ist z. B. N/m oder N/mm.

Beispiele für Streckenlasten sind in Bild 5-34 dargestellt. Neben der konstanten Streckenlast hat auch die linear ansteigende Streckenlast und die beliebig verteilte Streckenlast praktische Bedeutung. Zunächst soll ein Balken mit beliebiger Streckenlast betrachtet werden. Die so erhaltenen Lösungen für die Auflagerreaktionen und die Schnittgrößen beinhalten die konstante Streckenlast und die linear ansteigende Streckenlast als Sonderfälle.

5.7.1 Einbereichsprobleme mit beliebig verteilter Streckenlast

Ein Einbereichsproblem liegt vor, wenn eine kontinuierliche Streckenlast über die gesamte Balkenlänge wirkt und durch eine stetige Funktion $q(x)$ beschrieben werden kann. In diesem Fall sind auch die Querkraft $Q(x)$ und das Biegemoment $M(x)$ stetig über den gesamten Balken verteilt.

5.7.1.1 Berechnung der Auflagerkräfte beim Balken

Für den in Bild 5-35a dargestellten Balken mit kontinuierlich verteilter Belastung $q(x)$ sind zunächst die Auflagerkräfte F_A und F_B zu bestimmen. Dazu wird für einen infinitesimalen Balkenquerschnitt dx eine Ersatzkraft dF bestimmt. Diese errechnet sich mit $q(x)$ wie folgt

$$dF = q(x)\,dx \tag{5.65}$$

Die aus der Streckenlast resultierende Gesamtbelastung des Balkens erhält man dann durch Integration über die Balkenlänge:

$$F = \int_{x=0}^{l} q(x)\,dx \tag{5.66}$$

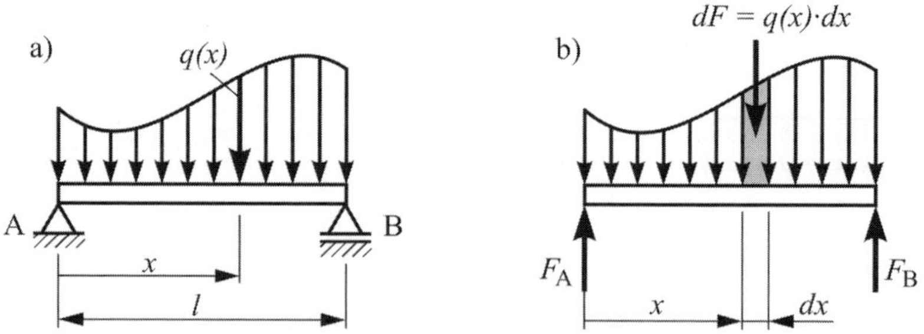

Bild 5-35 Berechnung der Auflagerreaktionen bei einem Balken mit kontinuierlich verteilter Belastung
a) Balken mit Streckenlast $q(x)$
b) Freischnitt des Balkens mit den Auflagerkräften F_A und F_B

Die Ermittlung der Auflagerkräfte erfolgt mit den Gleichgewichtsbedingungen der ebenen Statik. Für $\Sigma F_{iy} = 0$ erhält man

$$\uparrow: \quad F_A + F_B - F = F_A + F_B - \int_{x=0}^{l} q(x)\,dx = 0 \qquad (5.67).$$

Die Momentenbedingung für den Lagerpunkt B ergibt:

$$\widehat{B}: \quad F_A \cdot l - \int_{x=0}^{l} q(x)\cdot(l-x)\,dx = 0 \qquad (5.68).$$

Hierin stellt der Integralausdruck das resultierende Moment der Streckenlast *q(x)* bezüglich des Drehpunktes B und $q(x)\cdot(l-x)dx$ das Moment von *dF* um B dar.

Aus Gleichung (5.68) erhält man die Auflagerkraft

$$\boxed{F_A = \frac{1}{l}\int_{x=0}^{l} q(x)\cdot(l-x)\,dx} \qquad (5.69)$$

und aus (5.67) und (5.69) oder aus einer Momentengleichung um $\widehat{A}$ erhält man

$$\boxed{F_B = \frac{1}{l}\int_{x=0}^{l} q(x)\cdot x\,dx} \qquad (5.70).$$

5.7.1.2 Berechnung der Schnittgrößen beim Balken

Die Berechnung der Schnittgrößen erfolgt für das freigeschnittene Balkenteil, Bild 5-36, mit den Gleichgewichtsbedingungen der ebenen Statik. Da nur vertikale Kräfte wirken, ist keine Normalkraft im Balken vorhanden. Es ist zweckmäßig eine neue Koordinate, z. B. ξ, als Integrationsvariable einzuführen, weil die Schnittgrößen in Abhängigkeit von der Balkenkoordinate x bestimmt werden sollen. Mit $q(\xi)$ ergibt sich dann für den Balkenabschnitt $d\xi$ die Ersatzkraft

$$dQ = q(\xi)\,d\xi \qquad (5.71).$$

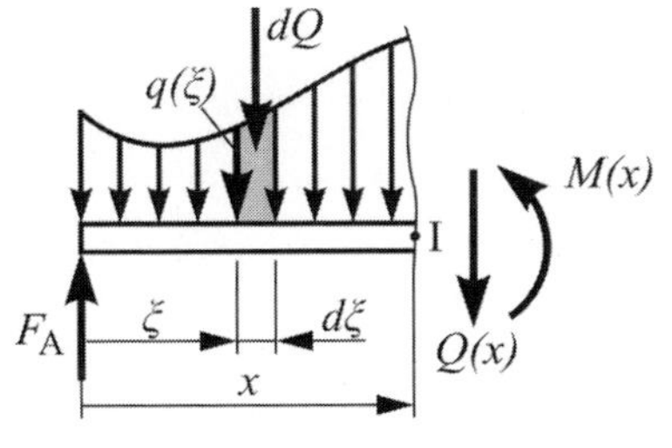

Bild 5-36
Freigeschnittenes Balkenteil mit den Schnittgrößen $Q(x)$ und $M(x)$

Die Gleichgewichtsbedingungen lauten dementsprechend:

$$\downarrow: \quad Q(x) - F_A + \int_{\xi=0}^{\xi=x} q(\xi)\,d\xi = 0 \qquad (5.72),$$

$$\curvearrowleft \mathrm{I}: \quad M(x) - F_\mathrm{A} \cdot x + \int_{\xi=0}^{\xi=x} q(\xi)d\xi \cdot (x-\xi) = 0 \qquad (5.73).$$

Mit Gleichung (5.72) berechnen sich die Querkraft

$$\boxed{Q(x) = F_\mathrm{A} - \int_{\xi=0}^{x} q(\xi)d\xi} \qquad (5.74)$$

und mit Gleichung (5.73) das Biegemoment

$$\boxed{M(x) = F_\mathrm{A} \cdot x - \int_{\xi=0}^{x} q(\xi) \cdot (x-\xi)d\xi} \qquad (5.75)$$

im Balken.

5.7.2 Balken mit konstanter Streckenlast

Ein zweifach gelagerter Balken ist mit einer konstanten Streckenlast q belastet, Bild 5-37a. Zu ermitteln sind die Auflagerkräfte bei A und B sowie die Schnittgrößen $Q(x)$ und $M(x)$ im Balken. Dies kann auf zwei Wegen geschehen:

- mit der Integrationsmethode (mathematische Methode) und
- der ingenieurtechnischen Methode.

5.7.2.1 Ermittlung der Auflagerreaktionen und der Schnittgrößen mit der Integrationsmethode

Die Integrationsmethode geht davon aus, dass die Streckenlast $q(x) = q$ = konst. lediglich einen Sonderfall der beliebig verteilten Streckenlast darstellt. Daher können die Gleichungen (5.69) und (5.70) zur Ermittlung der Auflagerreaktionen F_A und F_B herangezogen werden. Durch Integration ergibt sich

$$F_\mathrm{A} = \frac{1}{l}\int_{x=0}^{l} q \cdot (l-x)dx = \frac{q}{l} \cdot \left[l \cdot x - \frac{x^2}{2}\right]_0^l = \frac{q}{l} \cdot \left(l^2 - \frac{l^2}{2}\right) = \frac{q \cdot l}{2} \qquad (5.76)$$

und

$$F_\mathrm{B} = \frac{1}{l}\int_{x=0}^{l} q \cdot x\,dx = \left[\frac{q}{l} \cdot \frac{x^2}{2}\right]_0^l = \frac{q}{l} \cdot \frac{l^2}{2} = \frac{q \cdot l}{2} \qquad (5.77).$$

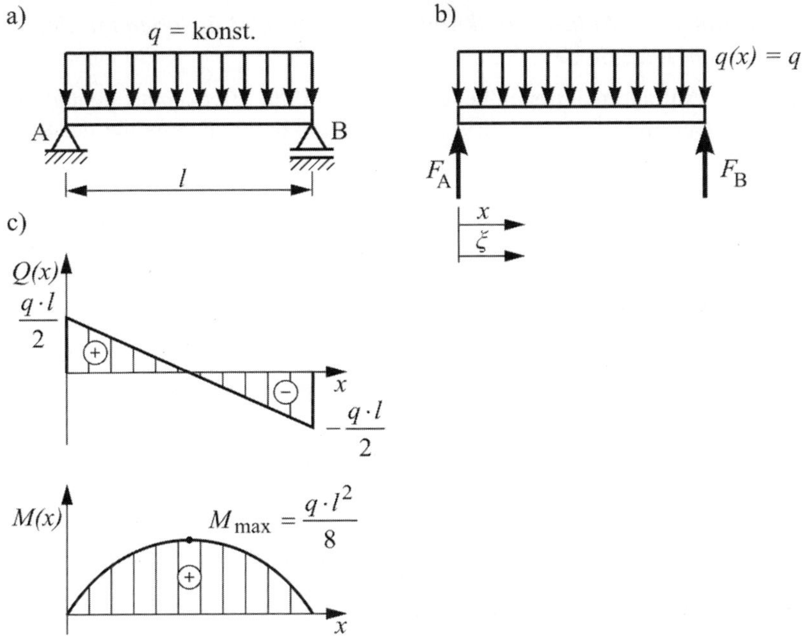

Bild 5-37 Ermittlung der Auflagerreaktionen und Schnittgrößen beim Balken mit konstanter Streckenlast

a) Belasteter Balken

b) Freischnitt mit den Auflagerreaktionen F_A und F_B

c) Querkraft- und Momentendiagramme

Die Ermittlung der Schnittgrößen $Q(x)$ und $M(x)$ erfolgt mit den Gleichungen (5.74) und (5.75) für $q(\xi) = q$:

$$Q(x) = F_A - \int_{\xi=0}^{x} q\,d\xi = \frac{q \cdot l}{2} - q \cdot [\xi]_0^x = \frac{q \cdot l}{2} - q \cdot x = q \cdot \left(\frac{l}{2} - x\right) \qquad (5.78),$$

$$\begin{aligned} M(x) &= F_A \cdot x - \int_{\xi=0}^{x} q \cdot (x - \xi)\,d\xi = \frac{q \cdot l}{2} \cdot x - q \cdot \left[x \cdot \xi - \frac{\xi^2}{2}\right]_0^x \\ &= \frac{q \cdot l}{2} \cdot x - q \cdot \left(x^2 - \frac{x^2}{2}\right) = \frac{q}{2} \cdot \left(l \cdot x - x^2\right) \end{aligned} \qquad (5.79).$$

Die Verläufe der Schnittkräfte $Q(x)$ und $M(x)$ sind in Bild 5-37c dargestellt. Man erkennt, dass das Biegemoment an der Stelle maximal ist, wo die Querkraft einen Nulldurchgang hat (in diesem Beispiel bei $x = l/2$).

5.7.2.2 *Ermittlung der Auflagerreaktionen und der Schnittgrößen mit der ingenieurtechnischen Methode*

Zur Ermittlung der Auflagerreaktionen bei einem Balken mit Streckenlast genügt die Kenntnis der resultierenden Gesamtlast, deren Wirkungslinie durch den Schwerpunkt der Belastungsfläche verläuft.

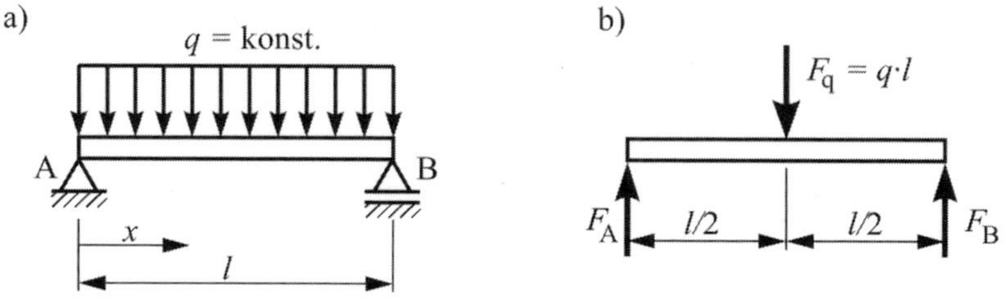

Bild 5-38 Ermittlung der Auflagerkräfte bei einem Balken mit konstanter Streckenlast mit der ingenieurtechnischen Methode
a) Belasteter Balken mit $q(x) = q =$ konst.
b) Freigeschnittener Balken mit $F_q = q \cdot l$ als Resultierende der Streckenlast, die im Schwerpunkt der Belastungsfläche, d. h. bei $x = l/2$ angreift

Bei konstanter Streckenlast $q(x) = q =$ konst., Bild 5-38a, ergibt sich eine resultierende Gesamtlast $F_q = q \cdot l$, die dem „Flächeninhalt" der Belastungsfläche entspricht und die bei $x = l/2$ am Balken angreift, Bild 5-38b.

Mit den Gleichgewichtsbedingungen der ebenen Statik erhält man nun

$$\uparrow: \quad F_A + F_B - F_q = F_A + F_B - q \cdot l = 0 \qquad (5.80),$$

$$\curvearrowleft A: \quad F_B \cdot l - F_q \cdot \frac{l}{2} = F_B \cdot l - q \cdot l \cdot \frac{l}{2} = 0 \qquad (5.81)$$

und damit die Auflagerkräfte

$$F_A = F_B = \frac{q \cdot l}{2} \qquad (5.82).$$

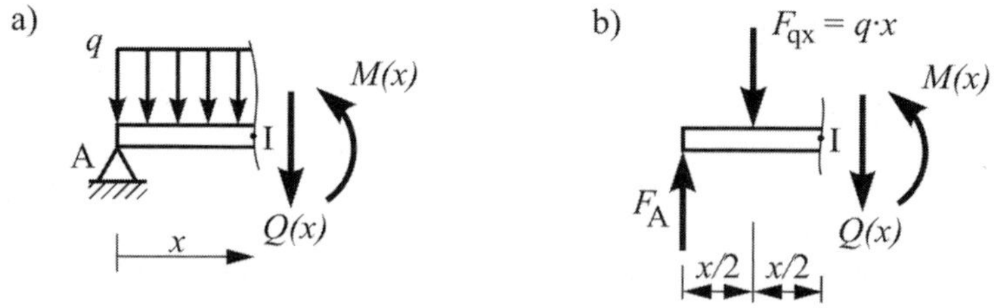

Bild 5-39 Ermittlung der Schnittgrößen bei einem Balken mit konstanter Streckenlast mit der ingenieurtechnischen Methode
a) Freigeschnittener Balkenteil der Länge x mit den Schnittgrößen $Q(x)$ und $M(x)$
b) Resultierende Kraft $F_{qx} = q \cdot x$ ersetzt die Streckenlast $q(x) = q$ im Balkenabschnitt x und wirkt im Schwerpunkt der Belastungsfläche, d. h. bei $x/2$

Auch für die Ermittlung der Schnittgrößen im Balken gibt es eine ingenieurmäßige Alternative zur Integrationsmethode. Die Streckenlast $q(x) = q =$ konst., Bild 5-39a, wird durch die resultierende Kraft $F_{qx} = q \cdot x$ ersetzt, die im Schwerpunkt der Belastungsfläche des Balkenabschnitts wirkt, Bild 5-39b. Mit den Gleichgewichtsbedingungen ergibt sich bezüglich der Schnittfläche

$$\downarrow: \quad Q(x) - F_A + F_{qx} = Q(x) - F_A + q \cdot x = 0 \qquad (5.83),$$

$$\curvearrowleft I: \quad M(x) - F_A \cdot x + F_{qx} \cdot \frac{x}{2} = M(x) - F_A \cdot x + q \cdot x \cdot \frac{x}{2} = 0 \qquad (5.84).$$

Daraus erhält man die Schnittgrößen

$$Q(x) = F_A - q \cdot x = q \cdot \left(\frac{l}{2} - x \right) \qquad (5.85),$$

$$M(x) = F_A \cdot x - q \cdot \frac{x^2}{2} = \frac{q}{2} \cdot \left(l \cdot x - x^2 \right) \qquad (5.86).$$

Die Schnittkraftverläufe sind bereits im Bild 5-37c dargestellt.

Diese ingenieurtechnische Methode ist insbesondere bei Mehrbereichsproblemen mit mehreren Einzellasten und mehreren Streckenlasten von Vorteil.

5.7.3 Balken mit Dreieckslast

Auch bei linear ansteigender Streckenlast oder Dreieckslast, Bild 5-40a, können die Auflagerreaktionen und die Schnittgrößen nach der ingenieurtechnischen Methode ermittelt werden. Die Streckenlast $q(x)$ lässt sich mit der Beziehung

$$q(x) = q_0 \cdot \frac{x}{l} \qquad (5.87)$$

beschreiben. Für die Bestimmung der Auflagerreaktionen genügt die Kenntnis der resultierenden Gesamtlast F_q, Bild 5-40b.

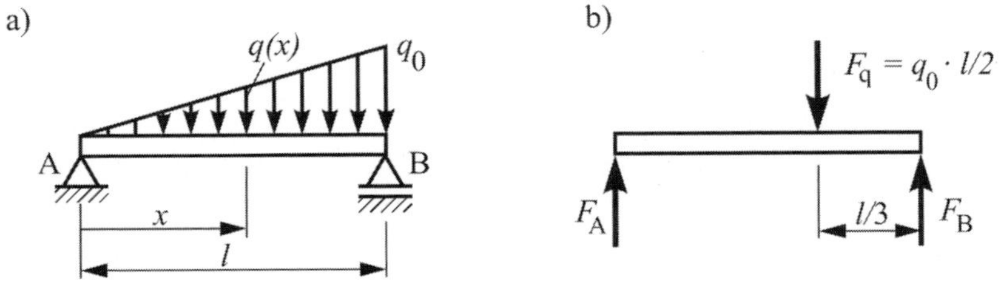

Bild 5-40 Ermittlung der Auflagerkräfte bei einem Balken mit linear ansteigender Streckenlast mit der ingenieurtechnischen Methode

a) Belasteter Balken mit $q(x) = q_0 \cdot x/l$

b) Freigeschnittener Balken mit resultierender Kraft F_q, die im Schwerpunkt der Belastungsfläche wirkt

Die Größe von F_q entspricht dabei der Belastungsfläche. Bei einer Dreieckslast ergibt sich damit

$$F_q = \frac{1}{2} \cdot q_0 \cdot l \tag{5.88}$$

Die Wirkungslinie der Ersatzkraft F_q verläuft durch den Schwerpunkt der Belastungsfläche, d. h. bei $x = 2l/3$ (siehe Kapitel 9.2.4).

Mit den Gleichgewichtsbedingungen erhält man

$$\stackrel{\curvearrowleft}{A}: \quad F_B \cdot l - F_q \cdot \frac{2}{3} \cdot l = 0 \tag{5.89}$$

$$\uparrow: \quad F_A + F_B - F_q = 0 \tag{5.90}$$

und daraus die Auflagerreaktionen

$$F_B = \frac{2}{3} \cdot F_q = \frac{q_0 \cdot l}{3} \tag{5.91}$$

$$F_A = F_q - F_B = \frac{q_0 \cdot l}{2} - \frac{q_0 \cdot l}{3} = \frac{q_0 \cdot l}{6} \tag{5.92}$$

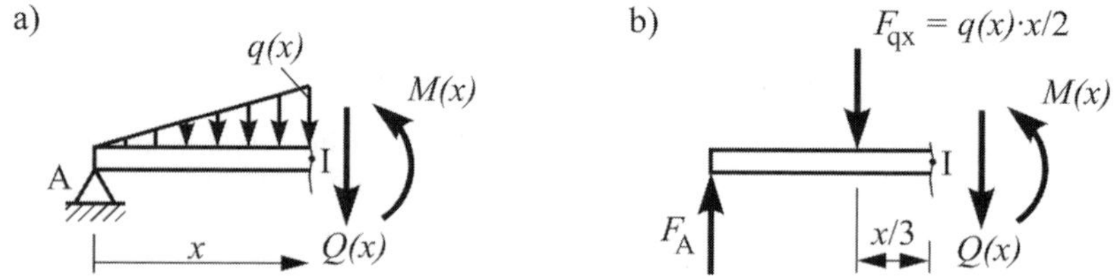

Bild 5-41 Ermittlung der Schnittgrößen bei einem Balken mit linear ansteigender Streckenlast
a) Freigeschnittenes Balkenteil der Länge x
b) Die resultierende Kraft F_{qx} ersetzt die Streckenlast im Balkenabschnitt x

Für die Ermittlung der Schnittgrößen im Balken wird die Streckenlast $q(x)$, Bild 5-41a, durch die Ersatzkraft

$$F_{qx} = \frac{q(x) \cdot x}{2} \tag{5.93}$$

ersetzt, die im Schwerpunkt der Dreiecksbelastungsfläche des Balkenabschnitts wirkt, Bild 5-41b.

Mit den Gleichgewichtsbedingungen ergibt sich bezüglich des Schnittpunktes

$$\downarrow: \quad Q(x) - F_A + F_{qx} = Q(x) - F_A + \frac{q(x) \cdot x}{2} = 0 \tag{5.94}$$

$$\stackrel{\curvearrowleft}{I}: \quad M(x) - F_A \cdot x + F_{qx} \cdot \frac{x}{3} = M(x) - F_A \cdot x + \frac{q(x) \cdot x}{2} \cdot \frac{x}{3} = 0 \tag{5.95}$$

Daraus erhält man die Schnittgrößen

$$Q(x) = F_A - q(x) \cdot \frac{x}{2} = \frac{q_0}{2} \cdot \left(\frac{l}{3} - \frac{x^2}{l} \right) \tag{5.96}$$

$$M(x) = F_A \cdot x - q(x) \cdot \frac{x^2}{6} = \frac{q_0}{6} \cdot \left(l \cdot x - \frac{x^3}{l} \right) \tag{5.97}$$

Die Querkraft- und Momentenverläufe sind in Bild 5-42 dargestellt. Man erkennt, dass das Biegemoment an der Stelle ein Maximum besitzt, an der die Querkraft $Q(x)$ einen Nulldurchgang hat. Das maximale Biegemoment

$$M_{\max} = \frac{\sqrt{3} \cdot q \cdot l^2}{27} \tag{5.98}$$

tritt an der Stelle $x = l / \sqrt{3}$ oder $x \approx 0{,}58 \cdot l$ auf.

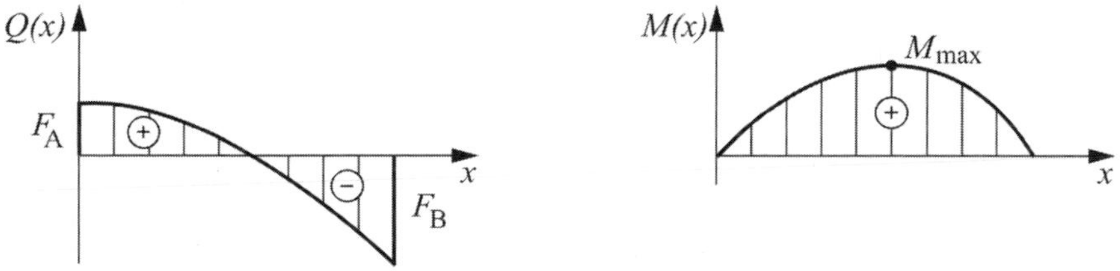

Bild 5-42 Schnittgrößenverläufe bei einem Balken mit linear ansteigender Streckenlast

Vergleicht man die Beziehungen (5.97), (5.96) und (5.87), so erkennt man, dass die Querkraft $Q(x)$ die Ableitung des Momentes nach x

$$Q(x) = \frac{dM(x)}{dx} \tag{5.99}$$

und die Streckenlast $q(x)$ den negativen Betrag der Ableitung der Querkraft nach x

$$q(x) = -\frac{dQ(x)}{dx} \tag{5.100}$$

darstellt.

Beispiel 5-8 ***

Ein Stahlträger ist durch eine quadratische Streckenlast $q(x)$ belastet. Bestimmen Sie:

a) die Auflagerkräfte in A und B sowie

b) den Querkraft- und Biegemomentenverlauf.

geg.: $q(x) = a \cdot x^2 + b \cdot x + c$, a = -0,16 kN/m³, b = 0,8 kN/m², c = 1 kN/m, l = 5 m

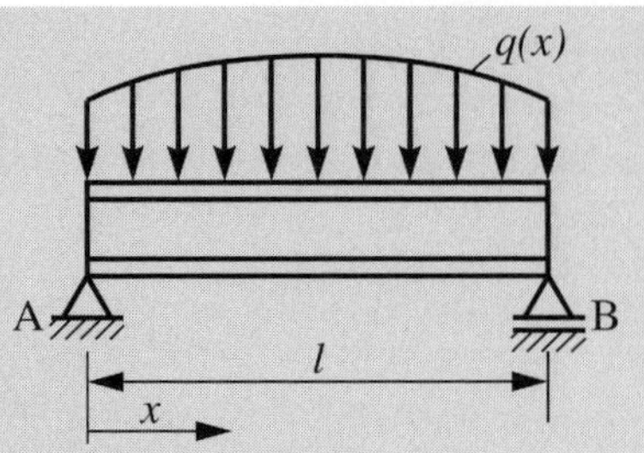

Freischnitt:

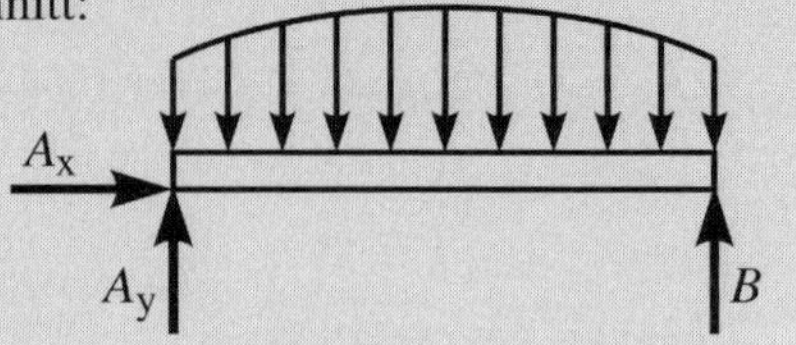

Lösung:

a) Auflagerkräfte in A und B

$\rightarrow: \quad A_x = 0$

Gemäß Gleichung (5.69) ergibt sich für A_y:

$$A_y = \frac{1}{l} \cdot \int_{x=0}^{l} (a \cdot x^2 + b \cdot x + c) \cdot (l - x) dx$$

$$= \frac{1}{l} \cdot \left[\frac{a \cdot l}{3} \cdot x^3 - \frac{a}{4} \cdot x^4 + \frac{b \cdot l}{2} \cdot x^2 - \frac{b}{3} \cdot x^3 + c \cdot l \cdot x - \frac{c}{2} \cdot x^2 \right]_0^l$$

$$= \frac{a \cdot l^3}{12} + \frac{b \cdot l^2}{6} + \frac{c \cdot l}{2} = 4{,}17\,\text{kN}$$

Gemäß Gleichung (5.70) ergibt sich für B:

$$B = \frac{1}{l} \cdot \int_{x=0}^{l} (a \cdot x^2 + b \cdot x + c) \cdot x\, dx = \frac{1}{l} \cdot \left[\frac{a}{4} \cdot x^4 + \frac{b}{3} \cdot x^3 + \frac{c}{2} \cdot x^2 \right]_0^l$$

$$= \frac{a \cdot l^3}{4} + \frac{b \cdot l^2}{3} + \frac{c \cdot l}{2} = 4{,}17\,\text{kN}$$

b) Berechnung der Querkraft- und Biegemomentenverteilung

Gemäß Gleichung (5.74) ergibt sich für $Q(x)$:

$$Q(x) = A_y - \int_{\xi=0}^{x} (a \cdot \xi^2 + b \cdot \xi + c)\, d\xi = \frac{a \cdot l^3}{12} + \frac{b \cdot l^2}{6} + \frac{c \cdot l}{2} - \left[\frac{a \cdot \xi^3}{3} + \frac{b \cdot \xi^2}{2} + c \cdot \xi \right]_0^x$$

$$= \frac{a \cdot l^3}{12} + \frac{b \cdot l^2}{6} + \frac{c \cdot l}{2} - \frac{a \cdot x^3}{3} - \frac{b \cdot x^2}{2} - c \cdot x$$

$$Q(x = 0) = \frac{a \cdot l^3}{12} + \frac{b \cdot l^2}{6} + \frac{c \cdot l}{2} = 4{,}17\,\text{kN}$$

$$Q(x = l) = -\frac{1}{4} \cdot a \cdot l^4 - \frac{1}{3} \cdot b \cdot l^2 - \frac{1}{2} \cdot c \cdot l = -4{,}17\,\text{kN}$$

Gemäß Gleichung (5.75) ergibt sich für *M(x)*:

$$M(x) = A_y \cdot x - \int_{\xi=0}^{x} (a \cdot \xi^2 + b \cdot \xi + c) \cdot (x - \xi) d\xi$$

$$= A_y \cdot x - \left[\frac{a \cdot x}{3} \cdot \xi^3 - \frac{a}{4} \cdot \xi^4 + \frac{b \cdot x}{2} \cdot \xi^2 - \frac{b}{3} \cdot \xi^3 + c \cdot x \cdot \xi - \frac{c}{2} \cdot \xi^2 \right]_0^x$$

$$= \left(\frac{a \cdot l^3}{12} + \frac{b \cdot l^2}{6} + \frac{c \cdot l}{2} \right) \cdot x - \frac{a \cdot x^4}{12} - \frac{b \cdot x^3}{6} - \frac{c \cdot x^2}{2}$$

$$M(x=0) = 0 \qquad M(x=l) = 0 \qquad M(x = \frac{l}{2}) = 5729{,}2\,\text{Nm} = M_{\max}$$

c) Querkraft- und Biegemomentenverlauf

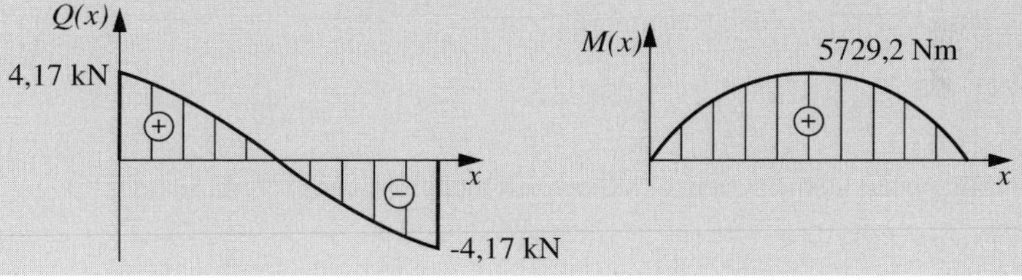

5.7.4 Zusammenhang zwischen Belastungs- und Schnittgrößen beim Balken

Durch die Betrachtung des Gleichgewichts an einem infinitesimalen Balkenelement eines kontinuierlich belasteten geraden Balkens, Bild 5-43a, lassen sich zwei wichtige Differentialgleichungen für die Querkraft und das Biegemoment gewinnen. Am Balkenelement der Länge *dx* greifen neben der Streckenbelastung *q(x)* die Schnittgrößen *Q(x)* und *M(x)* am linken Schnittufer und die Schnittgrößen *Q(x)+dQ* und *M(x)+dM* am rechten Schnittufer an, Bild 5-43b.

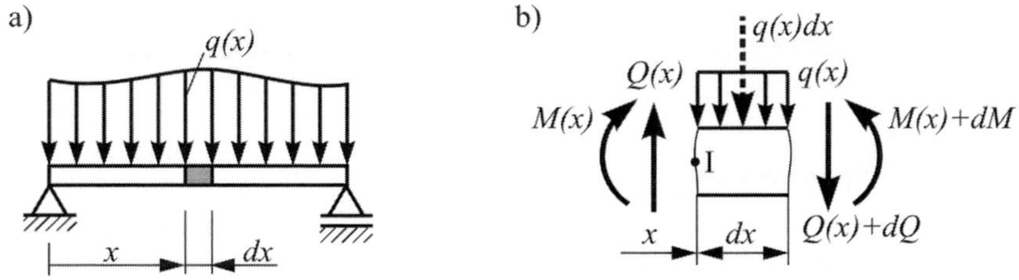

Bild 5-43 Äußere Kräfte und Schnittgrößen an einem Balkenelement
a) Kontinuierlich belasteter Balken
b) Infinitesimales Balkenelement mit äußerer Belastung und Schnittgrößen

Die Schnittgrößen am rechten Schnittufer unterscheiden sich somit von den Schnittgrößen am linken Schnittufer lediglich um die differentiell kleinen Beträge *dQ* und *dM*. Mit der Ersatzkraft $q(x)dx$ für die Streckenlast $q(x)$ erhält man für das infinitesimale Balkenelement die Gleichgewichtsbedingungen

$$\uparrow: \quad Q(x) - q(x)dx - \big(Q(x) + dQ\big) = 0 \qquad (5.101)$$

$$\curvearrowleft \mathrm{I}: \quad -M(x) - q(x) \cdot dx \cdot \frac{dx}{2} - \big(Q(x) + dQ\big)dx + M(x) + dM = 0 \qquad (5.102).$$

Aus Gleichung (5.101) erhält man

$$-q(x)dx - dQ = 0$$

und somit die Differentialgleichung

$$\boxed{\frac{dQ}{dx} = -q(x)} \qquad (5.103).$$

Mit Gleichung (5.102) und den Näherungen

$$\frac{q(x)\,dx^2}{2} \approx 0 \text{ und } \qquad dQdx \approx 0$$

als vernachlässigbar kleinen Größen (klein von höherer Ordnung) ergibt sich

$$-Q(x)dx + dM = 0$$

und damit die Differentialgleichung

$$\boxed{\frac{dM}{dx} = Q(x)} \qquad (5.104).$$

Beide Differentialgleichungen erster Ordnung, (5.103) und (5.104), beschreiben das Balkengleichgewicht. Durch Differentiation von Gleichung (5.104) erhält man eine äquivalente Differentialgleichung zweiter Ordnung

$$\boxed{\frac{d^2M}{dx^2} = -q(x)} \qquad (5.105).$$

Durch Integration dieser Differentialgleichungen lassen sich ebenfalls die Schnittgrößen $Q(x)$ und $M(x)$ im Balken ermitteln.

5.7.5 Mehrbereichsprobleme

Wirkt bei einem Balken die Streckenlast nicht über die gesamte Balkenlänge oder ist ein Balken oder ein Rahmen mit mehreren Streckenlasten belastet, so liegt jeweils ein Mehrbereichsproblem vor, Bild 5-44.

Für die Behandlung derartiger Probleme bietet sich die ingenieurtechnische Methode an (siehe auch 5.7.2.2).

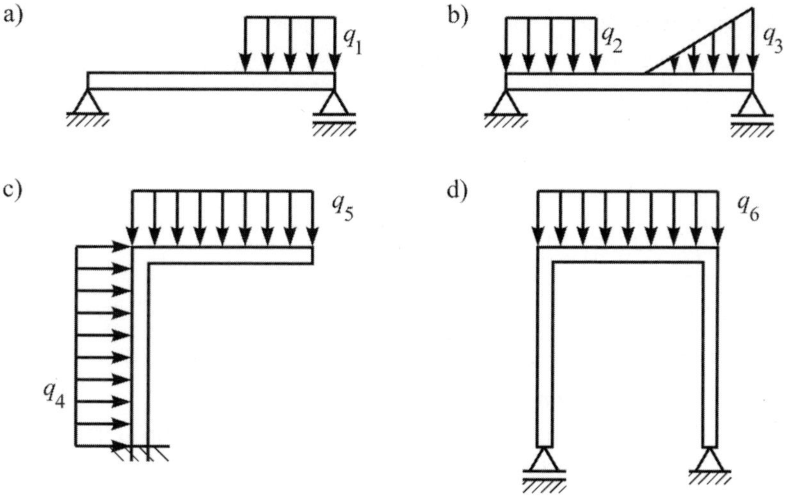

Bild 5-44 Beispiele für Mehrbereichsprobleme bei Balken und Rahmen
a) Balken, abschnittsweise mit Streckenlast beansprucht
b) Balken mit Rechtecks- und Dreieckslast
c) Eingespannter Rahmen mit unterschiedlichen Streckenlasten
d) Rahmen mit konstanter Streckenlast

5.7.5.1 Berechnung der Auflagerkräfte

Bei dem in Bild 5-45a gezeigten Beispiel wirkt auf den Balkenabschnitt der Länge a die Streckenlast q_1 und auf einem Abschnitt der Länge c die Streckenlast q_2 ein. Für die Ermittlung der Auflagerkräfte F_A und F_B reicht es nun, mit den resultierenden Kräften F_{q1} und F_{q2} als Ersatzkräften für die Streckenlasten q_1 und q_2 zu arbeiten, Bild 5-45b.

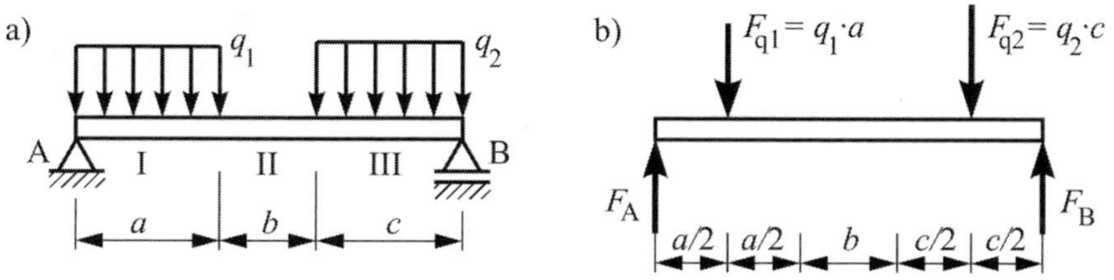

Bild 5-45 Ermittlung der Auflagerreaktionen und der Schnittgrößen beim Balken mit Streckenlasten
a) Balken mit den Streckenlasten q_1 und q_2
b) Freischnitt des Balkens mit den Ersatzkräften F_{q1} und F_{q2} für die Streckenlasten q_1 und q_2

Mit den Gleichgewichtsbedingungen

$$\widehat{B}: \quad F_A \cdot (a+b+c) - F_{q1} \cdot \left(\frac{a}{2}+b+c\right) - F_{q2} \cdot \frac{c}{2} = 0 \qquad (5.106),$$

$$\widehat{A}: \quad F_B \cdot (a+b+c) - F_{q1} \cdot \frac{a}{2} - F_{q2} \cdot \left(a+b+\frac{c}{2}\right) = 0 \qquad (5.107)$$

erhält man die Auflagerkräfte

$$F_A = \frac{q_1 \cdot a \cdot \left(\frac{a}{2} + b + c\right) + q_2 \cdot \frac{c^2}{2}}{a + b + c} \qquad (5.108),$$

$$F_B = \frac{q_1 \cdot \frac{a^2}{2} + q_2 \cdot c \cdot \left(a + b + \frac{c}{2}\right)}{a + b + c} \qquad (5.109).$$

5.7.5.2 Berechnung der Schnittgrößen

Bei dem betrachteten Balken handelt es sich um ein Dreibereichsproblem. Eine Bereichseinteilung ist bereits in Bild 5-45a vorgenommen.

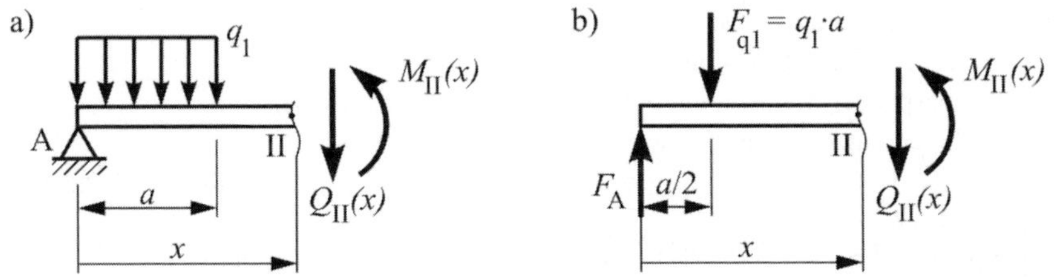

Bild 5-46 Ermittlung der Schnittgrößen im Bereich II des Balkens
a) Schnitt im Balkenbereich II mit den Schnittgrößen $Q_{II}(x)$ und $M_{II}(x)$
b) Balkenabschnitt mit Ersatzstreckenlast $F_{q1} = q_1 \cdot a$

Die Schnittgrößen im Bereich II, siehe Bild 5-46, erhält man mit den Gleichgewichtsbedingungen

$$\downarrow: \quad Q_{II}(x) - F_A + F_{q1} = 0 \qquad (5.110),$$

$$\curvearrowleft \text{II}: \quad M_{II}(x) - F_A \cdot x + F_{q1} \cdot \left(x - \frac{a}{2}\right) = 0 \qquad (5.111)$$

und der Ersatzstreckenlast $F_{q1} = q_1 \cdot a$

$$Q_{II}(x) = F_A - q_1 \cdot a \qquad (5.112),$$

$$M_{II}(x) = F_A \cdot x - q_1 \cdot a \cdot \left(x - \frac{a}{2}\right) \qquad (5.113).$$

Für die Ermittlung der Schnittgrößen in den übrigen Bereichen ergibt sich die gleiche Vorgehensweise.

Beispiel 5-9 ***

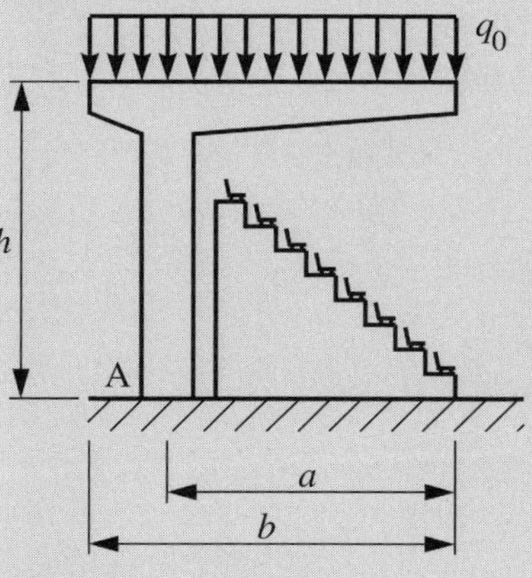

Im Winter ist das skizzierte Stadiondach durch eine Schneelast q_0 belastet. Bestimmen Sie

a) die Auflagerreaktionen in A und

b) für die gesamte Tragwerkskonstruktion die Schnittgrößen unter Angabe der charakteristischen Werte.

geg.: q_0, a, b, h

Lösung:

a) Auflagerreaktionen

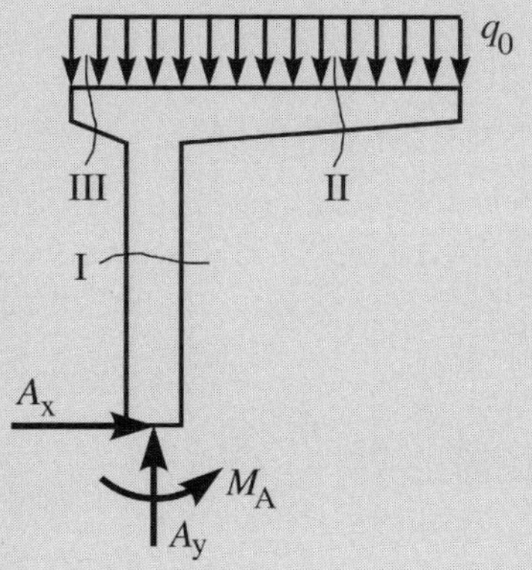

$\rightarrow: \quad A_x = 0$

$\uparrow: \quad A_y - q_0 \cdot b = 0 \quad \Rightarrow \quad A_y = q_0 \cdot b$

$\curvearrowleft A: \quad M_A - q_0 \cdot b \cdot \left(a - \frac{b}{2}\right) = 0$

$\Rightarrow \quad M_A = q_0 \cdot b \cdot \left(a - \frac{b}{2}\right)$

b) Verlauf der Schnittgrößen

Bereich I: $0 < x_I < h$

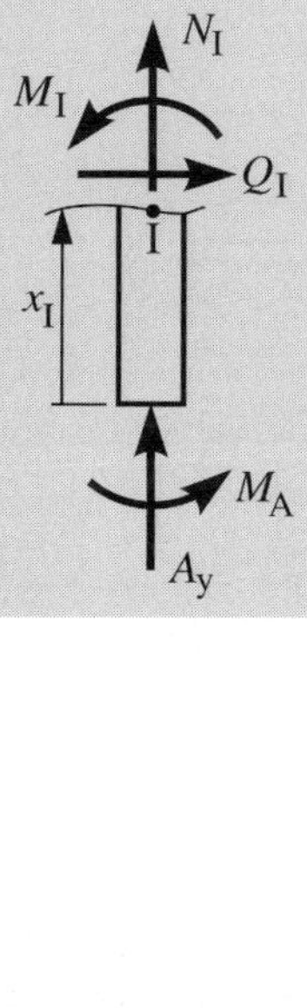

$\uparrow: \quad N_I + A_y = 0 \quad \Rightarrow \quad N_I = -A_y = -q_0 \cdot b$

$\rightarrow: \quad Q_I = 0$

$\curvearrowleft I: \quad M_I + M_A = 0$

$\Rightarrow \quad M_I = -M_A = -q_0 \cdot b \cdot \left(a - \frac{b}{2}\right)$

Bereich II: $0 < x_{II} < a$

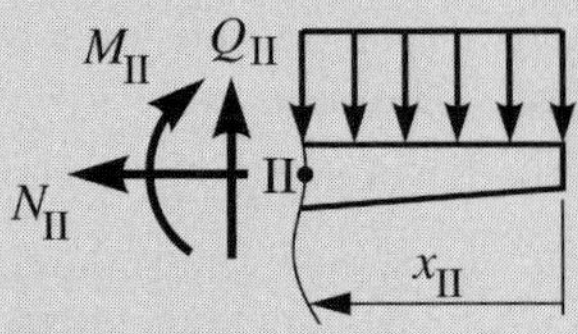

$\leftarrow: \quad N_{II} = 0$

$\uparrow: \quad Q_{II} - q_0 \cdot x_{II} = 0 \quad \Rightarrow \quad Q_{II} = q_0 \cdot x_{II}$

$Q_{II}(x_{II} = 0) = 0 \quad Q_{II}(x_{II} = a) = q_0 \cdot a$

$\widehat{II}: \quad M_{II} + q_0 \cdot \frac{x_{II}^2}{2} = 0 \Rightarrow M_{II} = -q_0 \cdot \frac{x_{II}^2}{2}$

$M_{II}(x_{II} = 0) = 0 \quad M_{II}(x_{II} = a) = -q_0 \cdot \frac{a^2}{2}$

Bereich III: $0 < x_{III} < b\text{-}a$

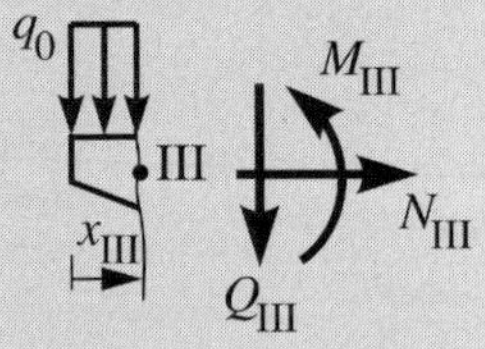

$\rightarrow: \quad N_{III} = 0$

$\downarrow: \quad Q_{III} + q_0 \cdot x_{III} = 0 \Rightarrow \quad Q_{III} = -q_0 \cdot x_{III}$

$Q_{III}(x_{III} = 0) = 0$

$Q_{III}(x_{III} = b - a) = -q_0 \cdot (b - a)$

$\widehat{III}: \quad M_{III} + \frac{q_0 \cdot x_{III}^2}{2} = 0 \quad \Rightarrow \quad M_{III} = -\frac{q_0 \cdot x_{III}^2}{2}$

$M_{III}(x_{III} = 0) = 0$

$M_{III}(x_{III} = b - a) = -\frac{q_0 \cdot (b - a)^2}{2}$

Beispiel 5-10 ***

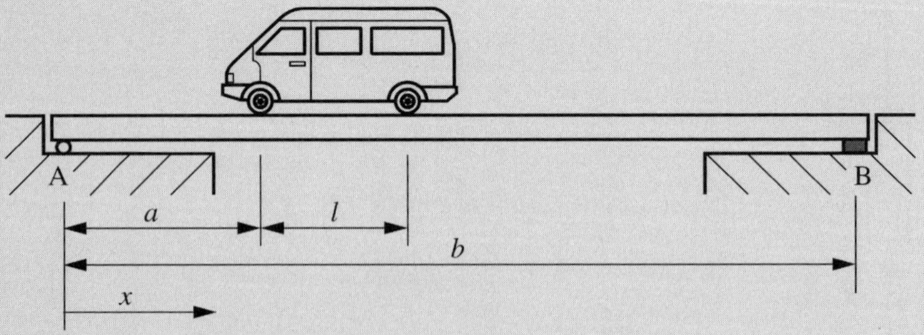

Ein Kleintransporter mit einer Gesamtmasse m_T steht auf einer Brücke. Die Brücke mit einem Eigengewicht G_B ist in A und B wie skizziert gelagert.

Bestimmen Sie unter Berücksichtigung des Eigengewichts G_B der Brücke sowie des Gewichts des Kleintransporters

a) die Auflagerkräfte in A und B sowie

b) die Querkraft- und Biegemomentenverteilung entlang der Brücke.

geg.: $G_B = 500$ kN, $m_T = 4{,}6$ t, $g = 9{,}81$ m/s^2, $a = 5$ m, $b = 20$ m, $l = 3{,}5$ m

Lösung:

Freischnitt:

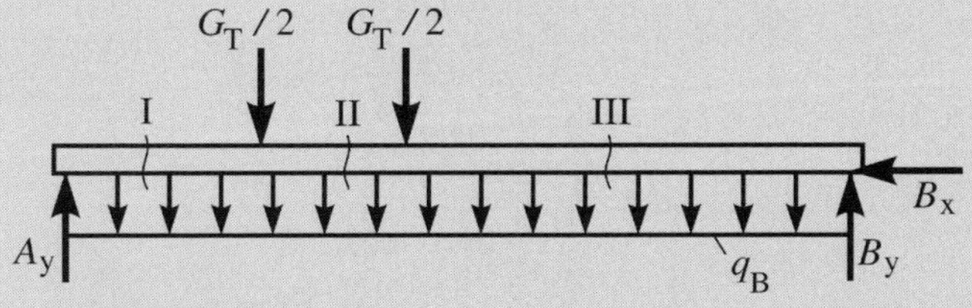

Das Eigengewicht wird als Streckenlast angenommen. Es ergibt sich aus:

$$q_B = \frac{G_B}{b} = 25\frac{\text{kN}}{\text{m}}$$

Die Masse m_T des Kleintransporters ist auf zwei Achsen verteilt, d. h.

$$G_{Achse} = \frac{G_T}{2} = \frac{m_T \cdot g}{2} = 22{,}6\,\text{kN}$$

a) Auflagerkräfte in A und B

$$A_y = \frac{1}{b} \cdot \left[G_T \cdot \left(b - a - \frac{l}{2} \right) + q_B \cdot \frac{b^2}{2} \right] = 279{,}9\,\text{kN}$$

$$B_x = 0 \qquad B_y = G_B + G_T - A_y = 265{,}2\,\text{kN}$$

b) Querkraft- und Biegemomentenverteilung

Bereich I: $0 < x < a$

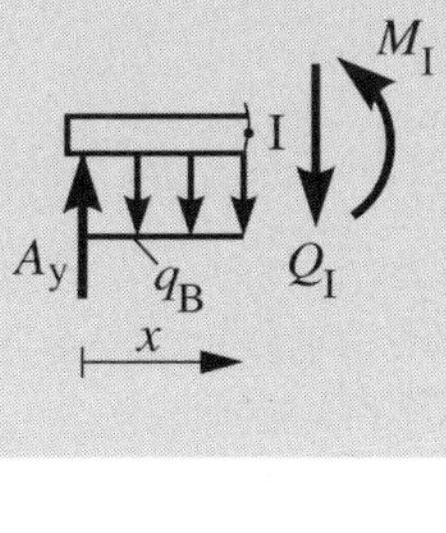

$$\downarrow: \quad Q_I = A_y - q_B \cdot x$$

$$Q_I(x=0) = 279{,}9\,\text{kN} \qquad Q_I(x=a) = 154{,}9\,\text{kN}$$

$$\curvearrowleft I: \quad M_I = A_y \cdot x - q_B \cdot \frac{x^2}{2}$$

$$M_I(x=0) = 0 \qquad M_I(x=a) = 1087{,}0\,\text{kNm}$$

Bereich II: $a < x < a+l$

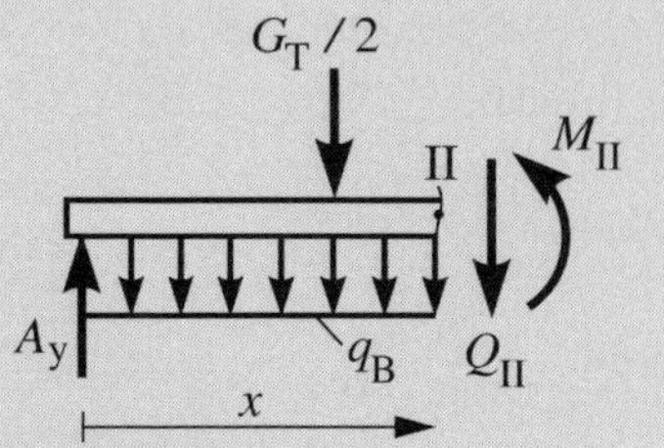

$\downarrow$: $Q_{II} = A_y - \dfrac{G_T}{2} - q_B \cdot x$

$Q_{II}(x=a) = 132{,}3\,\text{kN} \qquad Q_{II}(x=a+l) = 44{,}8\,\text{kN}$

$\widehat{\text{II}}$: $M_{II} = A_y \cdot x - \dfrac{G_T}{2} \cdot (x-a) - q_B \cdot \dfrac{x^2}{2}$

$M_{II}(x=a) = 1087{,}0\,\text{kNm}$

$M_{II}(x=a+l) = 1397{,}0\,\text{kNm}$

Bereich III: $0 < x' < b\text{-}a\text{-}l$

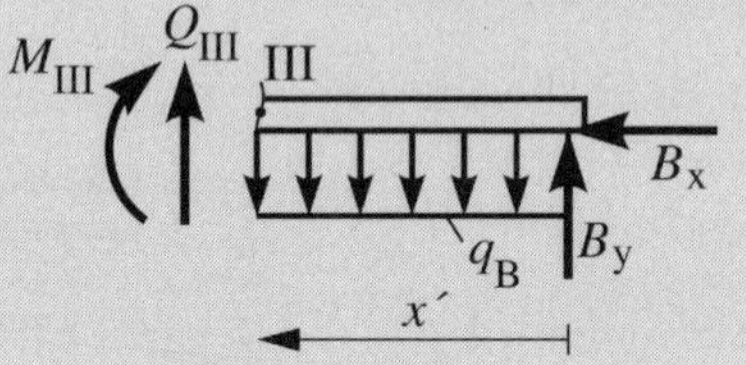

$\uparrow$: $Q_{III} = q_B \cdot x' - B_y$

$Q_{III}(x'=0) = -265{,}2\,\text{kN}$

$Q_{III}(x'=b-a-l) = 22{,}3\,\text{kN}$

$\widehat{\text{III}}$: $M_{III} = B_y \cdot x' - q_B \cdot \dfrac{x'^2}{2}$

$M_{III}(x'=0) = 0$

$M_{III}(x'=b-a-l) = 1397{,}0\,\text{kNm}$

Schnittgrößenverläufe:

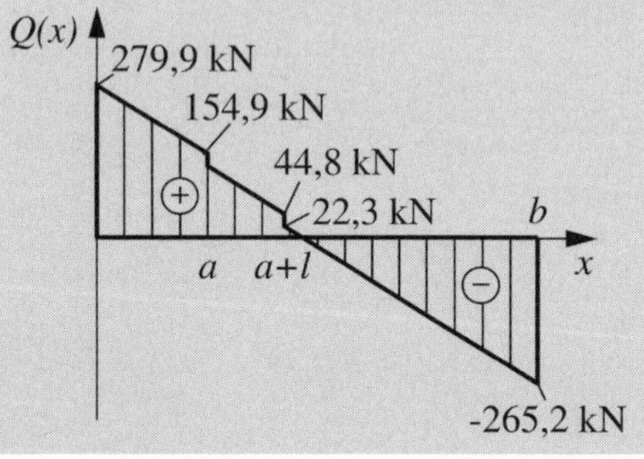

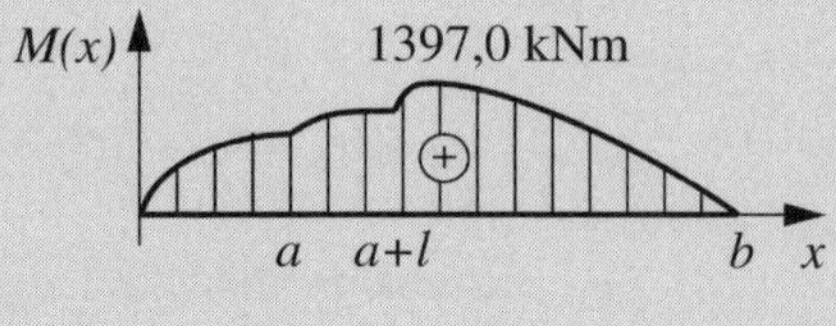

Beispiel 5-11 ***

Auf einem Bücherregal stehen unterschiedlich schwere Bücher.

Bestimmen Sie:

a) die Auflagerkräfte in A und B sowie

b) die Schnittgrößenverläufe Q und M zwischen den Auflagern A und B.

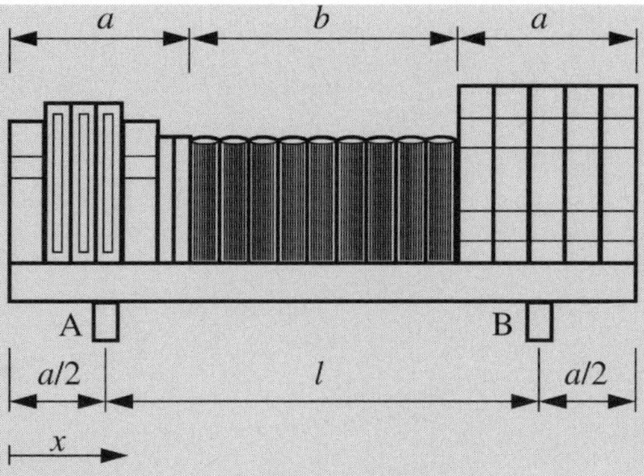

Die Gewichte der Bücher können idealisiert als drei konstante Streckenlasten q_1, q_2 und q_3 angenommen werden.

geg.: $q_1 = 1200$ N/m,
$q_2 = 1000$ N/m,
$q_3 = 1600$ N/m,
$a = 200$ mm,
$b = 250$ mm,
$l = 450$ mm

Lösung:

Freischnitt:

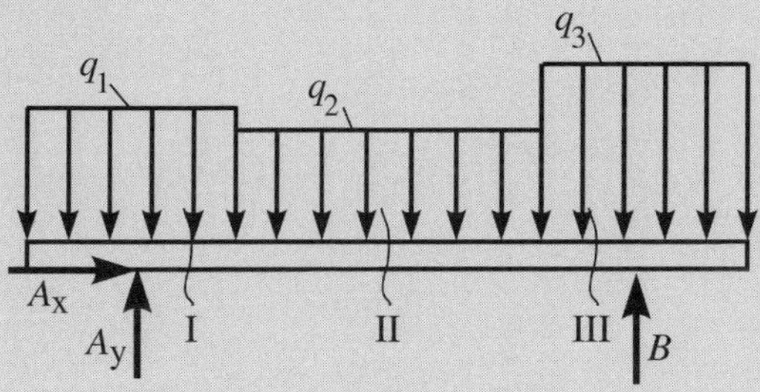

Das Lager A kann als Festlager und das Lager B als Loslager angenommen werden.

a) Auflagerkräfte in A und B

$\rightarrow: \quad A_x = 0$

$\curvearrowright A: \quad B = \frac{1}{l} \cdot \left[q_2 \cdot b \cdot \left(\frac{a}{2} + \frac{b}{2} \right) + q_3 \cdot a \cdot \left(\frac{a}{2} + b + \frac{a}{2} \right) \right] = 445\,\text{N}$

$\uparrow: \quad A_y = q_1 \cdot a + q_2 \cdot b + q_3 \cdot a - B = 365\,\text{N}$

b) Schnittgrößenverläufe zwischen den Auflagern A und B

Bereich I: $a/2 < x < a$

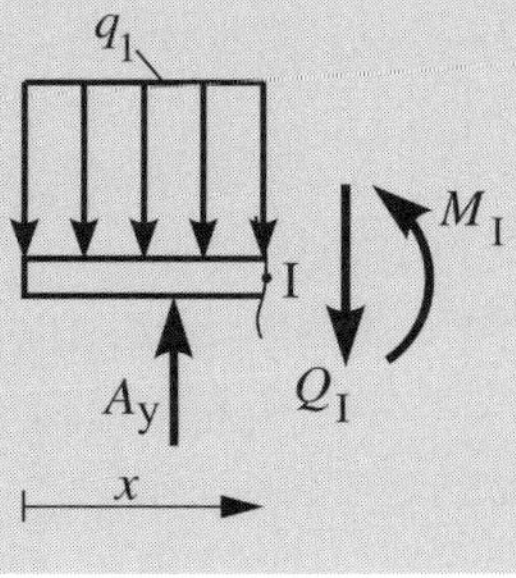

$\downarrow: \quad Q_I = A_y - q_1 \cdot x$

$Q_I(x=0) = 365\,\text{N} \qquad Q_I(x=a) = 125\,\text{N}$

$\curvearrowleft I: \quad M_I = A_y \cdot \left(x - \frac{a}{2} \right) - q_1 \cdot \frac{x^2}{2}$

$M_I\left(x = \frac{a}{2} \right) = -6\,\text{Nm} \qquad M_I(x=a) = 12{,}5\,\text{Nm}$

Bereich II: $a < x < a+b$

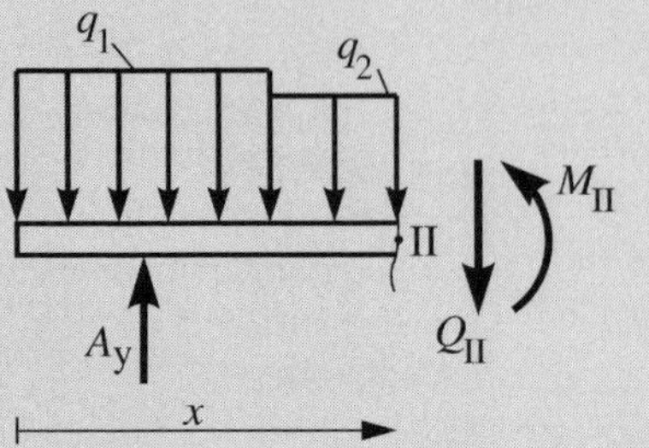

$\downarrow$: $Q_{II} = A_y - q_1 \cdot a - q_2 \cdot (x-a)$

$Q_{II}(x=a) = 125\,\text{N}$

$Q_{II}(x=a+b) = -125\,\text{N}$

$\widehat{II}$: $M_{II} = A_y \cdot \left(x - \frac{a}{2}\right) - q_1 \cdot a \cdot \left(x - \frac{a}{2}\right) - q_2 \cdot \frac{(x-a)^2}{2}$

$M_{II}(x=a) = 12{,}5\,\text{Nm}$

$M_{II}(x=a+b) = 12{,}5\,\text{Nm}$

Bereich III: $a/2 < x' < a$

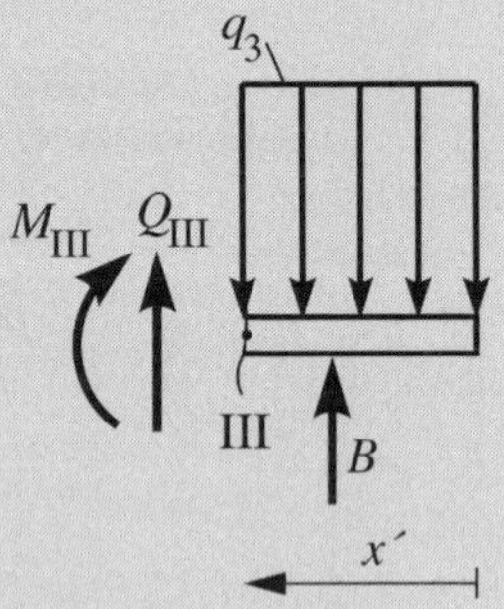

$\uparrow$: $Q_{III} = q_3 \cdot x' - B$

$Q_{III}\left(x' = \frac{a}{2}\right) = -285\,\text{N}$ $Q_{III}(x' = a) = -125\,\text{N}$

$\widehat{III}$: $M_{III}(x') = B \cdot \left(x' - \frac{a}{2}\right) - q_3 \cdot \frac{x'^2}{2}$

$M_{III}\left(x' = \frac{a}{2}\right) = -8\,\text{Nm}$

$M_{III}(x' = a) = 12{,}5\,\text{Nm}$

An der Stelle $x = 0{,}325$ m ist $Q(x) = 0$ und somit $M_{II}(x)$ maximal. Der Wert ergibt sich zu $M_{II}(x = 0{,}325) = 20{,}3\,\text{Nm}$.

6 Mehrteilige ebene Tragwerke

Komplexe Tragstrukturen sind im Allgemeinen aus Einzelkomponenten zusammengesetzt. Diese sind miteinander verbunden, um so eine Gesamtstruktur zu bilden. Die Verbindung der Einzelkomponenten kann auf unterschiedliche Arten geschehen. Beim Rahmen sind z. B. mehrere Balken biegesteif miteinander verbunden, wobei die Verbindungsstelle Normalkräfte, Querkräfte und auch Biegemomente übertragen kann. Durch die feste Verbindung zwischen den Einzelkomponenten wird ein Rahmen auch als einteiliges Tragwerk betrachtet (siehe u. a. die Kapitel 5.4.5 und 5.6.6).

Gesamttragwerke können aber auch aus mehreren Einzeltragwerke bestehen, die durch Gelenke miteinander verbunden sind. Ein Gelenk kann eine beliebige Kraft, d. h. zwei Kraftkomponenten, übertragen. Eine Momentenübertragung ist bei einem reibungsfreien Gelenk jedoch nicht möglich. Beispiele für mehrteilige ebene Tragwerke mit Gelenken sind in Bild 6-1 gezeigt. In diesen Beispielen sind Stäbe, Balken, Rahmen oder Bogenträger mit Gelenken verbunden.

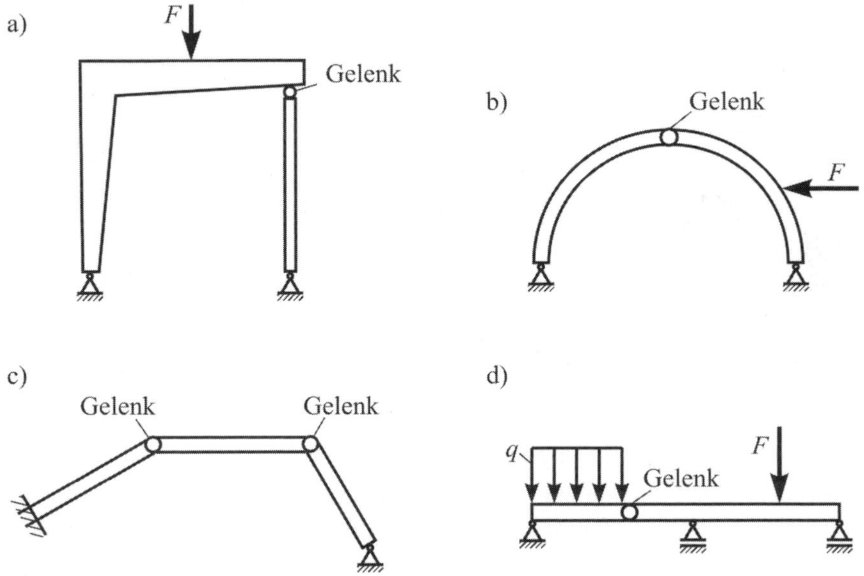

Bild 6-1 Beispiele für mehrteilige ebene Tragwerke mit Gelenken
a) Grundstruktur eines Hafenkrans: Rahmen und Pendelstütze sind über ein Gelenk verbunden
b) Gelenkbogen
c) Mehrteiliges Tragwerk mit zwei Gelenken
d) Balken mit Gelenk (GERBER-Träger)

Ein Tragwerk, das ausschließlich aus Stäben aufgebaut ist, die durch Gelenke miteinander verbunden sind, nennt man Fachwerk. Fachwerke sind wichtige und sehr stabile Tragstrukturen, die sehr leicht bauen. Sie werden in Kapitel 7 gesondert behandelt.

6.1 Tragwerke mit Gelenken

Mehrteilige ebene Tragwerke mit Gelenken, wie sie in Bild 6-1 dargestellt sind, sollen nun eingehender untersucht werden. Es wurde bereits erwähnt, dass ein Gelenk, Bild 6-2a, nur Gelenkkräfte und keine Momente übertragen kann.

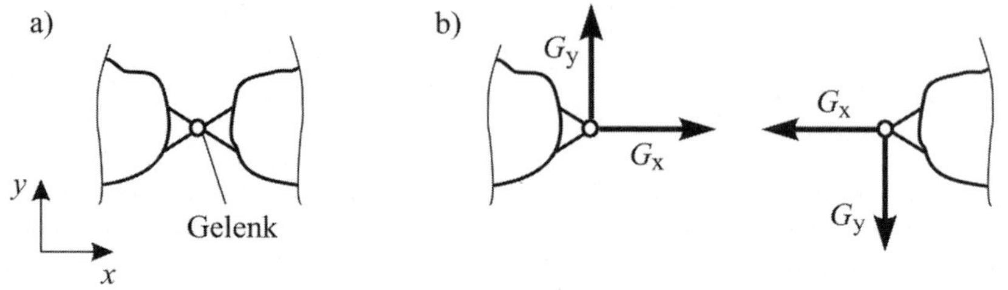

Bild 6-2 Gelenk als Verbindungselement zwischen Einzeltragwerken
a) Gelenk als Scharniergelenk
b) Freischnitt des Gelenkes mit den Gelenkkräften G_x und G_y

Die Gelenkkräfte werden sichtbar durch gedankliches Aufschneiden im Gelenk, Bild 6-2b. In einem x-y-Koordinatensystem treten dann die Kraftkomponenten G_x und G_y auf. Entsprechend dem Wechselwirkungsgesetz (siehe Kapitel 2.3.3) wirken die Gelenkkräfte auf beide Tragwerksteile. Sie sind betragsmäßig gleich groß, aber am jeweiligen Tragwerksteil entgegengesetzt gerichtet. An Tragwerken mit Gelenken greifen somit folgende Kräfte und Momente an:

- Äußere Lasten (Kräfte, Momente, Streckenlasten),
- Auflagerreaktionen (Auflagerkräfte, Auflagermomente),
- Zwischenreaktionen (Gelenkkräfte).

Die Ermittlung der Auflager- und Zwischenreaktionen von Tragwerken mit Gelenken ist eine wichtige Aufgabe der Statik. Sind die Auflager- und Zwischenreaktionen berechnet, so können auch die inneren Kräfte und Momente, also die Schnittgrößen, für die einzelnen Tragwerksteile ermittelt werden.

6.1.1 Freiheitsgrade, stabile Lagerung und statische Bestimmtheit

Tragwerke können ihre Funktion nur erfüllen, wenn sie stabil gelagert sind. Insbesondere bei Gelenktragwerken ist eine sorgfältige Lagerung, eine günstige Anordnung der Gelenke und die Überprüfung der Stabilität von großer Bedeutung. Eine Starrkörperbewegung des Gesamttragwerks und aller Einzeltragwerke ist sicher auszuschließen. D. h. das Tragwerk darf keine Bewegungsfreiheitsgrade besitzen.

Ein freies, nicht gelagertes Einzeltragwerk hat in der Ebene drei Freiheitsgrade. Es kann sich z. B. in x- und y-Richtung bewegen und um einen Winkel φ verdrehen (siehe auch Bild 4.1b). Eine Anzahl von n freien (nicht gelagerten und nicht verbundenen) Tragwerken hat somit $3n$ Freiheitsgrade. Bei realen Tragwerken wird die Anzahl der möglichen Freiheitsgrade um die Anzahl a_{ges} der Auflagerbindungen (Auflagerreaktionen) und die Anzahl z_{ges} der Zwischenreaktionen (Gelenkkräfte) reduziert. Ein System von n gebundenen Körpern hat somit

$$\boxed{f = 3n - (a_{ges} + z_{ges})} \qquad (6.1)$$

Freiheitsgrade.

Ein Loslager hat bekanntlich eine Auflagerbindung: $a = 1$, ein Festlager zwei Auflagerbindungen: $a = 2$ und eine Einspannung drei Auflagerbindungen: $a = 3$ (siehe auch Kapitel 5.2 und Kapitel 5.3). Ein Gelenk ist statisch zweiwertig. Entsprechend den Gelenkkräften G_x und G_y hat ein Gelenk somit zwei Zwischenreaktionen: $z = 2$.

Für $f = 0$ ist das mehrteilige Tragwerk statisch bestimmt und stabil gelagert. In diesem Fall können die Auflagerreaktionen und die Gelenkkräfte mit den Methoden der Statik, d. h. mit den Gleichgewichtsbedingungen der ebenen Statik, ermittelt werden. Für $f < 0$ ist das Tragwerk ebenfalls stabil gelagert. Es liegt dann allerdings eine statisch unbestimmte Lagerung vor. Die Struktur ist als Tragwerk verwendbar, allerdings lassen sich die Auflagerreaktionen und die Gelenkkräfte nicht allein mit den Methoden der Statik lösen. Ergibt sich $f > 0$, so besitzt das Tragwerk Starrkörperfreiheitsgrade. Es kann sich bewegen, ist somit instabil und als statisches Tragwerk unbrauchbar.

6.1.2 Lagerungen für mehrteilige ebene Tragwerke

Bild 6-3 zeigt ein mehrteiliges Tragwerk, bei dem zwei starre Körper durch ein Gelenk miteinander verbunden sind. Das Gesamttragwerk ist durch zwei Festlager gelagert.

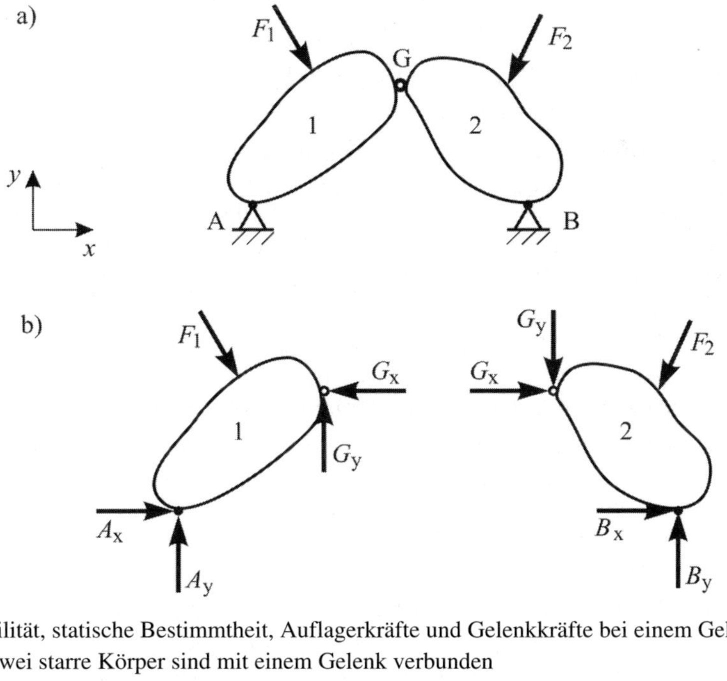

Bild 6-3 Stabilität, statische Bestimmtheit, Auflagerkräfte und Gelenkkräfte bei einem Gelenktragwerk
a) Zwei starre Körper sind mit einem Gelenk verbunden
b) Freischnitt der Tragwerksteile mit den Auflagerkräften A_x, A_y, B_x und B_y sowie den Gelenkkräften G_x und G_y

Mit $n = 2$, $a_{ges} = 4$ und $z_{ges} = 2$ ergeben sich nach Gleichung (6.1) $f = 3 \cdot 2 - (4 + 2) = 6 - 6 = 0$ Freiheitsgrade. Damit ist das Tragwerk statisch bestimmt und stabil gelagert.

Dies gilt auch für die Tragwerke in Bild 6-1a und Bild 6-1b. Hier ist ebenfalls $n = 2$, $a_{ges} = 4$ und $z_{ges} = 2$ und somit $f = 0$. Das Tragwerk in Bild 6-1c ist durch ein Festlager und eine Einspannung gelagert; die drei Tragwerksteile sind durch zwei Gelenke miteinander verbunden. Mit $n = 3$, $a_{ges} = 5$, $z_{ges} = 4$ erhält man nach Gleichung (6.1) $f = 3 \cdot 3 - (5 + 4) = 0$. Damit ist auch dieses Tragwerk statisch bestimmt und stabil gelagert.

Für den Balken mit einem Gelenk sowie einem Fest- und zwei Loslagern, Bild 6-1d, gilt $n = 2$, $a_{ges} = 4$, $z_{ges} = 2$ und somit $f = 3 \cdot 2 - (4 + 2) = 0$. Es zeigt sich, dass auch dieser Träger statisch bestimmt und stabil gelagert ist.

6.2 Ermittlung der Auflagerreaktionen und der Gelenkkräfte

Für den Fall, dass ein mehrteiliges ebenes Tragwerk, dessen Einzelkomponenten mit Gelenken verbunden sind, statisch bestimmt und stabil gelagert ist, lassen sich die Auflagerreaktionen und die Gelenkkräfte mit den Gleichgewichtsbedingungen der ebenen Statik bestimmen.

Dabei geht man von der Tatsache aus, dass das Gesamtsystem nur im Gleichgewicht sein kann, wenn jedes Teilsystem für sich im Gleichgewicht ist. Die Ermittlung der Auflager- und Zwischenreaktionen erfolgt dabei z. B. durch Aufschneiden in den Gelenken und durch Gleichgewichtsbetrachtung für jedes Einzeltragwerk.

Es ist aber auch möglich, zunächst die drei Gleichgewichtsbedingungen für das Gesamttragwerk aufzustellen und dann die Einzeltragwerke zu behandeln. Grundsätzlich müssen für die Einzeltragwerke auch Momentengleichgewichtsbedingungen um die Gelenkpunkte aufgestellt werden. Diese Momentenbedingungen sind u.a. für die Bestimmung der Auflagerreaktionen notwendig.

Die Ermittlung der Auflagerreaktionen und der Gelenkkräfte soll an einem dreiteiligen Tragwerk verdeutlicht werden, Bild 6-4. Das durch eine Kraft F belastete Gesamttragwerk ist mit zwei Festlagern und einem Loslager gesichert, Bild 6-4a. Die Tragwerksteile sind durch zwei Gelenke miteinander verbunden. Mit $n = 3$, $a_{ges} = 5$ und $z_{ges} = 4$ erhält man nach Gleichung (6.1) $f = 0$. Dies bedeutet das Tragwerk ist statisch bestimmt und stabil gelagert.

Die Freischnitte aller Tragwerksteile, Bild 6-4b, erhält man durch gedankliches Aufschneiden in den Gelenken. Dabei kann die Richtung der Gelenkkräfte beliebig angenommen werden. Zu beachten ist jedoch das Wechselwirkungsgesetz, nach dem die Gelenkkräfte auf die benachbarten Tragwerksteile entgegengesetzt wirken. Die Gleichgewichtsbedingungen sind nun auf jedes Tragwerksteil anzuwenden.

Für Teil 1 gilt:

$$\overset{\frown}{G_{\text{I}}}: \quad A_x \cdot a = 0 \quad \Rightarrow \quad A_x = 0 \tag{6.2}$$,

$$\overset{\frown}{A}: \quad G_{1x} \cdot a = 0 \quad \Rightarrow \quad G_{1x} = 0 \tag{6.3}$$,

$$\uparrow: \quad A_y - G_{1y} = 0 \quad \Rightarrow \quad A_y = G_{1y} \tag{6.4}$$.

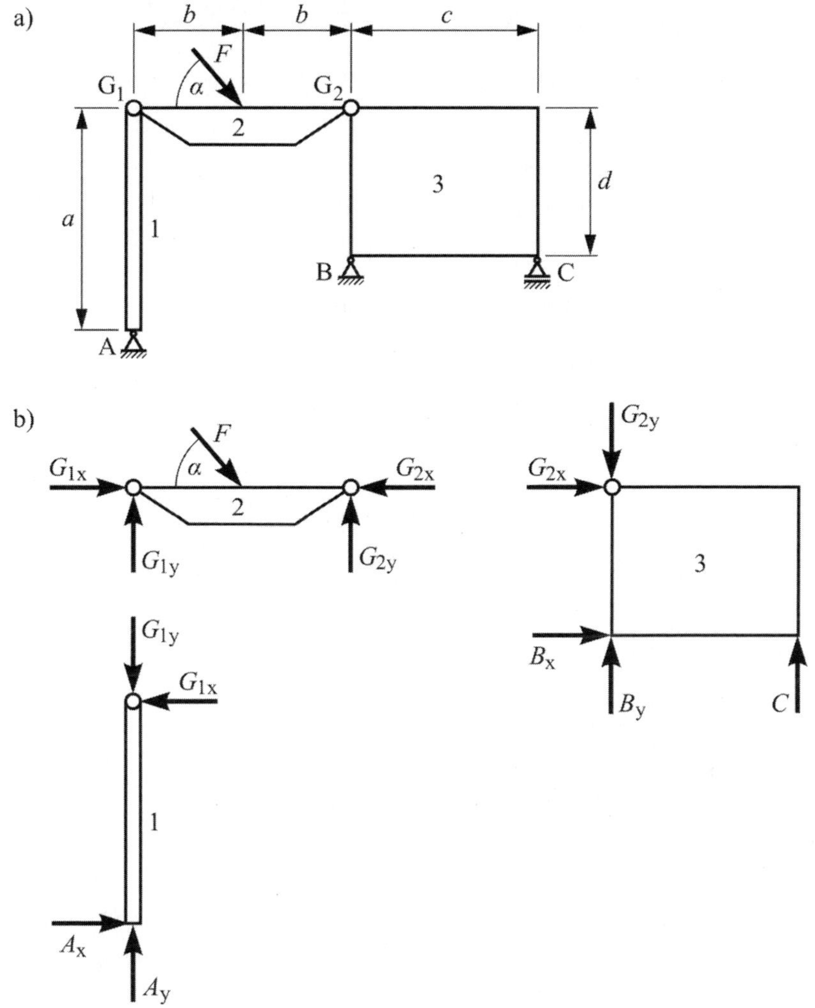

Bild 6-4 Ermittlung der Auflager- und Gelenkkräfte für ein mehrteiliges Tragwerk

a) Tragwerk mit den Auflagern bei A, B und C und den Gelenken G_1 und G_2

b) Freischnitt aller Tragwerksteile durch gedankliches Aufschneiden in den Gelenken mit den zu ermittelnden Auflagerkräften A_x, A_y, B_x, B_y und C sowie den zu bestimmenden Gelenkkräften G_{1x}, $G_{1y,}$, G_{2x}, G_{2y}

Die Gleichgewichtsbedingungen für Tragwerksteil 2 lauten

$$\overset{\frown}{\mathrm{G1}}: \quad G_{2y} \cdot 2b - F \cdot \sin\alpha \cdot b = 0 \quad \Rightarrow \quad G_{2y} = \frac{F}{2} \cdot \sin\alpha \qquad (6.5),$$

$$\overset{\frown}{\mathrm{G2}}: \quad G_{1y} \cdot 2b - F \cdot \sin\alpha \cdot b = 0 \quad \Rightarrow \quad G_{1y} = \frac{F}{2} \cdot \sin\alpha \qquad (6.6),$$

$$\leftarrow: \quad G_{2x} - F \cdot \cos\alpha - G_{1x} = 0 \qquad (6.7).$$

Mit Gleichung (6.4) und Gleichung (6.6) ergibt sich zudem

$$A_y = \frac{F}{2} \cdot \sin\alpha \qquad (6.8)$$

und mit den Gleichungen (6.3) und (6.7) folgt

$$G_{2x} = F \cdot \cos\alpha \qquad (6.9).$$

Für Tragwerksteil 3 gelten die Gleichgewichtsbedingungen

$$\rightarrow: \quad B_x + G_{2x} = 0 \qquad (6.10),$$

$$\curvearrowright C: \quad B_y \cdot c + G_{2x} \cdot d - G_{2y} \cdot c = 0 \qquad (6.11),$$

$$\curvearrowleft B: \quad C \cdot c - G_{2x} \cdot d = 0 \qquad (6.12).$$

Aus den Gleichungen (6.10) und (6.9) folgt

$$B_x = -G_{2x} = -F \cdot \cos\alpha \qquad (6.13).$$

Die Gleichungen (6.11), (6.9) und (6.5) führen zu

$$B_y = G_{2y} - G_{2x} \cdot \frac{d}{c} = F \cdot \left(\frac{1}{2} \sin\alpha - \frac{d}{c} \cdot \cos\alpha \right) \qquad (6.14).$$

Mit den Gleichungen (6.12) und (6.9) erhält man

$$C = G_{2x} \cdot \frac{d}{c} = F \cdot \frac{d}{c} \cdot \cos\alpha \qquad (6.15).$$

Damit sind die fünf Auflagerreaktionen und die vier Gelenkkräfte bestimmt. Wichtig für die Lösung waren u. a. die Gelenkbedingungen, d. h. die Gleichgewichtsbedingungen um die Gelenkpunkte G_1 und G_2.

Beispiel 6-1 ***

Die gezeichnete Hebebühne wird mit einer Kraft F im Punkt H unter dem Winkel α belastet. Die beiden Balken sind in den Punkten A und C drehbar und in den Punkten B und D verschiebbar gelagert. In den Punkten E und I ist ein hydraulischer Zylinder befestigt, mit dem die Höhe der Bühne geändert werden kann.

Zu berechnen sind

a) die Lagerkräfte bei A, B, C und D sowie

b) die Zugkraft Z am hydraulischen Zylinder und die Gelenkkraft G.

geg.: F, a, α

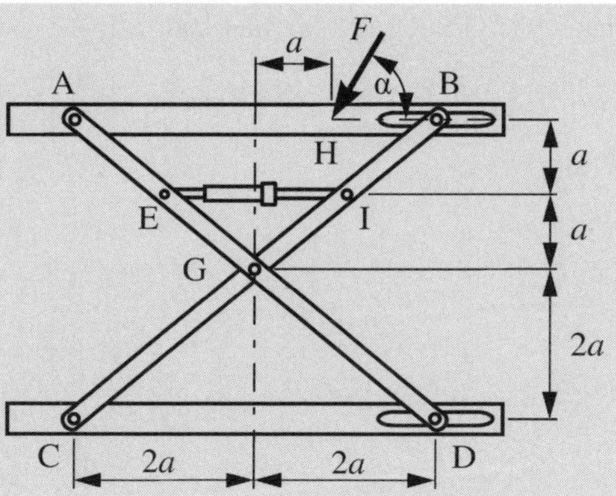

Lösung:

a) Lagerkräfte in A, B, C und D

Teilsystem 1

$\rightarrow: \quad A_x - F \cdot \cos\alpha = 0 \quad \Rightarrow \quad A_x = F \cdot \cos\alpha$

$\overset{\curvearrowright}{A}: \quad F \cdot \sin\alpha \cdot 3a - B \cdot 4a = 0 \quad \Rightarrow \quad B = \frac{3}{4} \cdot F \cdot \sin\alpha$

$\uparrow: \quad A_y - F \cdot \sin\alpha + B = 0 \quad \Rightarrow \quad A_y = F \cdot \sin\alpha - \frac{3}{4} \cdot F \cdot \sin\alpha = \frac{1}{4} \cdot F \cdot \sin\alpha$

Teilsystem 2

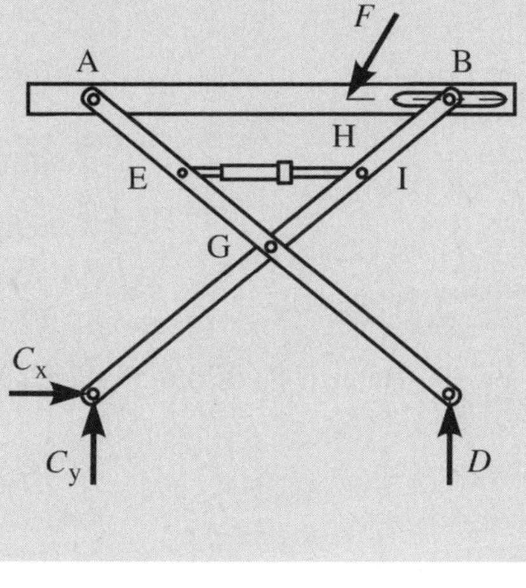

$\rightarrow: \quad C_x - F \cdot \cos\alpha = 0$

$\Rightarrow \quad C_x = F \cdot \cos\alpha$

$\overset{\curvearrowright}{C}: \quad -D \cdot 4a - F \cdot \cos\alpha \cdot 4a$

$+ F \cdot \sin\alpha \cdot 3a = 0$

$\Rightarrow \quad D = -F \cdot \cos\alpha + \frac{3}{4} F \cdot \sin\alpha$

$\uparrow: \quad C_y + D - F \cdot \sin\alpha = 0$

$\Rightarrow \quad C_y = -D + F \cdot \sin\alpha$

$= F \cdot \cos\alpha + \frac{1}{4} F \cdot \sin a$

b) Zugkraft Z am hydraulischen Zylinder und die Gelenkkraft G

Teilsystem 3

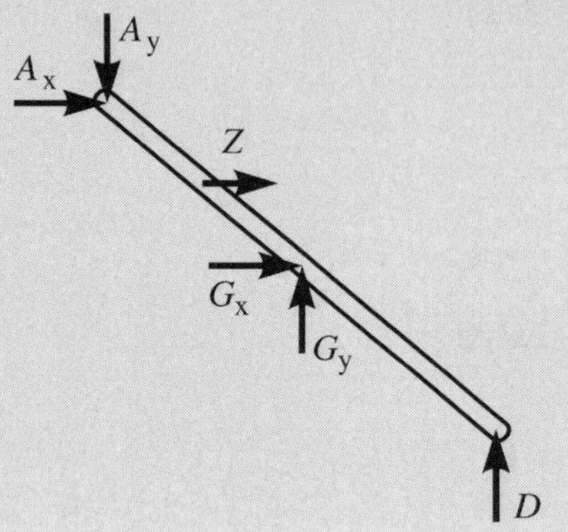

$$\overset{\frown}{G}: \quad Z \cdot a + A_x \cdot 2a - A_y \cdot 2a - D \cdot 2a = 0$$

$$\Rightarrow \quad Z = -4F \cdot \cos\alpha + 2F \cdot \sin\alpha$$

$$\uparrow: \quad G_y + D - A_y = 0$$

$$\Rightarrow \quad G_y = F \cdot \cos\alpha - \frac{1}{2} F \cdot \sin\alpha$$

$$\rightarrow: \quad G_x + A_x + Z = 0$$

$$\Rightarrow \quad G_x = 3F \cdot \cos\alpha - 2F \cdot \sin\alpha$$

6.3 Normalkraft-, Querkraft- und Biegemomentenverläufe in den Tragwerksteilen

Die Berechnung der Schnittgrößen $N(x)$, $Q(x)$ und $M(x)$ in mehrteiligen Tragwerken erfolgt in gleicher Weise wie bei einteiligen Tragwerken. Durch gedachte Schnitte in den Tragwerksteilen werden die Schnittgrößen sichtbar und berechenbar. Dabei ist jedes Tragwerksteil als Einbereichs- oder, falls gegeben, als Mehrbereichsproblem zu behandeln.

Bei Teil 1 in Bild 6-4 handelt es sich um ein Einbereichsproblem. Die Schnittgrößen ergeben sich für den freigeschnittenen Tragwerksteil, Bild 6-5a, mit den Gleichgewichtsbedingungen

$$\uparrow: \quad N_I + A_y = 0 \qquad (6.16),$$

$$\rightarrow: \quad Q_I = 0 \qquad (6.17),$$

$$\overset{\frown}{I}: \quad M_I = 0 \qquad (6.18).$$

Somit erhält man als einzige Schnittgröße

$$N_I = -A_y = -\frac{F}{2} \cdot \sin\alpha \qquad (6.19).$$

Bei Tragwerksteil 2 liegt ein Zweibereichsproblem vor. Für Bereich II, Bild 6-5b, lauten die Gleichgewichtsbedingungen

$$\rightarrow: \quad N_{II} = 0 \qquad (6.20),$$

$$\downarrow: \quad Q_{II} - G_{1y} = 0 \quad \Rightarrow \quad Q_{II} = G_{1y} = \frac{F}{2} \cdot \sin\alpha \qquad (6.21).$$

$$\overset{\frown}{II}: \quad M_{II} - G_{1y} \cdot x_{II} = 0 \quad \Rightarrow \quad M_{II} = G_{1y} \cdot x_{II} = \frac{F}{2} \cdot x_{II} \cdot \sin\alpha \qquad (6.22).$$

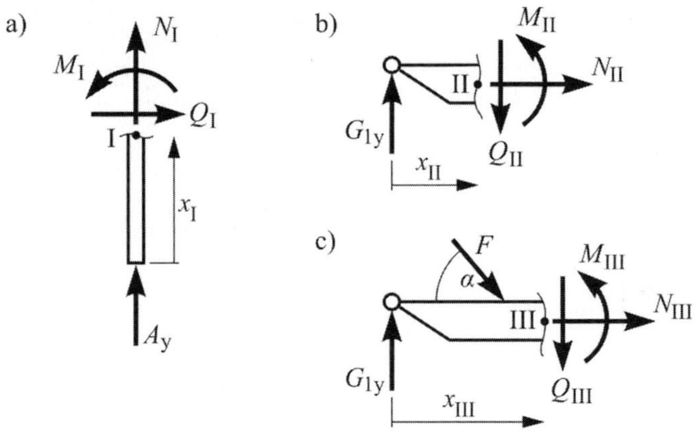

Bild 6-5 Bestimmung der Schnittgrößen für die Tragwerksteile 1 und 2 des mehrteiligen Tragwerks in Bild 6-4

a) Schnittgrößen im Bereich I (Tragwerksteil 1)

b) Schnittgrößen im Bereich II (Tragwerksteil 2)

c) Schnittgrößen im Bereich III (Tragwerksteil 2)

Für den Bereich III (Tragwerksteil 2), Bild 6-5c, gilt

$$\rightarrow: \quad N_{III} + F \cdot \cos\alpha = 0 \quad \Rightarrow \quad N_{III} = -F \cdot \cos\alpha \qquad (6.23),$$

$$\downarrow: \quad Q_{III} + F \cdot \sin\alpha - G_{1y} = 0 \quad \Rightarrow \quad Q_{III} = -\frac{F}{2} \cdot \sin\alpha \qquad (6.24),$$

$$\widehat{III}: \quad M_{III} + F \cdot (x_{III} - b) \cdot \sin\alpha - G_{1y} \cdot x_{III} = 0 \qquad (6.25).$$

$$\Rightarrow \quad M_{III} = F \cdot (b - \frac{x_{III}}{2}) \cdot \sin\alpha$$

Damit sind alle Schnittgrößen für die Tragwerksteile 1 und 2 bekannt. Diese Vorgehensweise gilt für alle mehrteiligen Tragwerke, bei denen die Tragwerksteile durch Gelenke verbunden sind.

Beispiel 6-2

***

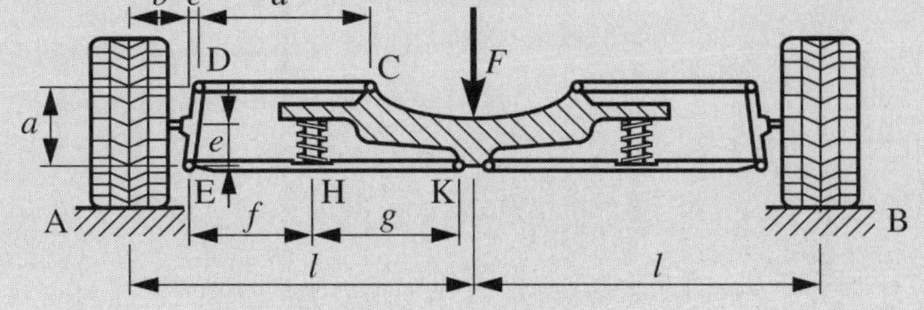

Auf die Vorderachse eines PKW wirkt die Achslast F. Die Räder sind jeweils gelenkig über zwei Lenker am Rahmen befestigt. Im Fall des linken Rades sind dies die Lenker CD und EK. Zwischen dem unteren Lenker und dem Rahmen ist ein Stoßdämpfer angebracht.

Bestimmen Sie:

a) die Radaufstandskräfte in A und B,

b) die Gelenkkräfte in den Gelenken C, D, E und K sowie die Kraft F_S, die der Stoßdämpfer auf den unteren Lenker ausübt.

geg.: $F = 8$ kN, $a = 280$ mm, $b = 150$ mm, $c = 20$ mm, $d = 350$ mm, $e = 140$ mm, $f = 250$ mm, $g = 300$ mm, $l = 800$ mm

Lösung:

a) Radaufstandskräfte in A und B

Freischnitt

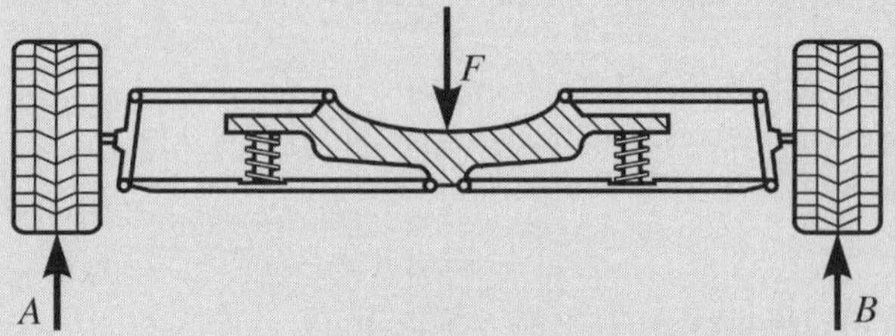

$\curvearrowright A$: $F \cdot l - B \cdot 2l = 0 \quad \Rightarrow \quad B = \frac{F}{2} = 4\,\text{kN}$

$\uparrow$: $A + B - F = 0 \quad \Rightarrow \quad A = F - B = 4\,\text{kN}$

b) Gelenkkräfte in den Punkten C, D, E und K sowie die Kraft F_S, die der Stoßdämpfer auf den unteren Lenker ausübt

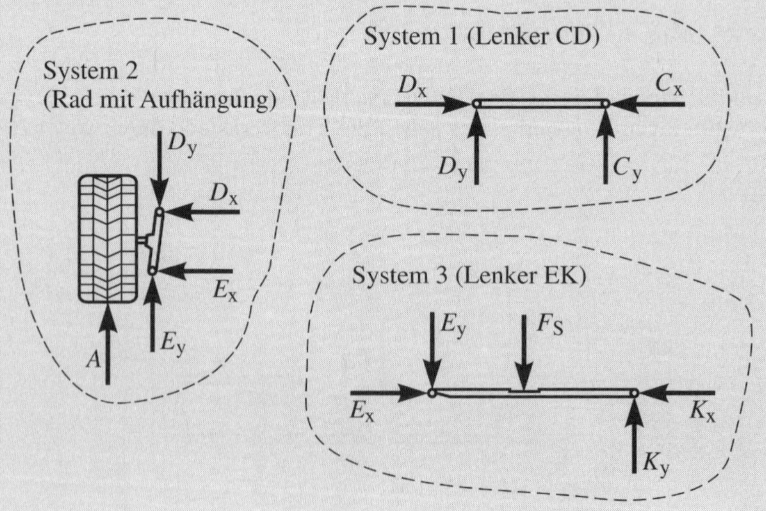

System 1:

$$\overset{\curvearrowleft}{D}: \quad C_y \cdot d = 0 \quad \Rightarrow \quad C_y = 0 \qquad (1)$$

$$\uparrow: \quad D_y + C_y = 0 \quad \Rightarrow \quad D_y = -C_y = 0 \qquad (2)$$

$$\rightarrow: \quad D_x - C_x = 0 \quad \Rightarrow \quad D_x = C_x \qquad (3)$$

System 2:

$$\uparrow: \quad A + E_y - D_y = 0 \quad \Rightarrow \quad E_y = D_y - A = -\frac{F}{2} = -4\,\text{kN}$$

$$\overset{\curvearrowright}{E}: \quad A \cdot b + D_y \cdot c - D_x \cdot a = 0 \quad \Rightarrow \quad D_x = A \cdot \frac{b}{a} = 2{,}1\,\text{kN}$$

$$\leftarrow: \quad E_x + D_x = 0 \quad \Rightarrow \quad E_x = -D_x = -2{,}1\,\text{kN}$$

Mit Gleichung (3) folgt: $C_x = D_x = 2{,}1\,\text{kN}$

System 3:

$$\overset{\curvearrowleft}{K}: \quad E_y \cdot (f+g) + F_S \cdot g = 0 \quad \Rightarrow \quad F_S = -E_y \cdot \frac{f+g}{g} = 7{,}3\,\text{kN}$$

$$\uparrow: \quad K_y - E_y - F_S = 0 \quad \Rightarrow \quad K_y = E_y + F_S = 3{,}3\,\text{kN}$$

$$\rightarrow: \quad E_x - K_x = 0 \quad \Rightarrow \quad K_x = E_x = -2{,}1\,\text{kN}$$

6.4 Balken mit Gelenken (GERBER-Träger)

Bei langen Trägern werden in der Praxis außer Randlagern im Allgemeinen auch noch Zwischenlager verwendet. Dann liegt aber ein statisch unbestimmtes Problem vor. Durch die gezielte Einführung von Gelenken erhält man einen so genannten GERBER-Träger und damit ein statisch bestimmtes System. Die zusätzlichen Lager führen zu einer geringeren Durchbiegung des Systems und einer geringeren Querkraftbelastung. Durch die Gelenke, die bekanntlich keine Momente übertragen können, werden zudem die Biegemomente im Balken reduziert.

Bild 6-6a zeigt einen Balken, der dreifach gelagert ist und ein Gelenk G besitzt. Mit $n = 2$, $a_{ges} = 4$ und $z_{ges} = 2$ ergibt sich nach Gleichung (6.1) $f = 0$. Damit handelt es sich um ein statisch bestimmtes und stabiles System. Die Ermittlung der Auflager- und Gelenkkräfte erfolgt mit den Gleichgewichtsbedingungen. Für Tragwerksteil 2, Bild 6-6c, ergibt sich somit

$$\leftarrow: \quad G_x = 0 \qquad (6.26),$$

$$\overset{\curvearrowleft}{G}: \quad C \cdot (c+d) - F \cdot c = 0 \quad \Rightarrow \quad C = F \cdot \frac{c}{c+d} \qquad (6.27),$$

$$\overset{\curvearrowright}{C}: \quad G_y \cdot (c+d) - F \cdot d = 0 \quad \Rightarrow \quad G_y = F \cdot \frac{d}{c+d} \qquad (6.28).$$

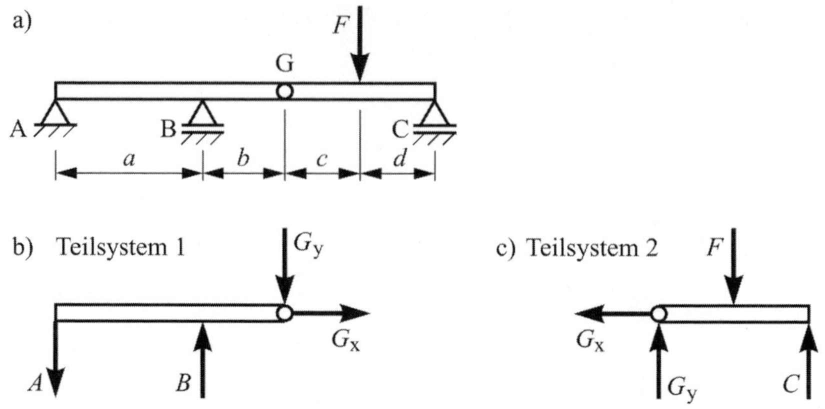

Bild 6-6 Ermittlung der Auflager- und Gelenkkräfte im GERBER-Träger
a) Gesamtsystem mit einem Festlager und zwei Loslagern und einem Gelenk
b) Freischnitt des Teilsystems 1
c) Freischnitt des Teilsystems 2

Die Gleichgewichtsbedingungen für Tragwerksteil 1, Bild 6-6b, liefern

$$\curvearrowleft A: \quad B \cdot a - G_y \cdot (a+b) = 0 \quad \Rightarrow \quad B = G_y \cdot \frac{a+b}{a} = F \cdot \frac{(a+b) \cdot d}{a \cdot (c+d)} \tag{6.29}$$

$$\curvearrowleft B: \quad A \cdot a - G_y \cdot b = 0 \quad \Rightarrow \quad A = G_y \cdot \frac{b}{a} = F \cdot \frac{b \cdot d}{a \cdot (c+d)} \tag{6.30}$$

Damit sind die Auflagerkräfte und die Gelenkkräfte ermittelt.

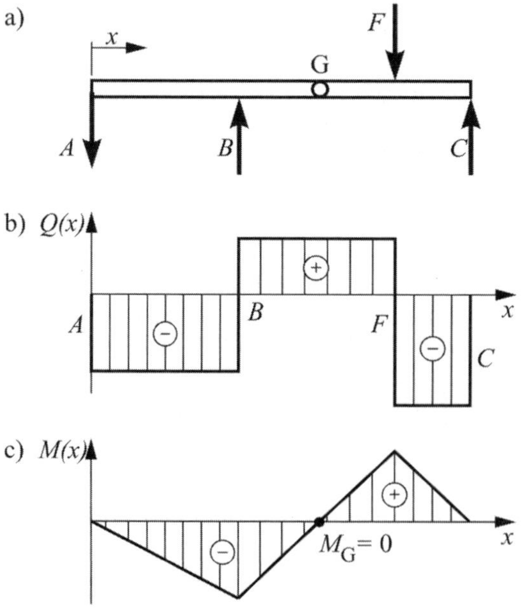

Bild 6-7 Schnittgrößen beim GERBER-Träger
a) Äußere Kraft F und Auflagerkräfte am Balken
b) Querkraftdiagramm (Querkraftverlauf)
c) Momentendiagramm (Momentenverlauf)

Die Bestimmung der Schnittgrößen erfolgt wie in Kapitel 6.3 beschrieben für die beiden Teilsysteme. Die sich ergebenden Querkraft- und Momentenverläufe sind in Bild 6-7 dargestellt.

Beispiel 6-3 ***

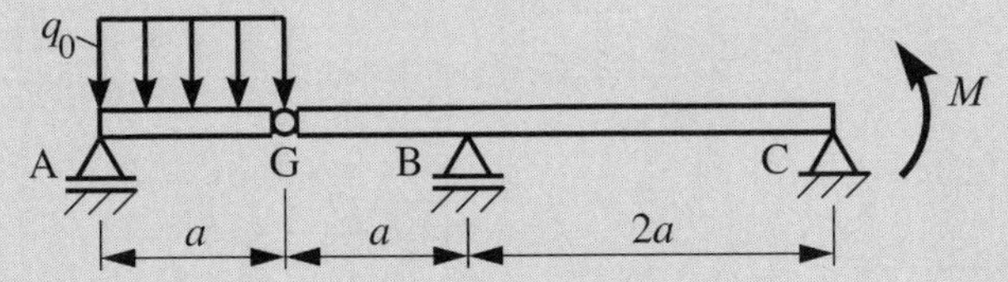

Ein Gelenkträger ist wie skizziert gelagert und durch ein Moment M sowie eine konstante Streckenlast q_0 belastet.

Bestimmen Sie

a) die Auflager- und Gelenkkräfte,

b) den Querkraft- und Momentenverlauf im gesamten Träger.

geg.: M, q_0, a

Lösung:

a) Auflager- und Gelenkkräfte

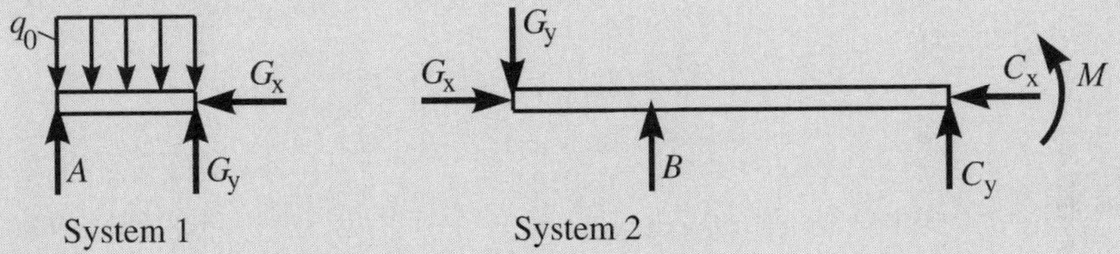

System 1:

$\leftarrow$: $G_x = 0$

$\overset{\curvearrowleft}{G}$: $A \cdot a - q_0 \cdot \dfrac{a^2}{2} = 0 \quad \Rightarrow \quad A = q_0 \cdot \dfrac{a}{2}$

$\uparrow$: $A + G_y - q_0 \cdot a = 0 \quad \Rightarrow \quad G_y = q_0 \cdot a - A = q_0 \cdot \dfrac{a}{2}$

System 2:

$\rightarrow$: $G_x - C_x = 0 \quad \Rightarrow \quad C_x = G_x = 0$

$\overset{\curvearrowleft}{C}$: $M - B \cdot 2a + G_y \cdot 3a = 0 \quad \Rightarrow \quad B = \dfrac{M}{2a} + \dfrac{3}{2} G_y = \dfrac{M}{2a} + \dfrac{3}{4} \cdot q_0 \cdot a$

$\uparrow$: $B + C_y - G_y = 0 \quad \Rightarrow \quad C_y = G_y - B = -\dfrac{1}{4} q_0 \cdot a - \dfrac{M}{2a}$

b) Querkraft- und Momentenverlauf

Bereich I: $0 < x_{\mathrm{I}} < a$ (System 1)

$$\downarrow: \quad Q_{\mathrm{I}} + q_0 \cdot x_{\mathrm{I}} - A = 0 \quad \Rightarrow \quad Q_{\mathrm{I}} = A - q_0 \cdot x_{\mathrm{I}}$$

$$Q_{\mathrm{I}}(x_{\mathrm{I}} = 0) = q_0 \cdot \frac{a}{2} \qquad Q_{\mathrm{I}}(x_{\mathrm{I}} = a) = -q_0 \cdot \frac{a}{2}$$

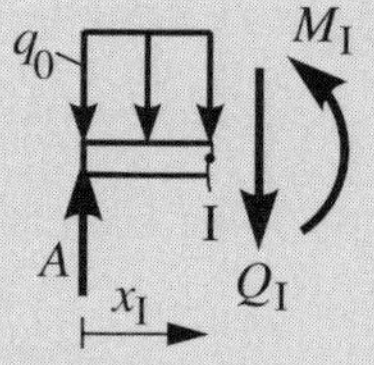

$$\curvearrowleft \mathrm{I}: \quad M_{\mathrm{I}} + q_0 \cdot \frac{x_{\mathrm{I}}^2}{2} - A \cdot x_{\mathrm{I}} = 0$$

$$\Rightarrow \quad M_{\mathrm{I}} = A \cdot x_{\mathrm{I}} - q_0 \cdot \frac{x_{\mathrm{I}}^2}{2}$$

$$M_{\mathrm{I}}(x_{\mathrm{I}} = 0) = 0 \qquad M_{\mathrm{I}}(x_{\mathrm{I}} = a) = 0$$

$$M_{\mathrm{I}}(x_{\mathrm{I}} = \frac{a}{2}) = \frac{1}{8} \cdot q_0 \cdot a^2$$

Bereich II: $0 < x_{\mathrm{II}} < a$ (System 2)

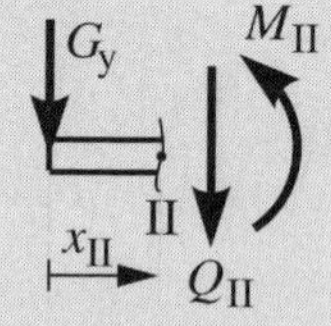

$$\downarrow: \quad Q_{\mathrm{II}} + G_{\mathrm{y}} = 0 \quad \Rightarrow \quad Q_{\mathrm{II}} = -G_{\mathrm{y}} = -q_0 \cdot \frac{a}{2}$$

$$\curvearrowleft \mathrm{II}: \quad M_{\mathrm{II}} + G_{\mathrm{y}} \cdot x_{\mathrm{II}} = 0 \quad \Rightarrow \quad M_{\mathrm{II}} = -G_{\mathrm{y}} \cdot x_{\mathrm{II}}$$

$$M_{\mathrm{II}}(x_{\mathrm{II}} = 0) = 0 \qquad M_{\mathrm{II}}(x_{\mathrm{II}} = a) = -q_0 \cdot \frac{a^2}{2}$$

Bereich III: $0 < x_{\mathrm{III}} < 2a$ (System 2, Verwendung des rechten Schnittufers)

$$\uparrow: \quad Q_{\mathrm{III}} + C_{\mathrm{y}} = 0$$

$$\Rightarrow \quad Q_{\mathrm{III}} = -C_{\mathrm{y}} = \frac{1}{4} q_0 \cdot a + \frac{M}{2a}$$

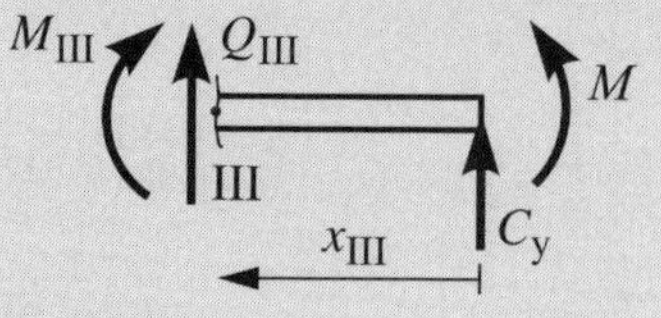

$$\curvearrowright \mathrm{III}: \quad M_{\mathrm{III}} - M - C_{\mathrm{y}} \cdot x_{\mathrm{III}} = 0$$

$$\Rightarrow \quad M_{\mathrm{III}} = M + C_{\mathrm{y}} \cdot x_{\mathrm{III}}$$

$$M_{\mathrm{III}}(x_{\mathrm{III}} = 0) = M$$

$$M_{\mathrm{III}}(x_{\mathrm{III}} = 2a) = -q_0 \cdot \frac{a^2}{2}$$

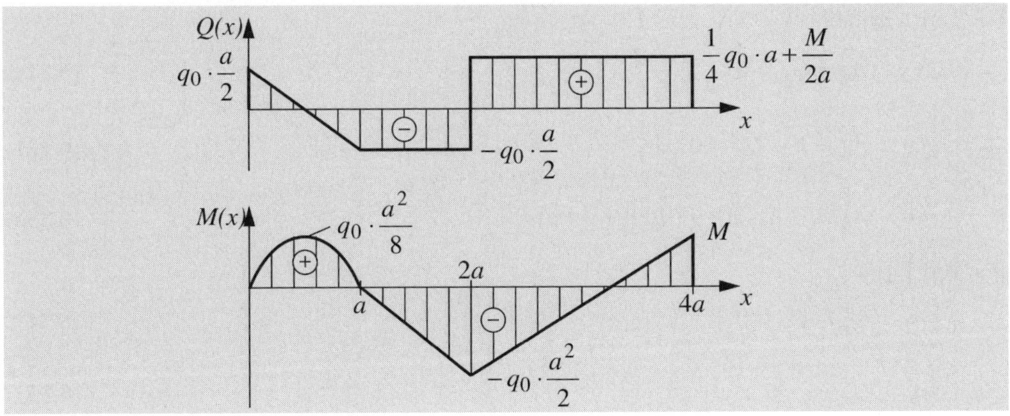

6.5 Dreigelenkbogen

Einen Bogenträger mit einem Zwischengelenk nennt man auch Dreigelenkbogen. Man zählt in diesem Fall neben dem Zwischengelenk G auch noch die Gelenke in den beiden Festlagern A und B mit, Bild 6-8.

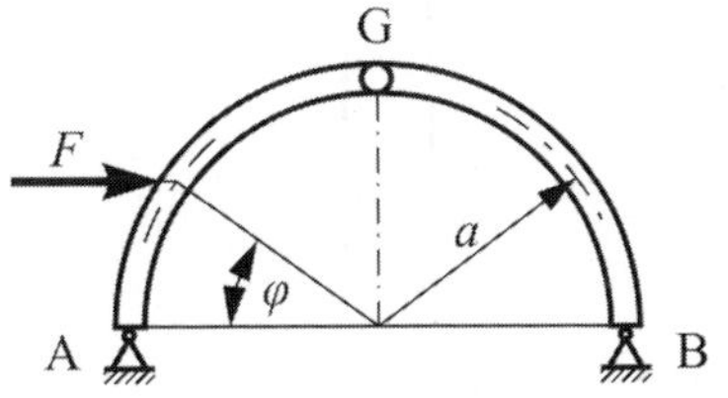

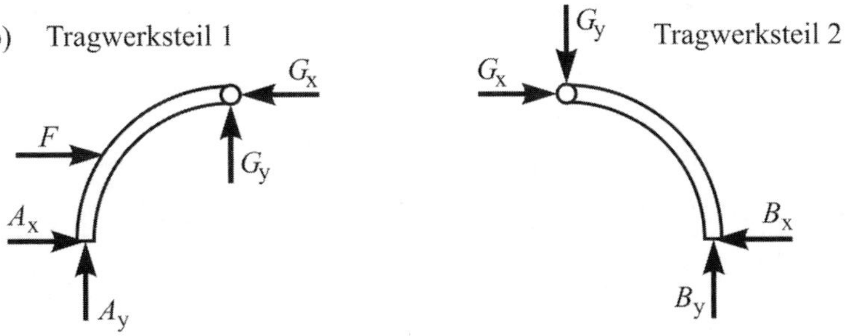

Bild 6-8 Dreigelenkbogen
a) Dreigelenkbogen mit dem Zwischengelenk G und den Auflagergelenken A und B
b) Freischnitt der Tragwerksteile 1 und 2

Der gezeigte Dreigelenkbogen ist statisch bestimmt und stabil gelagert. Mit $n = 2$, $a_{ges} = 4$ und $z_{ges} = 2$ ergibt sich mit Gleichung (6.1) $f = 0$.

Die Ermittlung der Auflagerkräfte und der Gelenkkräfte erfolgt mit den Gleichgewichtsbedingungen für die Tragwerksteile 1 und 2.

Für Teil 1 erhält man

$$\uparrow: \quad A_y + G_y = 0 \qquad (6.31),$$

$$\rightarrow: \quad A_x + F - G_x = 0 \qquad (6.32),$$

$$\curvearrowleft G: \quad A_x \cdot a - A_y \cdot a + F \cdot a \cdot (1 - \sin\varphi) = 0 \qquad (6.33).$$

Für Teil 2 gilt

$$\rightarrow: \quad G_x - B_x = 0 \qquad (6.34),$$

$$\curvearrowright B: \quad G_x \cdot a - G_y \cdot a = 0 \qquad (6.35),$$

$$\curvearrowright G: \quad B_x \cdot a - B_y \cdot a = 0 \qquad (6.36).$$

Mit diesen sechs Gleichgewichtsbedingungen lassen sich die sechs unbekannten Kräfte ermitteln

$$A_x = -F \cdot \left(1 - \frac{1}{2}\sin\varphi\right), \qquad A_y = -\frac{F}{2} \cdot \sin\varphi \quad \text{und} \quad B_x = B_y = G_x = G_y = \frac{F}{2} \cdot \sin\varphi .$$

Für $\varphi = 45°$ ergeben sich

$$A_x = -\left(1 - \frac{\sqrt{2}}{4}\right) \cdot F, \qquad A_y = -\frac{\sqrt{2}}{4} F \quad \text{und} \quad B_x = B_y = G_x = G_y = \frac{\sqrt{2}}{4} F .$$

Für einen Dreigelenkbogen, bei dem eine Kraft F auf nur einen Tragwerksteil wirkt, ist auch eine einfache grafische Ermittlung der Auflagerreaktionen und der Gelenkreaktionen möglich, Bild 6-9.

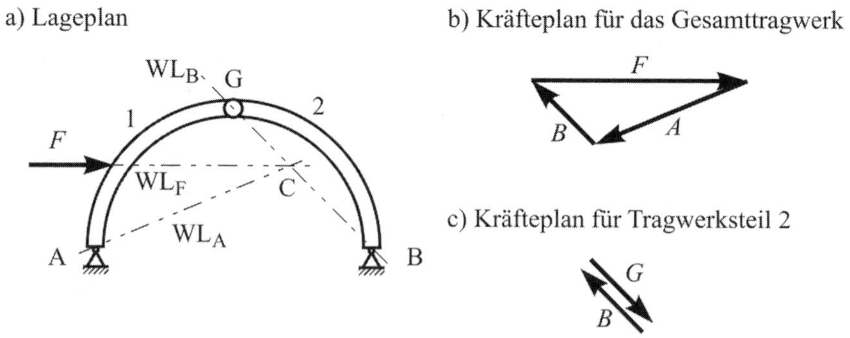

Bild 6-9 Grafische Ermittlung der Auflagerkräfte und der Gelenkkräfte beim Dreigelenkbogen
a) Lageplan mit den Kraftwirkungslinien
b) Kräfteplan für das Gesamttragwerk mit den Auflagerkräften A und B
c) Kräfteplan für das Tragwerksteil 2

Da auf den rechten Tragwerksteil keine äußere Kraft einwirkt, verläuft die Wirkungslinie WL_B der Auflagerkraft B durch den Gelenkpunkt G. Das muss deshalb so sein, weil das Gelenk bekanntlich kein Moment übertragen kann. Die Kraft F, die Auflagerkraft A und die Auflagerkraft B sind nur dann im Gleichgewicht, wenn die Wirkungslinie WL_A der Auflagerkraft A durch den Schnittpunkt C der Wirkungslinien von F und B verläuft (siehe Kapitel 2.4.3: Gleichgewicht dreier Kräfte). Überträgt man nun die Richtung der Wirkungslinien in den Kräfteplan, so erhält man die Auflagerkräfte A und B nach Größe und Richtung, Bild 6-9b. Aus dem Kräfteplan für das Tragwerksteil 2 ergibt sich auch die Größe und Richtung der Gelenkkraft G. Entsprechend dem Wechselwirkungsgesetz wirkt G in entgegen gesetzter Richtung auf den Tragwerksteil 1.

6.6 Rahmentragwerke mit Gelenken

Auch bei Tragwerksrahmen werden z. T. Gelenke eingesetzt (siehe z. B. Bild 6-1a). Diese Rahmenkonstruktionen mit Gelenken werden mit denselben Methoden behandelt, wie sie in den Kapiteln 6.2 und 6.3 beschrieben sind.

Bei Dreigelenkrahmen, bei denen nur ein Rahmenteil belastet ist, kann unter bestimmten Voraussetzungen auch das in Kapitel 6.5 beschriebene grafische Verfahren eingesetzt werden. Voraussetzung ist, dass die Wirkungslinie der Auflagerkraft des unbelasteten Teils nicht parallel zur Wirkungslinie der äußeren Kraft verläuft.

Beispiel 6-4 ***

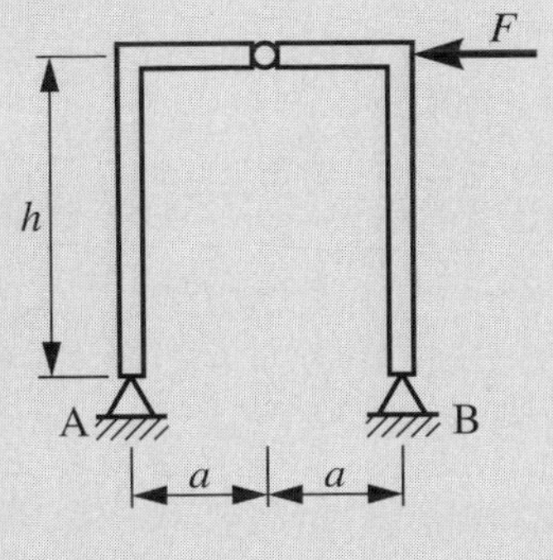

Für den skizzierten Rahmen ermittle man:

a) die Auflager- und Gelenkkräfte,

b) die Schnittgrößenverläufe.

geg.: $F, a, h = 3a$

<u>Lösung:</u>

a) Auflager- und Gelenkkräfte

Freischnitte

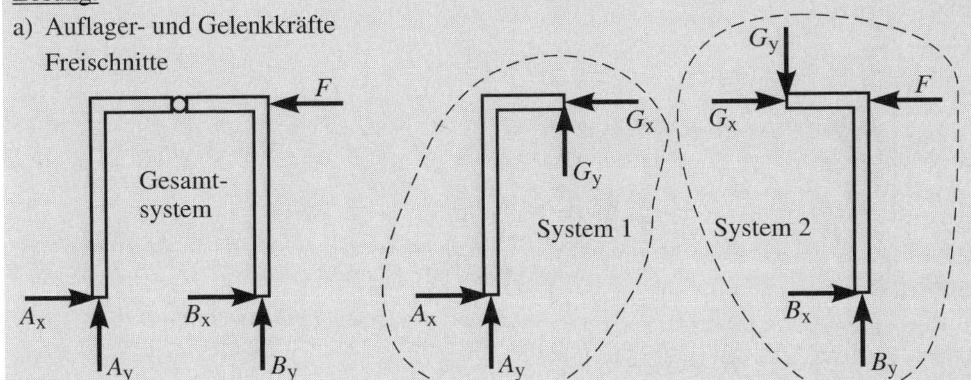

Gleichgewichtsbedingungen für das Gesamtsystem:

$$\overset{\frown}{A}: \quad B_y \cdot 2a + F \cdot h = 0 \quad \Rightarrow \quad B_y = -F \cdot \frac{h}{2a} = -\frac{3}{2}F \tag{1}$$

$$\uparrow: \quad A_y + B_y = 0 \quad \Rightarrow \quad A_y = -B_y = \frac{3}{2}F \tag{2}$$

$$\rightarrow: \quad A_x + B_x - F = 0 \tag{3}$$

System 1:

$$\overset{\frown}{G}: \quad A_y \cdot a - A_x \cdot h = 0 \quad \Rightarrow \quad A_x = A_y \cdot \frac{a}{h} = \frac{1}{3}A_y = \frac{1}{2}F \tag{4}$$

$$\rightarrow \quad A_x - G_x = 0 \quad \Rightarrow \quad G_x = A_x = \frac{1}{2}F \tag{5}$$

$$\uparrow: \quad A_y + G_y = 0 \quad \Rightarrow \quad G_y = -A_y = -\frac{3}{2}F \tag{6}$$

aus (3) und (4) folgt: $\quad B_x = F - A_x = \frac{1}{2}F$

b) Schnittgrößen

Bereich I: $0 < x_I < h$

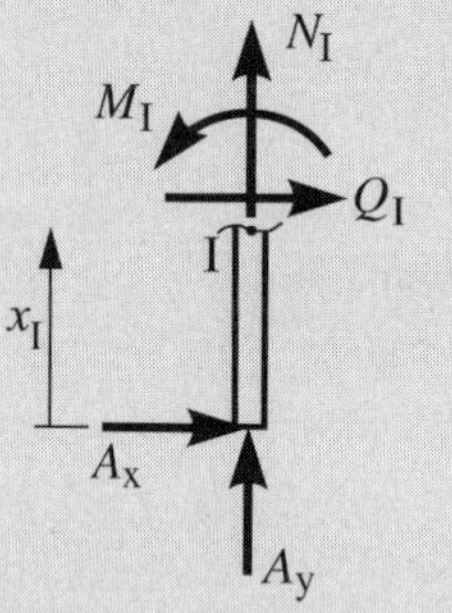

$$\rightarrow: \quad Q_I + A_x = 0 \quad \Rightarrow \quad Q_I = -A_x = -\frac{1}{2}F$$

$$\uparrow: \quad N_I + A_y = 0 \quad \Rightarrow \quad N_I = -A_y = -\frac{3}{2}F$$

$$\overset{\frown}{I}: \quad M_I + A_x \cdot x_I = 0 \quad \Rightarrow \quad M_I = -A_x \cdot x_I$$

$$M_I(x_I = 0) = 0 \qquad M_I(x_I = h) = -\frac{3}{2}F \cdot a$$

Bereich II: $\quad 0 < x_{II} < 2a$

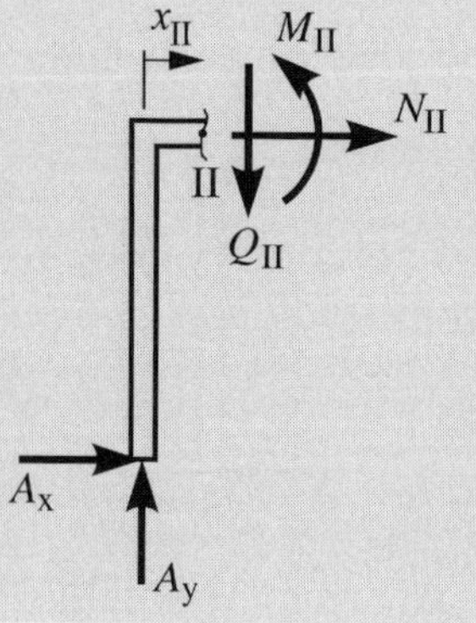

$$\rightarrow: \quad N_{II} + A_x = 0 \quad \Rightarrow \quad N_{II} = -A_x = -\frac{1}{2}F$$

$$\uparrow: \quad A_y - Q_{II} = 0 \quad \Rightarrow \quad Q_{II} = A_y = \frac{3}{2}F$$

$$\overset{\frown}{II}: \quad M_{II} - A_y \cdot x_{II} + A_x \cdot h = 0$$

$$\Rightarrow \quad M_{II} = A_y \cdot x_{II} - A_x \cdot h = 0$$

$$M_{II}(x_{II} = 0) = -A_x \cdot h = -\frac{3}{2}F \cdot a$$

$$M_{II}(x_{II} = 2a) = A_y \cdot 2a - A_x \cdot h = \frac{3}{2} F \cdot a$$

Bereich III: $0 < x_{III} < h$ (Verwendung des anderen Schnittufers)

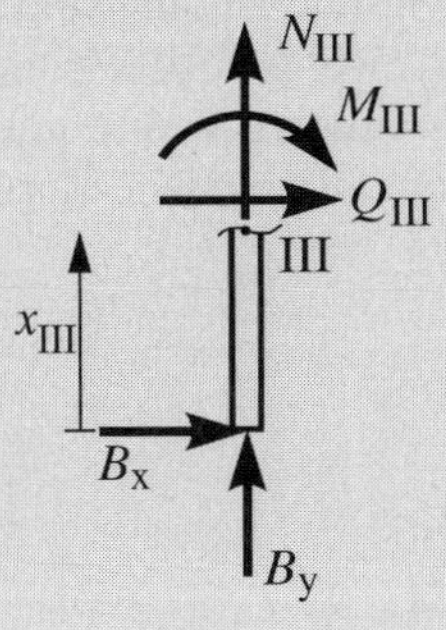

$$\rightarrow: \quad Q_{III} + B_x = 0 \quad \Rightarrow \quad Q_{III} = -B_x = -\frac{1}{2} F$$

$$\uparrow: \quad N_{III} + B_y = 0 \quad \Rightarrow \quad N_{III} = -B_y = \frac{3}{2} F$$

$$\widehat{III}: \quad M_{III} - B_x \cdot x_{III} = 0 \quad \Rightarrow \quad M_{III} = B_x \cdot x_{III}$$

$$M_{III}(x_{III} = 0) = 0 \qquad M_{III}(x_{III} = h) = \frac{3}{2} F \cdot a$$

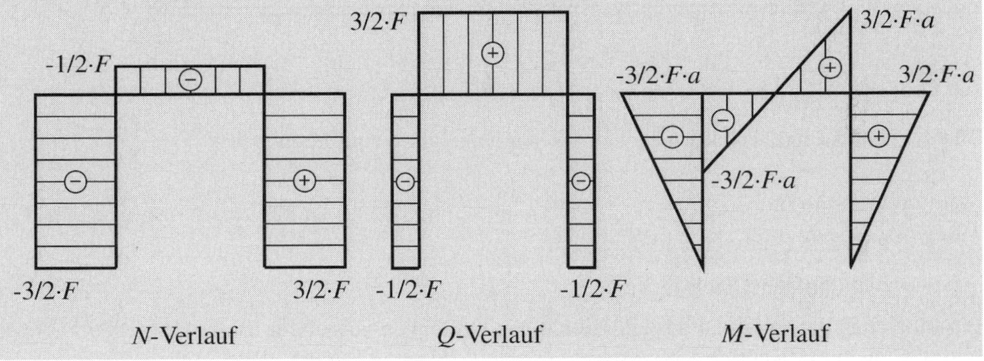

7 Ebene Fachwerke

Ein Fachwerk ist ein mehrteiliges Tragwerk, das aus Stäben aufgebaut ist. Die Stäbe sind durch Gelenke miteinander verbunden, die als Knoten bezeichnet werden. Die Knoten sind als reibungsfreie Gelenke ausgeführt und können somit nur eine Kraft, d. h. zwei Kraftkomponenten, aber kein Moment übertragen. Beim idealen Fachwerk greifen die äußeren Kräfte nur in den Knotenpunkten an, Bild 7-1. Somit sind die Stäbe, wie grundsätzlich üblich (siehe Kapitel 5.1.2), nur durch Zug- oder Druckkräfte in Stabrichtung beansprucht.

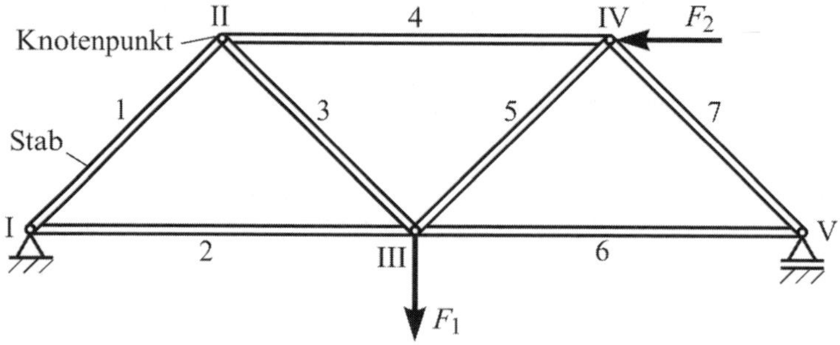

Bild 7-1 Aufbau eines einfachen Fachwerkes mit fünf Knoten und sieben Stäben

Man unterscheidet

- einfache Fachwerke und
- nichteinfache Fachwerke.

Ein einfaches Fachwerk ist ausschließlich aus Dreiecken aufgebaut. Beim einfachen Fachwerk kommen auch zweistäbige Knoten vor, siehe z. B. Knoten I und V, Bild 7-1.

Nichteinfache Fachwerke bestehen nicht nur aus dreieckigen Feldern, sondern z. B. auch aus Vierecken oder Fünfecken. In jeden Knoten münden beim nichteinfachen Fachwerk mindestens drei Stäbe, Bild 7-2.

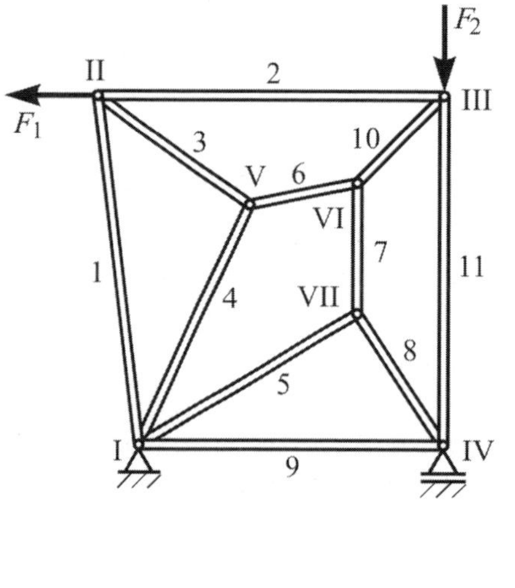

Bild 7-2
Aufbau eines nichteinfachen Fachwerks mit sieben Knoten und elf Stäben

7.1 Stabilität, statische Bestimmtheit

Die Gelenke beim Fachwerk nennt man Knoten oder Knotenpunkte. Die Anzahl der Knoten wird mit k bezeichnet. Bei dem einfachen Fachwerk in Bild 7-1 beträgt die Knotenzahl $k = 5$. Die Anzahl der Stäbe wird mit s bezeichnet. Bei dem in Bild 7-1 gezeigten Beispiel ist $s = 7$. Das Fachwerk ist durch ein Festlager und ein Loslager statisch bestimmt gelagert. Es existieren somit $a_{ges} = 3$ Auflagerbindungen.

Ein als Tragstruktur einsetzbares Fachwerk muss stabil gelagert sein und zudem auch ohne Lagerung eine innere Stabilität besitzen. Voraussetzung dafür, dass die Auflagerreaktionen und die Stabkräfte mit den Methoden der Statik bestimmt werden können, ist die statisch bestimmte Lagerung und die innere statische Bestimmtheit des Fachwerks.

Hierzu lassen sich folgende Überlegungen anstellen:

- Ein freier, ungebundener Punkt hat in der Ebene zwei Freiheitsgrade, z. B. Bewegungsfreiheitsgrade in x- und y-Richtung.
- k freie Punkte (Knotenpunkte) haben in der Ebene $2k$ Freiheitsgrade.

Sind die Punkte durch Stäbe verbunden und ist das Fachwerk aufgelagert, so ergeben sich die Freiheitsgrade nach der Formel

$$\boxed{f = 2k - (a_{ges} + s)} \qquad (7.1),$$

wobei berücksichtigt ist, dass der Stab ein statisch einwertiges Gebilde darstellt.

Für $f = 0$ ist das Fachwerk statisch bestimmt und stabil gelagert. Es ist somit als Tragwerk geeignet. Für $f < 0$ ist das Fachwerk ebenfalls stabil. Es ist dann aber entweder statisch unbestimmt gelagert oder es liegt wegen zu vieler Stäbe eine innere statische Unbestimmtheit vor. In diesem Fall reichen die Methoden der Statik nicht aus, um das Fachwerk zu berechnen. Ergibt sich mit Gleichung (7.1) $f > 0$, kann sich das Fachwerk bewegen und ist damit als Tragwerk unbrauchbar.

Bei dem in Bild 7-1 dargestellten Fachwerk liegt Stabilität und statische Bestimmtheit vor. Mit $k = 5$, $s = 7$ und $a_{ges} = 3$ ergibt sich mit Gleichung (7.1)

$$f = 2 \cdot 5 - (3 + 7) = 0\,.$$

Auch das nichteinfache Fachwerk in Bild 7-2 ist statisch bestimmt und stabil und somit als Tragwerk brauchbar. Nach Gleichung (7.1) ergibt sich mit $k = 7$, $s = 11$ und $a_{ges} = 3$

$$f = 2 \cdot 7 - (3 + 11) = 0\,.$$

Bei einem Fachwerk muss also eine statisch bestimmte Lagerung (siehe auch Kapitel 5.3.1 beim einteiligen Tragwerk und Kapitel 6.1.1 beim mehrteiligen Tragwerk) und zusätzlich innere statische Bestimmtheit gewährleistet sein. Bei vorliegender statisch bestimmter Lagerung ergibt sich die innere statische Bestimmtheit bei einer Stabzahl von

$$\boxed{s = 2k - a_{ges}} \qquad (7.2).$$

Mit dieser Formel lässt sich die erforderliche Anzahl der Stäbe eines Fachwerks berechnen. Liegt eine höhere Stabzahl vor, ist das Fachwerk zwar stabil, aber innere statisch unbestimmt. Bei einer niedrigeren Stabzahl ist das Fachwerk statisch unbrauchbar.

7.2 Ermittlung der Auflagerkräfte von ebenen Fachwerken

Liegt eine statisch bestimmte Lagerung vor, so können die Auflagerkräfte mit den Gleichgewichtsbedingungen der ebenen Statik, Kapitel 4.1, 5.4 und 6.2, ermittelt werden. Dabei kann das Fachwerk im Allgemeinen als einteiliges oder in speziellen Fällen als mehrteiliges Gesamttragwerk angesehen werden.

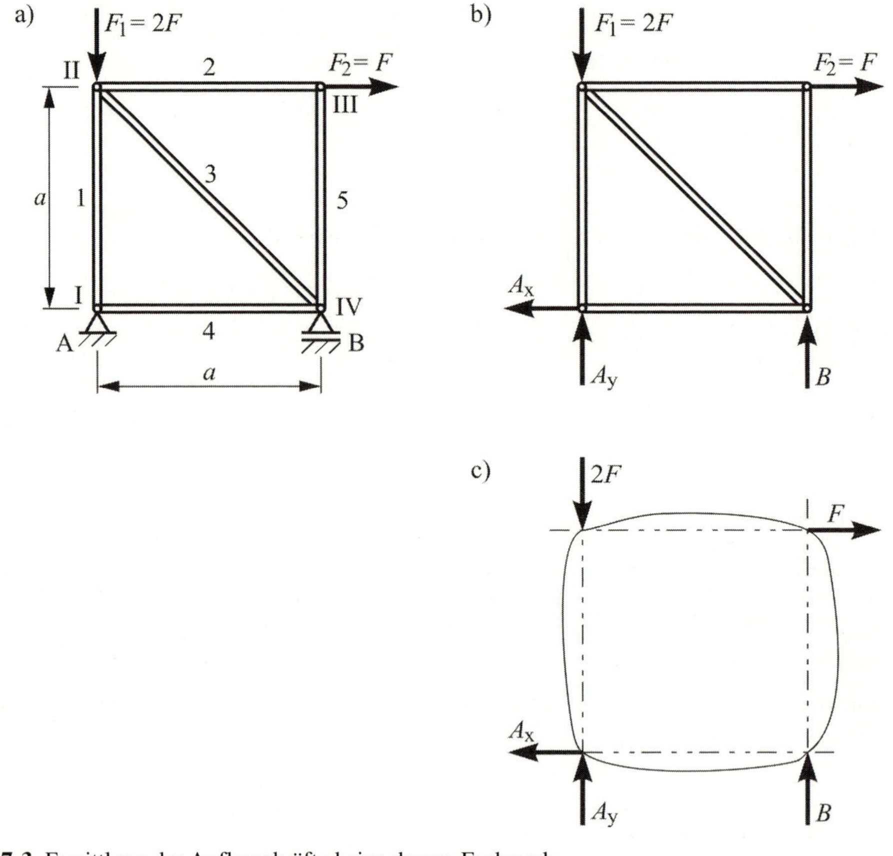

Bild 7-3 Ermittlung der Auflagerkräfte beim ebenen Fachwerk

a) Statisch bestimmt gelagertes und stabiles Fachwerk mit vier Knoten und fünf Stäben

b) Freigeschnittenes Fachwerk mit den äußeren Kräften $F_1 = 2F$ und $F_2 = F$ sowie den Auflagerkräften A_x, A_y und B

c) Betrachtung des Fachwerkes als starrer Körper mit den Wirkungslinien der äußeren Kräfte und der Auflagerkräfte

Für die Ermittlung der Auflagerreaktionen beim Fachwerk ist wie bei allen Tragwerken zunächst ein Freischnitt, d. h. das gedankliche Lösen des Fachwerkes von den Auflagern und das Einzeichnen der Lagerreaktionskräfte, nötig (siehe Bild 7-3a und Bild 7-3b). Für die Ermittlung der Auflagerkräfte wird das Fachwerk, wie alle bereits behandelten Tragwerke, als starrer Körper betrachtet, Bild 7-3c.

Die Gleichgewichtsbedingungen für das in Bild 7-3 gezeigte Fachwerk lauten:

$$\leftarrow: \quad A_x - F_2 = A_x - F = 0 \qquad (7.3),$$

$$\widehat{B}: \quad A_y \cdot a - F_1 \cdot a + F_2 \cdot a = A_y \cdot a - 2F \cdot a + F \cdot a = 0 \qquad (7.4),$$

$$\widehat{A}: \quad B \cdot a - F_2 \cdot a = B \cdot a - F \cdot a = 0 \qquad (7.5).$$

Mit den Gleichungen (7.3), (7.4) und (7.5) ergeben sich die Auflagerkräfte

$$A_x = F \,,\ A_y = F \text{ und } B = F \,.$$

Sind die äußeren Kräfte und die Auflagerkräfte bekannt, so können die inneren Kräfte, die Stabkräfte des Fachwerks, ermittelt werden.

7.3 Ermittlung der Stabkräfte beim einfachen Fachwerk

Für die ingenieurtechnische Auslegung eines Fachwerkes und die Auswahl der erforderlichen Stabquerschnitte ist die Kenntnis der Stabkräfte von Bedeutung. Obwohl das Gesamtfachwerk im Allgemeinen große Kräfte und Momente übertragen kann, wirkt im einzelnen Fachwerkstab lediglich eine Zug- oder Druckkraft in Stabrichtung. Für die Ermittlung der Stabkräfte eines Fachwerkes stehen sowohl rechnerische als auch zeichnerische Methoden zur Verfügung. Diese werden im Folgenden vorgestellt.

7.3.1 Nullstäbe

Neben belasteten Stäben können in einem Fachwerk auch unbelastete Stäbe, so genannte Nullstäbe, vorkommen. Diese sind dennoch von Bedeutung, da sie im Allgemeinen der Stabilität des Fachwerkes dienen. Nur in Einzelfällen kann auf die Nullstäbe verzichtet werden.

Diese Nullstäbe lassen sich im Allgemeinen mit einfachen Regeln erkennen:

Regel 1: *Bei einem zweistäbigen unbelasteten Knoten sind beide Stäbe Nullstäbe, Bild 7-4a.*

Regel 2: *Ist ein zweistäbiger Knoten in die Richtung eines Stabs belastet, so ist der andere Stab Nullstab, Bild 7-4b.*

Regel 3: *Ein Nullstab tritt bei einem dreistäbigen unbelasteten Knoten auf, wenn die beiden anderen Stäbe in dieselbe Richtung zeigen, Bild 7-4c.*

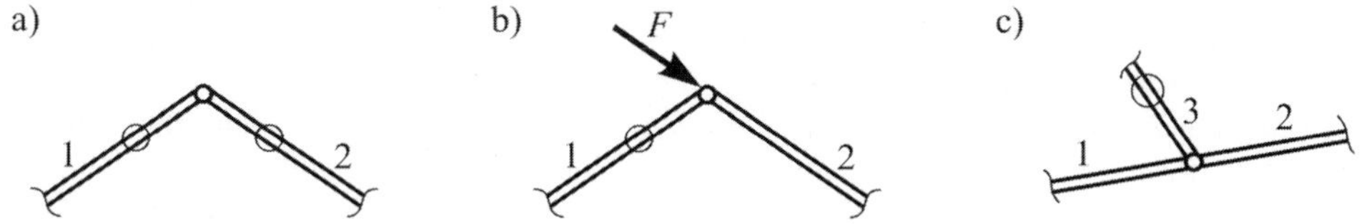

Bild 7-4 Regeln für Nullstäbe

a) Zweistäbiger unbelasteter Knoten: beide Stäbe (1 und 2) sind Nullstäbe

b) Zweistäbiger belasteter Knoten, bei dem die Kraft in Richtung eines Stabs wirkt: anderer Stab (1) ist Nullstab

c) Dreistäbiger unbelasteter Knoten mit zwei Stäben, die in dieselbe Richtung zeigen (Stäbe 1 und 2): dritter Stab (3) ist Nullstab

Diese Regeln für Nullstäbe entspringen Gleichgewichtsbetrachtungen an den betrachteten Knoten, siehe auch Kapitel 7.3.3.

Bei dem in Bild 7-5 dargestellten Fachwerk kommen insgesamt vier Nullstäbe vor. Bei Knoten I handelt es sich um einen unbelasteten zweistäbigen Knoten (siehe Regel 1, Bild 7-4a). Somit sind Stab 1 und Stab 2 Nullstäbe. Für die Übertragung der vorliegenden Kräfte F_1 und F_2 werden beide Stäbe nicht benötigt. Sollten die Stäbe auch nicht aus anderen Gründen erforderlich sein, können sie weggelassen werden.

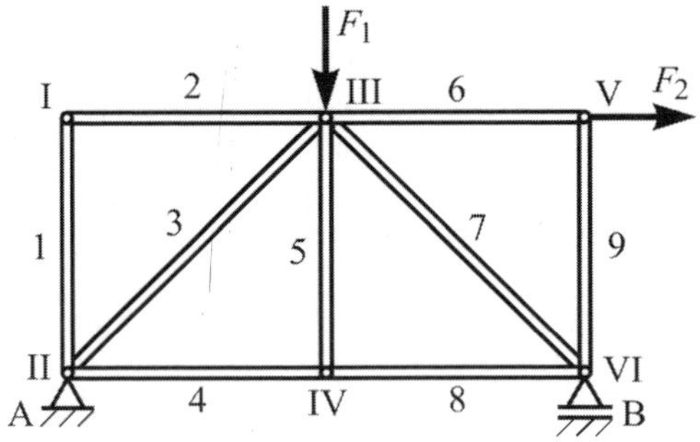

Bild 7-5 Aufsuchen von Nullstäben beim Fachwerk

Bei Knoten V liegt ein zweistäbiger Knoten vor, bei dem die angreifende Kraft in Richtung von Stab 6 wirkt. In diesem Fall ist Stab 9 ein Nullstab (siehe Regel 2, Bild 7-4b). Er überträgt zwar keine Kraft, dient aber der Stabilität des Fachwerks, da er Stab 6 in Position hält. Auf Stab 9 kann also nicht verzichtet werden.

Bei Knoten IV liegt ein dreistäbiger unbelasteter Knoten vor, bei dem die Stäbe 4 und 8 in dieselbe Richtung zeigen. Demnach ist Stab 5 ein Nullstab (siehe Regel 3, Bild 7-4c). Obwohl Stab 5 keine Kraft überträgt, ist er für die Stabilität des Fachwerks dringend erforderlich (siehe auch Kapitel 7.1).

Mit diesen Regeln für Nullstäbe können, falls Nullstäbe vorliegen, bereits erste Stabkräfte bestimmt werden. Die übrigen Stabkräfte können mit rechnerischen oder zeichnerischen Methoden ermittelt werden.

7.3.2 RITTERsches Schnittverfahren

Bei diesem Verfahren erfolgt die Ermittlung der Stabkräfte durch Gleichgewichtsbetrachtungen an einzelnen Fachwerksteilen. Dazu werden, ähnlich wie bei dem Schnittprinzip nach EULER-LAGRANGE, gedachte Schnitte durch das Fachwerk gelegt und das Fachwerk so in jeweils zwei Teile zerlegt. Die Schnitte müssen jeweils durch 3 Stäbe gehen, die sich nicht in einem Knoten treffen. Die Schnittgrößen (inneren Kräfte) sind beim Fachwerk dann die zu bestimmenden Stabkräfte. Sie wirken jeweils in Stabrichtung und werden als Zugkräfte angenommen. Sollte sich bei der Ermittlung der Stabkraft ein negatives Vorzeichen ergeben, so handelt es sich um einen Druckstab.

Die Ermittlung der Stabkräfte mit dem RITTERschen Schnittverfahren soll nun an dem in Bild 7-3 dargestellten Fachwerk verdeutlicht werden.

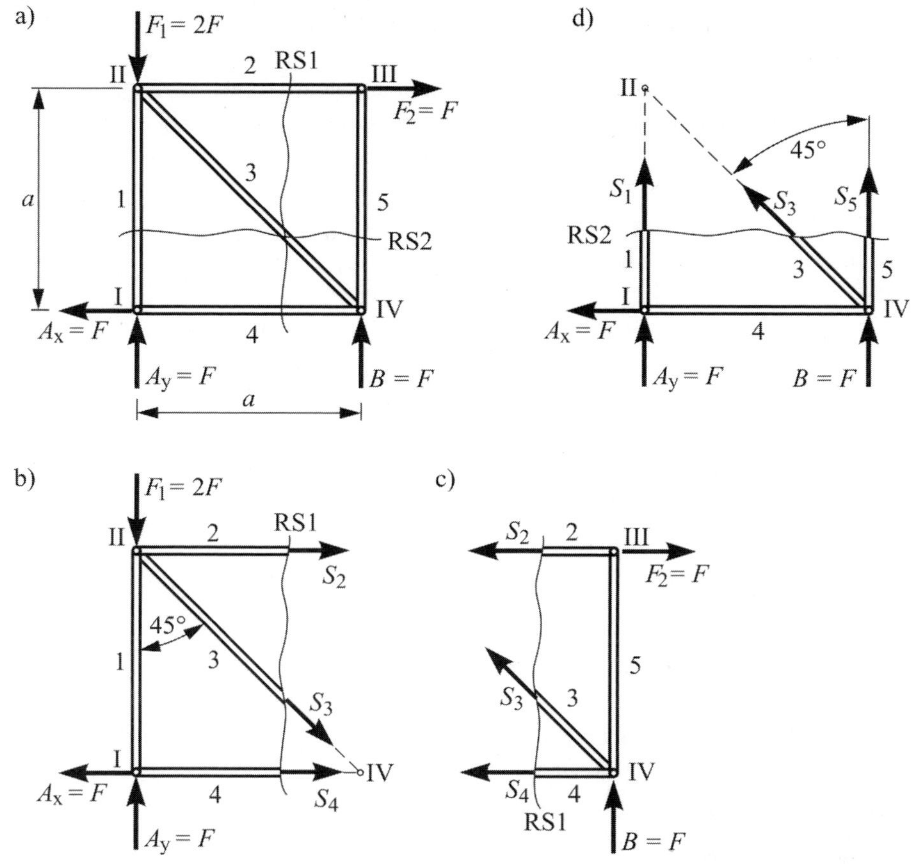

Bild 7-6 Ermittlung der Stabkräfte mit dem RITTERschen Schnittverfahren

a) Freigeschnittenes Fachwerk nach Bild 7-3 mit den äußeren Kräften $F_1 = 2F$ und $F_2 = F$ sowie den bereits ermittelten Auflagerkräften $A_x = F$, $A_y = F$ und $B = F$ sowie den RITTERschen Schnitten RS1 und RS2

b) Mit RITTER-Schnitt RS1 freigeschnittenes Fachwerksteil mit den als Zugkräfte angenommenen Stabkräften S_2, S_3 und S_4

c) Rechter Teilbereich des Fachwerks, der durch RS1 entstanden ist, mit den entgegengesetzt wirkenden Stabkräften S_2, S_3 und S_4

d) Mit RITTER-Schnitt RS2 freigeschnittenes Fachwerksteil mit den Stabkräften S_1, S_3 und S_5

Für dieses Fachwerk wurden die Auflagerkräfte bereits in Kapitel 7.2 bestimmt. Äußere Kräfte und Auflagerkräfte sind in Bild 7-6a eingezeichnet. Mit dem RITTER-Schnitt RS1 durch die drei Stäbe 2, 3 und 4 können dann die Stabkräfte S_2, S_3 und S_4 ermittelt werden. Dazu werden diese als Zugkräfte in Bild 7-6b angenommen. Mit den Gleichgewichtsbedingungen der ebenen Statik lassen sich die gesuchten Stabkräfte ermitteln. Sinnvoll ist es, möglichst Momentenbedingungen um die Knotenpunkte einzusetzen, um so die Anzahl der Unbekannten je Gleichung zu reduzieren.

Die Momentenbedingung um den Knoten IV liefert:

$$\stackrel{\frown}{IV}: \quad S_2 \cdot a - F_1 \cdot a + A_y \cdot a = 0 \qquad (7.6).$$

Die Unbekannten S_3 und S_4 kommen in dieser Gleichung nicht vor, da sie keine Momente um Punkt IV ausüben. Somit kann die Stabkraft S_2 unmittelbar aus Gleichung (7.6) ermittelt werden:

$$S_2 = F_1 - A_y = 2F - F = F \ .$$

Die Momentenbedingung um Knoten II liefert

$$\stackrel{\frown}{II}: \quad S_4 \cdot a - A_x \cdot a = 0 \qquad (7.7).$$

Daraus ergibt sich

$$S_4 = A_x = F \ .$$

Mit der dritten Gleichgewichtsbedingung

$$\downarrow: \quad S_3 \cdot \cos 45° + F_1 - A_y = 0 \qquad (7.8)$$

erhält man die Stabkraft

$$S_3 = \frac{-F_1 + A_y}{\cos 45°} = \frac{-2F + F}{\cos 45°} = -1{,}41F \ .$$

Die Stabkräfte S_2, S_3 und S_4 hätten auch durch die Betrachtung des rechten Teilbereich des Fachwerks, Bild 7-6c, ermittelt werden können.

Mit dem RITTER-Schnitt RS2, Bild 7-6d, lassen sich die Stabkräfte S_1 und S_5 bestimmen. Die Momentenbedingung um Knoten IV liefert

$$\stackrel{\frown}{IV}: \quad S_1 \cdot a + A_y \cdot a = 0 \quad \Rightarrow \quad S_1 = -A_y = -F \qquad (7.9).$$

Die Momentenbedingung um Punkt II führt zu

$$\stackrel{\frown}{II}: \quad S_5 \cdot a + B \cdot a - A_x \cdot a = 0 \quad \Rightarrow \quad S_5 = A_x - B = F - F = 0 \qquad (7.10).$$

Die Stabkraft S_5 ist somit null. Dies erkennt man auch mit den Regeln für Nullstäbe (siehe insbesondere Bild 7-4b).

Die Stäbe 2 und 4 sind Zugstäbe, während die Stäbe 1 und 3 Druckstäbe sind. Die Einteilung der Stäbe in Zug- und Druckstäbe ist für die Dimensionierung der Stäbe von Bedeutung (siehe Teil: Festigkeitslehre)

Der RITTER-Schnitt kann auch durch mehr als drei Stabkräfte gehen, wenn einzelne Stabkräfte schon bekannt sind. Damit die Stabkräfte mit den drei Gleichgewichtsbedingungen der ebenen Statik ermittelt werden können, dürfen in diesem Schnitt aber nicht mehr als drei unbekannte Stabkräfte wirken.

Beispiel 7-1 ***

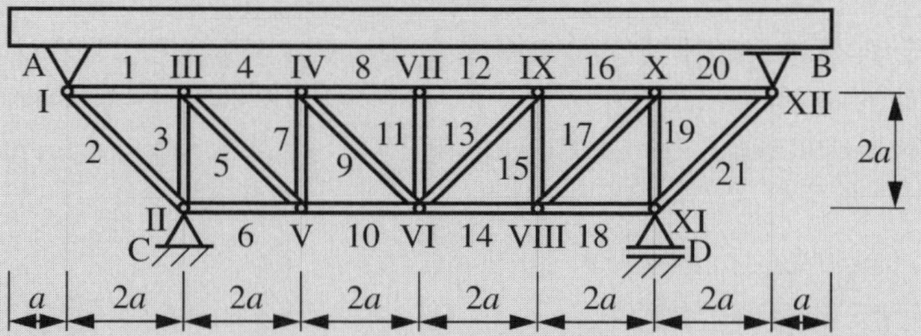

Eine Dachunterkonstruktion, die auf zwei Betonpfeilern C und D gelagert ist, trägt das Dach einer Fabrikhalle. Als anteilige Dachlast kann eine konstante Streckenlast q_0 angenommen werden.

Bestimmen Sie:

a) die Auflagerkräfte A, B, C und D und

b) die Stabkräfte in den Stäben 1-11 mit Hilfe des RITTERschen Schnittverfahrens.

geg.: $q_0 = 7000$ N/m, $a = 1$ m

Lösung:

a) Auflagerkräfte A, B, C und D

Freischnitt Dach

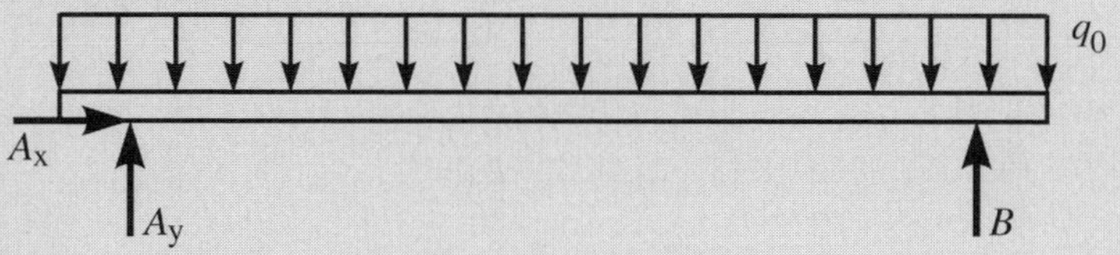

$\rightarrow: \quad A_x = 0$

$\curvearrowleft A: \quad B \cdot 12a - q_0 \cdot 14a \cdot 6a = 0 \quad \Rightarrow \quad B = \dfrac{q_0 \cdot 14a \cdot 6a}{12a} = 49\,\text{kN}$

$\uparrow: \quad A_y - q_0 \cdot 14a + B = 0 \quad \Rightarrow \quad A_y = q_0 \cdot 14a - B = 49\,\text{kN}$

Freischnitt Dachunterkonstruktion

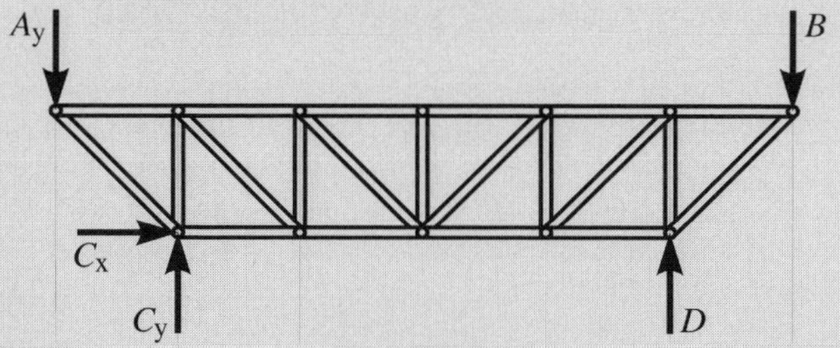

$\rightarrow: \quad C_x = 0$

$\overset{\curvearrowright}{C}$: $\quad B \cdot 10a - D \cdot 8a - A_y \cdot 2a = 0 \quad \Rightarrow \quad D = \frac{1}{8} \cdot \left(10B - 2A_y\right) = 49\,\text{kN}$

$\uparrow$: $\quad C_y + D - A_y - B = 0 \quad \Rightarrow \quad C_y = A_y + B - D = 49\,\text{kN}$

b) Stabkräfte in den Stäben 1 - 11 mit Hilfe des RITTERschen Schnittverfahrens

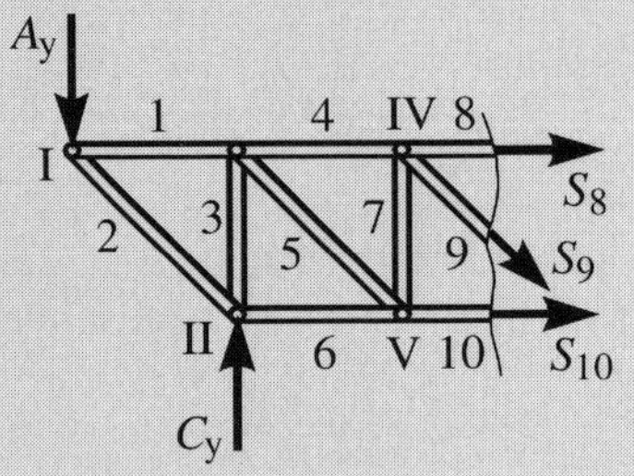

$\overset{\curvearrowright}{IV}$: $\quad S_{10} \cdot 2a - C_y \cdot 2a + A_y \cdot 4a = 0$

$\Rightarrow \quad S_{10} = C_y - 2A_y = -49\,\text{kN}$

$\downarrow$: $\quad S_9 \cdot \sin 45° + A_y - C_y = 0 \quad \Rightarrow \quad S_9 = 0$

$\rightarrow$: $\quad S_8 + S_{10} + S_9 \cdot \cos 45° = 0$

$\Rightarrow \quad S_8 = -S_{10} = 49\,\text{kN}$

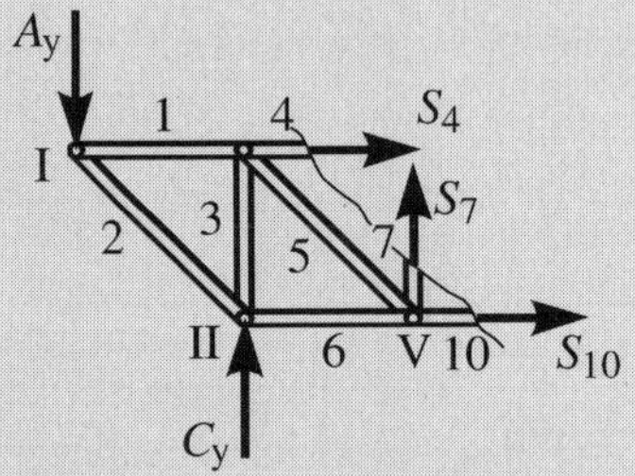

$\uparrow$: $\quad S_7 + C_y - A_y = 0 \quad \Rightarrow \quad S_7 = 0$

$\rightarrow$: $\quad S_4 + S_{10} = 0 \quad \Rightarrow \quad S_4 = -S_{10} = 49\,\text{kN}$

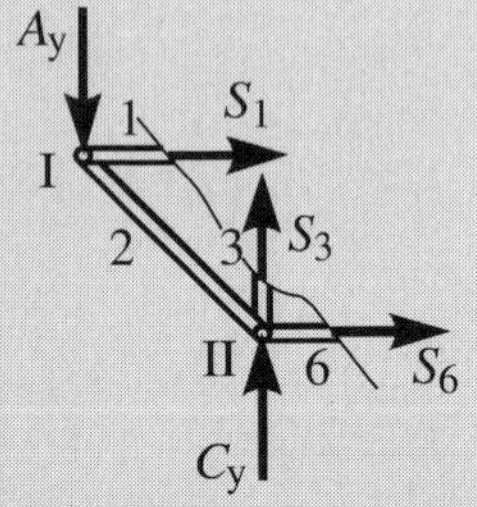

$\overset{\curvearrowright}{II}$: $\quad S_1 \cdot 2a - A_y \cdot 2a = 0$

$\Rightarrow \quad S_1 = A_y = 49\,\text{kN}$

$\uparrow$: $\quad S_3 + C_y - A_y = 0 \quad \Rightarrow \quad S_3 = 0$

$\rightarrow$: $\quad S_1 + S_6 = 0 \quad \Rightarrow \quad S_6 = -S_1 = -49\,\text{kN}$

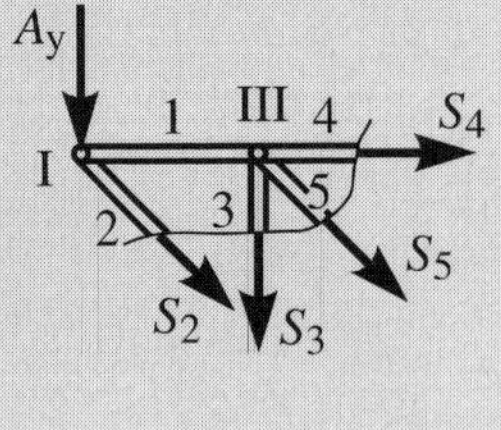

$\overset{\curvearrowright}{II}$: $\quad S_4 \cdot 2a + S_5 \cdot \sin 45° \cdot 2a - A_y \cdot 2a = 0$

$\Rightarrow \quad S_5 = \frac{1}{\sin 45°} \cdot \left(A_y - S_4\right) = 0$

$\downarrow$: $\quad S_2 \cdot \cos 45° + A_y + S_3 + S_5 \cdot \cos 45° = 0$

$\Rightarrow$

$$S_2 = \frac{-A_y - S_3 - S_5 \cdot \cos 45°}{\cos 45°} = -69{,}3\,\text{kN}$$

7.3.3 Knotenpunktverfahren

Dieses Verfahren geht davon aus, dass sich das gesamte Fachwerk im Gleichgewicht befindet, wenn für jeden Knoten Gleichgewicht nachgewiesen werden kann. Dazu werden alle Fachwerkknoten gedanklich freigeschnitten. An den Stäben, die in einen Knoten einmünden, werden dann die Stabkräfte als Zugkräfte eingetragen. Mit den Gleichgewichtsbedingungen für die zentrale Kräftegruppe (die Wirkungslinien aller Kräfte schneiden sich im Knotenpunkt, siehe auch Kapitel 2.4.4), nämlich mit $\Sigma F_{ix} = 0$ ($\rightarrow$) und mit $\Sigma F_{iy} = 0$ ($\uparrow$) lassen sich dann die Stabkräfte ermitteln. Sinnvoll ist es an einem zweistäbigen Knoten zu beginnen, da dort die beiden unbekannten Stabkräfte mit den zwei Gleichgewichtsbedingungen sofort ermittelt werden können.

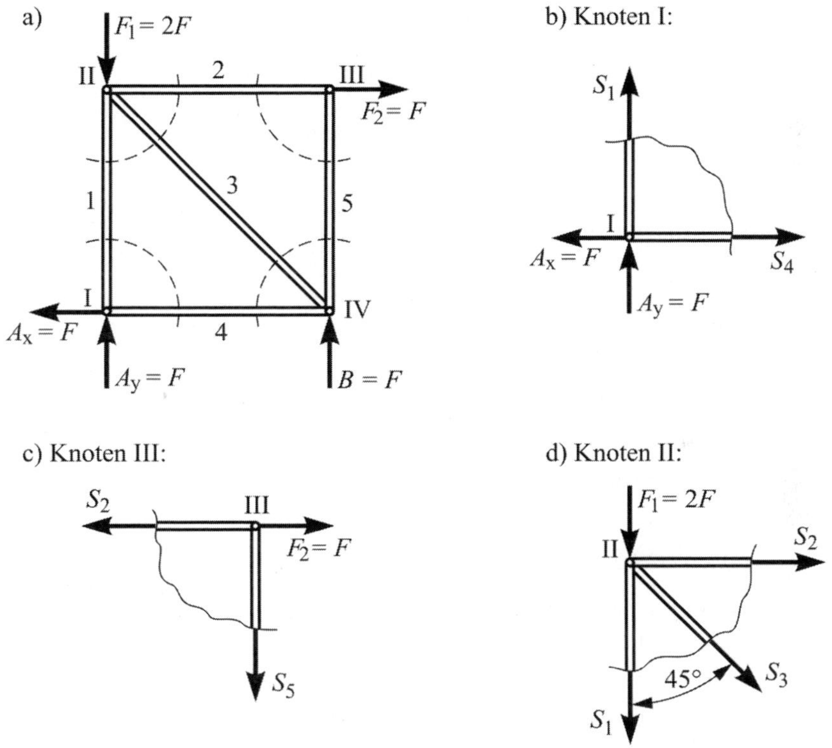

Bild 7-7 Ermittlung der Stabkräfte mit dem Knotenpunktverfahren

a) Freigeschnittenes Fachwerk nach Bild 7-3, bei dem zur Ermittlung der Stabkräfte die Knoten nacheinander freigeschnitten werden

b) Freischnitt für Knoten I mit den als Zugkräfte angenommenen Stabkräften S_1 und S_4

c) Freigeschnittener Knoten III mit den Stabkräften S_2 und S_5

d) Freischnitt für Knoten II mit den Stabkräften S_1, S_2 und S_3

Auch das Knotenpunktverfahren soll an dem Fachwerk in Bild 7-3a verdeutlicht werden. Somit ist ein unmittelbarer Vergleich der hier vorgestellten Methoden zur Ermittlung der Stabkräfte möglich.

Die äußeren Kräfte und die Auflagerreaktionen des Fachwerks sind in Bild 7-7a eingetragen. Dort ist auch angedeutet, wie die Knoten freigeschnitten werden sollen. Die Gleichgewichtsbedingungen für den freigeschnittenen Knoten I, Bild 7-7b, führen zu

$$\rightarrow: \quad S_4 - A_x = 0 \tag{7.11}$$

und

$$\uparrow: \quad S_1 + A_y = 0 \tag{7.12}$$.

Aus Gleichung (7.11) erhält man

$$S_4 = A_x = F$$

und mit Gleichung (7.12) ergibt sich

$$S_1 = -A_y = -F\ .$$

Für den Knoten III, Bild 7-7c, liefert die Gleichgewichtsbedingung $\Sigma F_{ix} = 0$

$$\leftarrow: \quad S_2 - F_2 = 0 \quad \Rightarrow \quad S_2 = F_2 = F \tag{7.13}$$.

Die Gleichgewichtsbedingung in y-Richtung liefert

$$\downarrow: \quad S_5 = 0 \tag{7.14}$$.

Mit den Gleichgewichtsbedingungen für Knoten III, Gleichung (7.13) und (7.14), lässt sich auch die Nullstabregel 2, Bild 7-4b, erklären. Bei Knoten III handelt es sich um einen zweistäbigen Knoten, bei dem die Kraft F_2 in Richtung von Stab 2 wirkt. Während Stab 2 die Kraft F_2 aufnimmt, ist der andere Stab, hier Stab 5, Nullstab, d. h. $S_5 = 0$.

Mit der Gleichgewichtsbetrachtung am Knoten II, Bild 7-7d, kann auch die Stabkraft S_3 ermittelt werden:

$$\rightarrow: \quad S_3 \cdot \sin 45° + S_2 = 0 \quad \Rightarrow \quad S_3 = -1{,}41F \tag{7.15}$$.

Somit sind alle Stabkräfte des Fachwerks bestimmt. Wenn man Kräftepläne für die einzelnen Knoten zeichnet, erkennt man außerdem, dass die Kraftecke für alle Knoten geschlossen sind.

Das Knotenpunktverfahren funktioniert immer, da jeder Knoten für sich im Gleichgewicht sein muss. Es eignet sich auch in besonderer Weise für die computertechnische Behandlung.

Beispiel 7-2 ***

Eine Eisenbahnbrücke, bestehend aus einer Fachwerkskonstruktion, ist in A und B gelagert (Fragestellung 1-1). Die Kräfte, die sich aus einer Zugüberfahrt ergeben, greifen idealisiert an den Knoten III und IV an.

Bestimmen Sie

a) die Auflagerkräfte in A und B sowie

b) die Stabkräfte des Fachwerks mit Hilfe des Knotenpunktverfahrens.

geg.: F, a

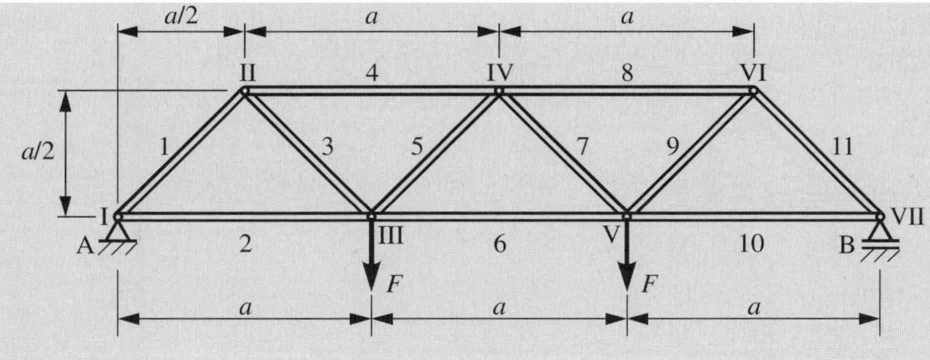

Lösung:

a) Auflagerkräfte in A und B

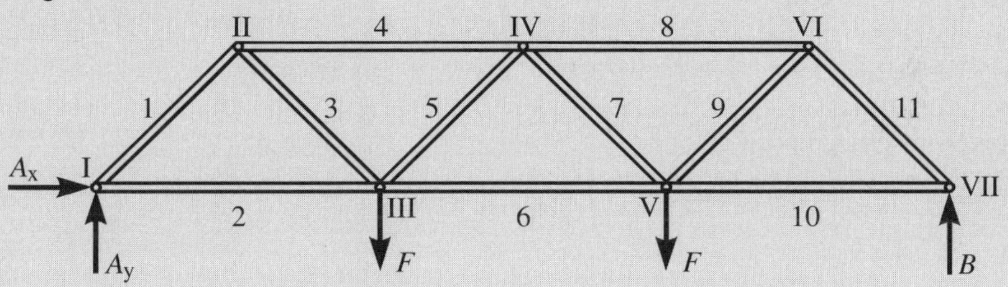

$\rightarrow$: $A_x = 0$

$\overset{\frown}{A}$: $F \cdot a + F \cdot 2a - B \cdot 3a = 0 \quad \Rightarrow \quad B = F$

$\uparrow$: $A_y - 2F + B = 0 \quad \Rightarrow \quad A_y = F$

b) Stabkräfte

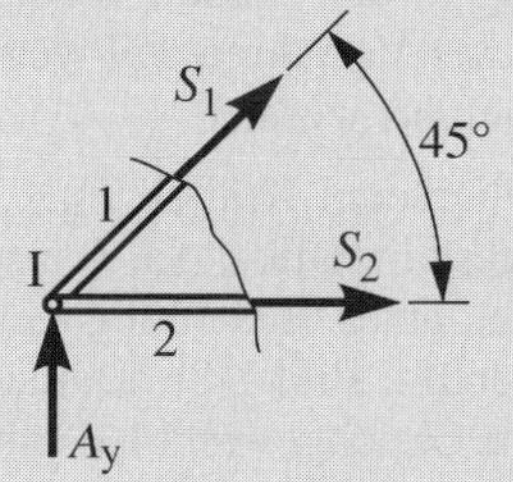

$\uparrow$: $A_y + S_1 \cdot \sin 45° = 0 \quad \Rightarrow \quad S_1 = -\dfrac{F}{\sin 45°} = -\sqrt{2}F$

$\rightarrow$: $S_1 \cdot \cos 45° + S_2 = 0 \quad \Rightarrow \quad S_2 = -S_1 \cdot \cos 45° = F$

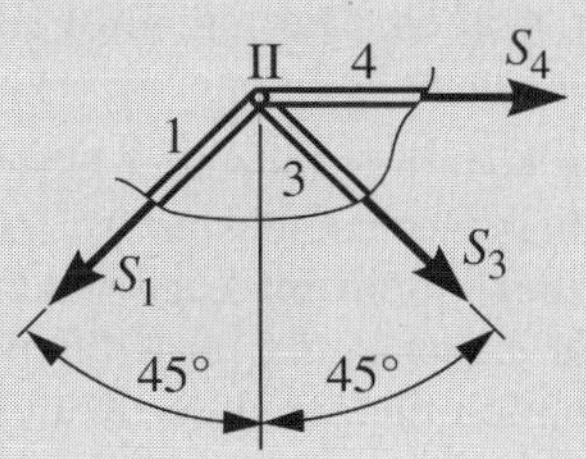

$\downarrow$: $S_1 \cdot \cos 45° + S_3 \cdot \cos 45° = 0 \quad \Rightarrow \quad S_3 = -S_1 = \sqrt{2}F$

$\rightarrow$: $S_4 + S_3 \cdot \sin 45° - S_1 \cdot \sin 45° = 0$

$\Rightarrow \quad S_4 = S_1 \cdot \sin 45° - S_3 \cdot \sin 45° = -2F$

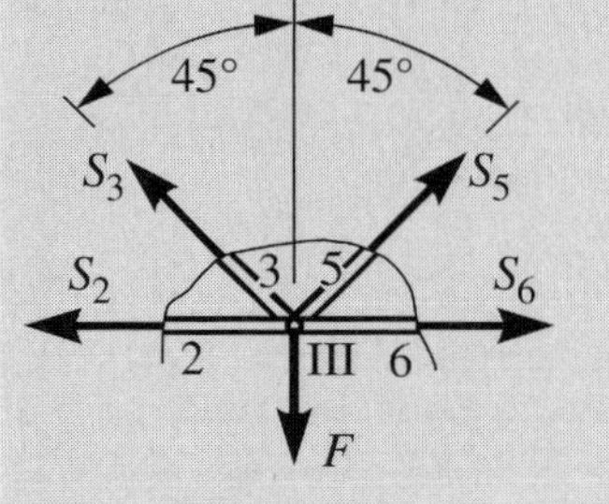

$$\uparrow: \quad S_3 \cdot \cos 45° + S_5 \cdot \cos 45° - F = 0$$

$$\Rightarrow \quad S_5 = \frac{1}{\cos 45°} \cdot \left(F - S_3 \cdot \cos 45°\right) = 0$$

$$\rightarrow: \quad S_6 + S_5 \cdot \sin 45° - S_3 \cdot \sin 45° - S_2 = 0$$

$$\Rightarrow \quad S_6 = S_3 \cdot \sin 45° - S_5 \cdot \sin 45° + S_2 = 2F$$

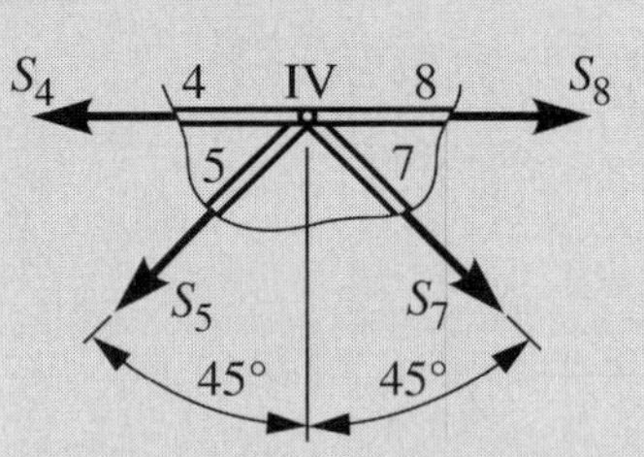

$$\downarrow: \quad S_5 \cdot \cos 45° + S_7 \cdot \cos 45° = 0 \quad \Rightarrow \quad S_7 = -S_5 = 0$$

$$\rightarrow: \quad S_8 + S_7 \cdot \sin 45° - S_5 \cdot \sin 45° - S_4 = 0$$

$$\Rightarrow \quad S_8 = S_5 \cdot \sin 45° - S_7 \cdot \sin 45° + S_4 = -2F$$

Aus Symmetriegründen gilt:

$$S_9 = S_3 = \sqrt{2}F \qquad S_{10} = S_2 = F \qquad S_{11} = S_1 = -\sqrt{2}F$$

7.3.4 CREMONA-Plan

Die Stabkräfte eines Fachwerks lassen sich auch zeichnerisch, z. B. mit dem CREMONA-Plan, ermitteln. Bei diesem wichtigsten grafischen Verfahren arbeitet man, wie bei vielen anderen zeichnerischen Verfahren, mit einem Lageplan und einem Kräfteplan. Dabei wird im Lageplan eine Feldeinteilung in äußere und innere Polygone vorgenommen, die es erlaubt, die Kraftecke für alle Knoten im Kräfteplan systematisch aneinander zu reihen. Alle Stabkräfte können dann aus dem Kräfteplan ermittelt werden. Ob Zug- oder Druckbelastung in den Stäben vorliegt, ergibt sich aus der Darstellung der Stabkräfte im Lageplan. Auch dieses Verfahren soll wegen der Vergleichbarkeit an dem in Bild 7-3a gezeigten Fachwerk durchgeführt werden.

Zunächst wird im Lageplan das freigeschnittene Fachwerk mit den äußeren Kräften $F_1 = 2F$ und $F_2 = F$ sowie den Auflagerkräften $A_x = F$, $A_y = F$ und $B = F$ dargestellt, Bild 7-8a. Danach kann der Kräfteplan gezeichnet werden. Beginnend mit F_1 werden unter Beachtung eines Rechtsdrehsinns im Lageplan alle Kräfte im Kräfteplan aneinandergereiht, Bild 7-8b. Der sich ergebende geschlossene Kräfteplan zeigt, dass sich das Fachwerk im Gleichgewicht befindet. Nun erfolgt die Einteilung der Felder des Fachwerks in äußere und innere Polygone, Bild 7-8c. Äußere Polygone sind nach außen offene Felder zwischen den Kräften. Die inneren Felder beim Fachwerk (Gebiete zwischen den Stäben) bezeichnet man als innere Polygone.

Für die Übertragung dieser Feldbezeichnungen in den Kräfteplan bedarf es folgender Überlegungen. Durchläuft man im Lageplan die äußeren Felder mit einem Rechtsdrehsinn, so muss man von Feld (a) nach Feld (b) die Kraft F_1 überschreiten. F_1 liegt somit im Lage- und im Kräfteplan zwischen (a) und (b), wobei ein Feld im Lageplan zu einem Punkt im Kräfteplan wird. (a) bezeichnet nun im Kräfteplan den Anfangspunkt und (b) den Endpunkt der Kraft F_1, Bild 7-8d. F_2 liegt im Lageplan und im Kräfteplan zwischen (b) und (c), usw.

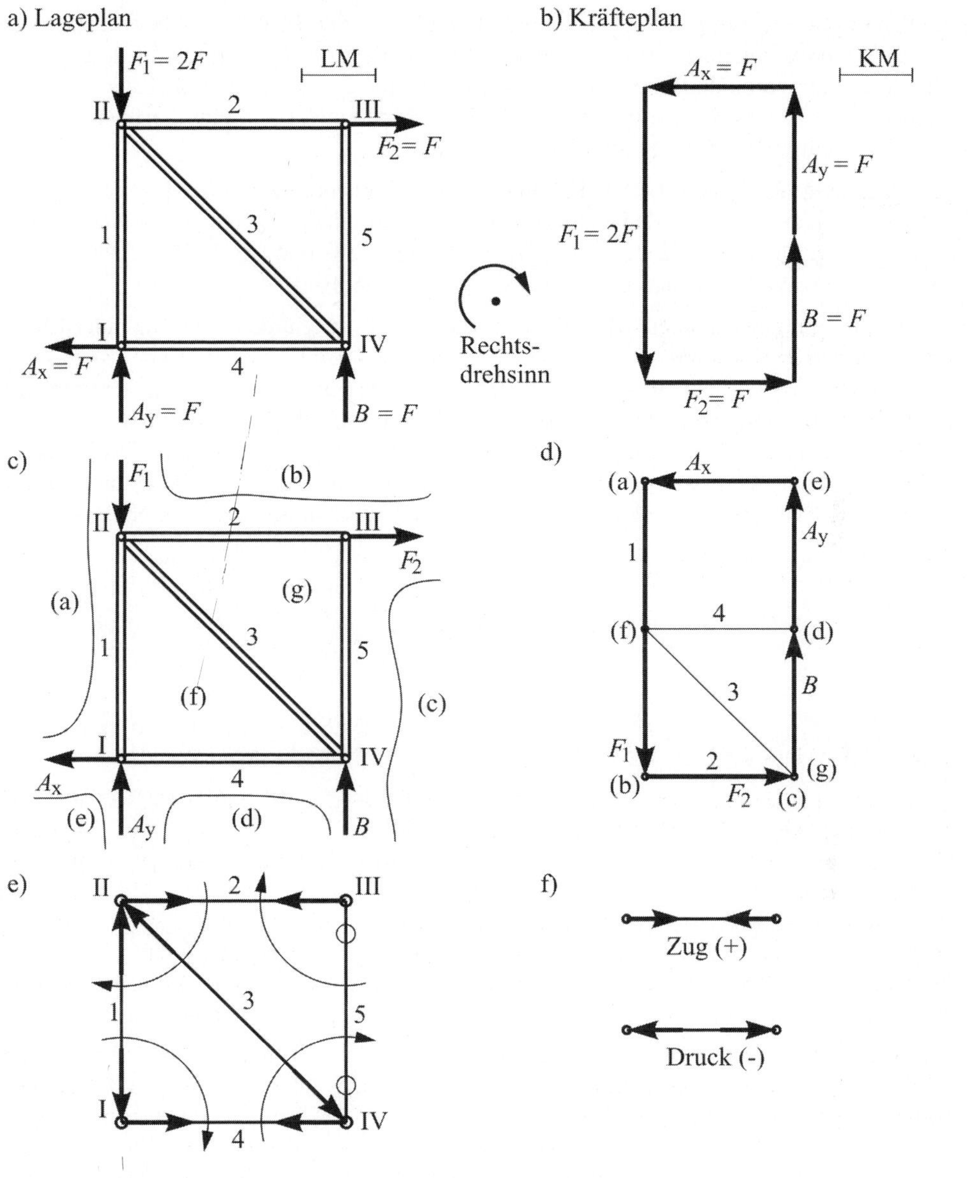

Bild 7-8 Ermittlung der Stabkräfte mit dem CREMONA-Verfahren
a) Freigeschnittenes Fachwerk nach Bild 7-3 im Lageplan
b) Kräfteplan mit allen am Fachwerk angreifenden äußeren Kräften und Lagerkräften
c) Feldeinteilung im Lageplan in äußere Polygone ((a) bis (e)) und innere Polygone ((f), (g))
d) Übertragung der Feldbezeichnungen in den Kräfteplan: Feld im Lageplan ergibt Punkt im Kräfteplan
e) Festlegung der Vorzeichen der Stabkräfte im Lageplan
f) Darstellung der Zug- und Druckstäbe beim Fachwerk

Hat man die Bezeichnungen für alle äußeren Polygone in den Kräfteplan übertragen, so gilt es noch die inneren Polygone im Kräfteplan zu finden. Da z. B. Polygon (f) im Lageplan, Bild 7-8c, durch eine vertikale Linie (Stab 1) von (a) und durch eine horizontale Linie (Stab 4) von (d) abgegrenzt ist, erhält man durch eine vertikale Linie an (a) und eine horizontale Linie an (d) einen Schnittpunkt (f) im Kräfteplan, Bild 7-8d, usw.

Die Zuordnung der Stabkräfte im Kräfteplan erfolgt mit der folgenden Überlegung. Stab 1 liegt im Lageplan zwischen den Feldern (a) und (f). Folglich ergibt sich die Stabkraft S_1 im Kräfteplan zwischen (a) und (f), S_2 liegt dann zwischen (b) und (g), S_3 zwischen (f) und (g), usw. Die Stabkräfte lassen sich nun im Kräfteplan ablesen, Bild 7-8d.

Für die Ermittlung der Vorzeichen der Stabkräfte, Bild 7-8e, gilt das Nachfolgende: Überquert man für jeden Knoten die Stäbe in einem Rechtsdrehsinn, Bild 7-8e, so wandert man bei Knoten I von (a) nach (f) über Stab 1. Die Wanderungsrichtung von (a) – (f) im Kräfteplan wird mit einem Pfeil im Lageplan festgehalten, usw. Wird auf diese Weise jeder Knoten betrachtet, erhält man das in Bild 7-8e gezeigte Bild. Mit den Definitionen der Zug- und Druckstäbe nach Bild 7-8f erkennt man, dass die Stäbe 1 und 3 Druckstäbe und die Stäbe 2 und 4 Zugstäbe sind. Da im Kräfteplan die Punkte (c) und (g) zusammenfallen, ist Stab 5 ein Nullstab.

Beispiel 7-3 ***

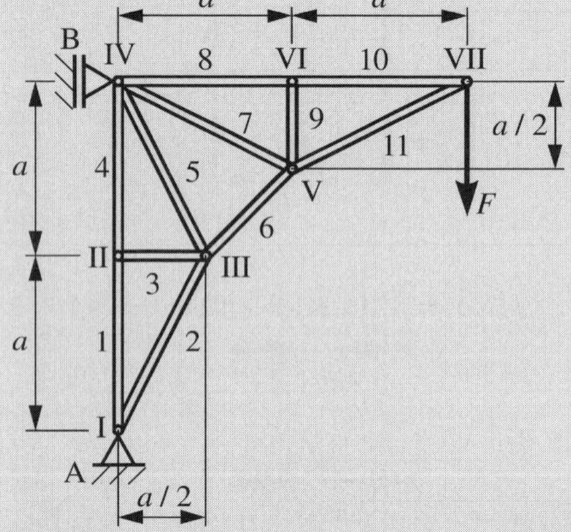

Bestimmen Sie für den skizzierten und mit einer Kraft F belasteten Wandkran

a) rechnerisch die Auflagerkräfte in A und B,

b) die Stabkräfte mit Hilfe des CREMONA-Plans.

geg.: $a = 2$ m, $F = 25$ kN

Lösung:

a) Auflagerkräfte in A und B

Freischnitt:

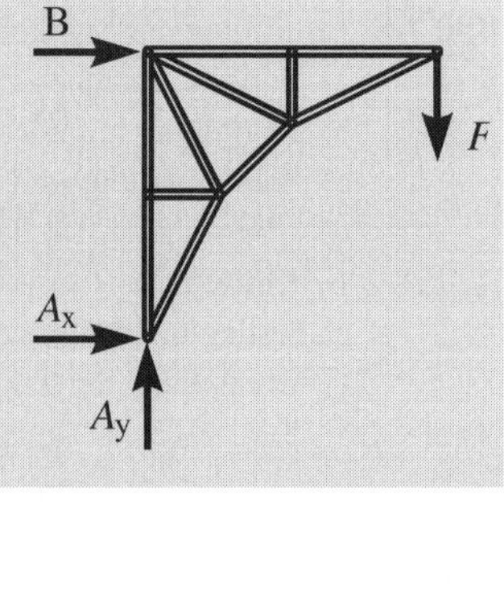

$\curvearrowleft A$: $B \cdot 2a + F \cdot 2a = 0 \quad \Rightarrow \quad B = -F = -25\,\text{kN}$

$\rightarrow$: $A_x + B = 0 \quad \Rightarrow \quad A_x = -B = 25\,\text{kN}$

$\uparrow$: $A_y - F = 0 \quad \Rightarrow \quad A_y = F = 25\,\text{kN}$

$$A = \sqrt{A_x^2 + A_y^2} = 35{,}36\,\text{kN} \quad \text{und} \quad \alpha = \arctan\frac{A_x}{A_y} = 45°$$

b) Ermittlung der Stabkräfte mit Hilfe des CREMONA-Plans

Lageplan:

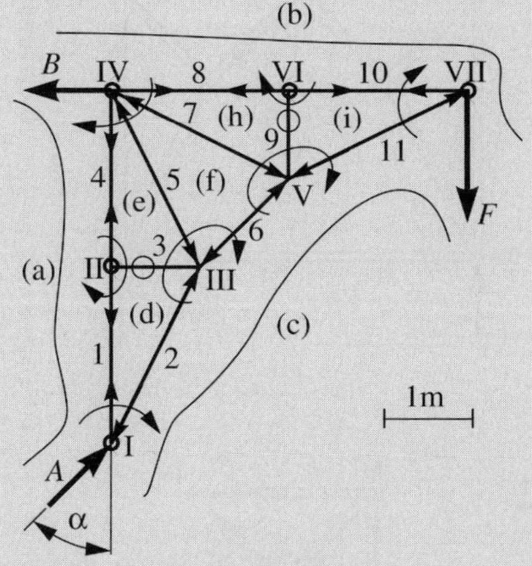

Kräfteplan:

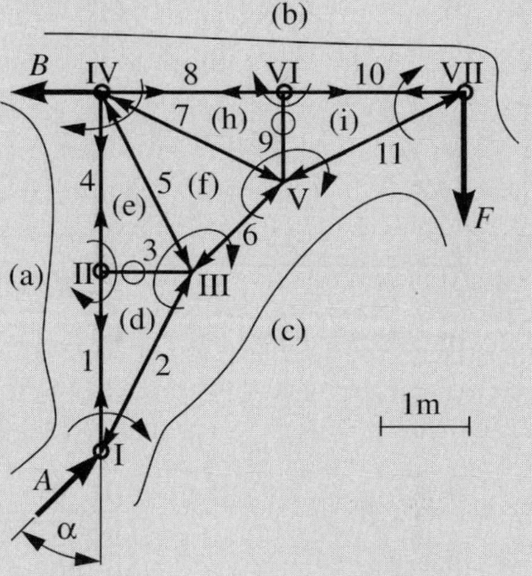

Durch Abmessen folgt:

$S_1 = 25\,\text{kN}$	$S_4 = 25\,\text{kN}$	$S_7 = -18{,}6\,\text{kN}$	$S_{10} = 50\,\text{kN}$
$S_2 = -56\,\text{kN}$	$S_5 = -18{,}6\,\text{kN}$	$S_8 = 50\,\text{kN}$	$S_{11} = -56\,\text{kN}$
$S_3 = 0\,\text{kN}$	$S_6 = -47{,}5\,\text{kN}$	$S_9 = 0\,\text{kN}$	

7.4 Ermittlung der Stabkräfte beim nichteinfachen Fachwerk

Die Ermittlung der Stabkräfte beim nichteinfachen Fachwerk ist u. U. erheblich aufwändiger als beim einfachen Fachwerk. Dies hat insbesondere damit zu tun, dass je Knoten mindestens drei Stäbe vorliegen und somit mindestens drei unbekannte Stabkräfte zu ermitteln sind. Dies bedeutet beispielsweise, dass beim Knotenpunktverfahren je Knoten mehr Unbekannte als Gleichgewichtsbedingungen vorkommen. Die Gleichgewichtsbetrachtungen an einem Knoten führen also noch zu keinem Ergebnis. Erst die Untersuchung mehrerer Knoten und im Extremfall aller Knoten liefert genügend Gleichungen, um die unbekannten Stabkräfte ermitteln zu können. Anwendbar ist außerdem das RITTERsche Schnittverfahren. Aber auch hier reicht u. U. ein Schnitt nicht aus, um die ersten Stabkräfte ermitteln zu können. Ein CREMONA-Plan lässt sich erst zeichnen, wenn mindestens eine Stabkraft bekannt ist.

Es kann daher auch zielführend sein, mehrere Verfahren in Kombination einzusetzen. Zum Beispiel kann die kombinierte Anwendung des Knotenpunktverfahrens und des RITTERschen Schnittverfahrens sinnvoll sein.

Das in Bild 7-9a dargestellte nichteinfache Fachwerk besteht aus 11 Stäben und 7 Knoten. Es ist statisch bestimmt gelagert und durch die Kräfte F_1 und F_2 belastet. Mit $k = 7$, $s = 11$ und $a_{ges} = 3$ ergibt sich mit Gleichung (7.1) $f = 0$. Es handelt sich um ein stabiles, statisch bestimmtes Fachwerk.

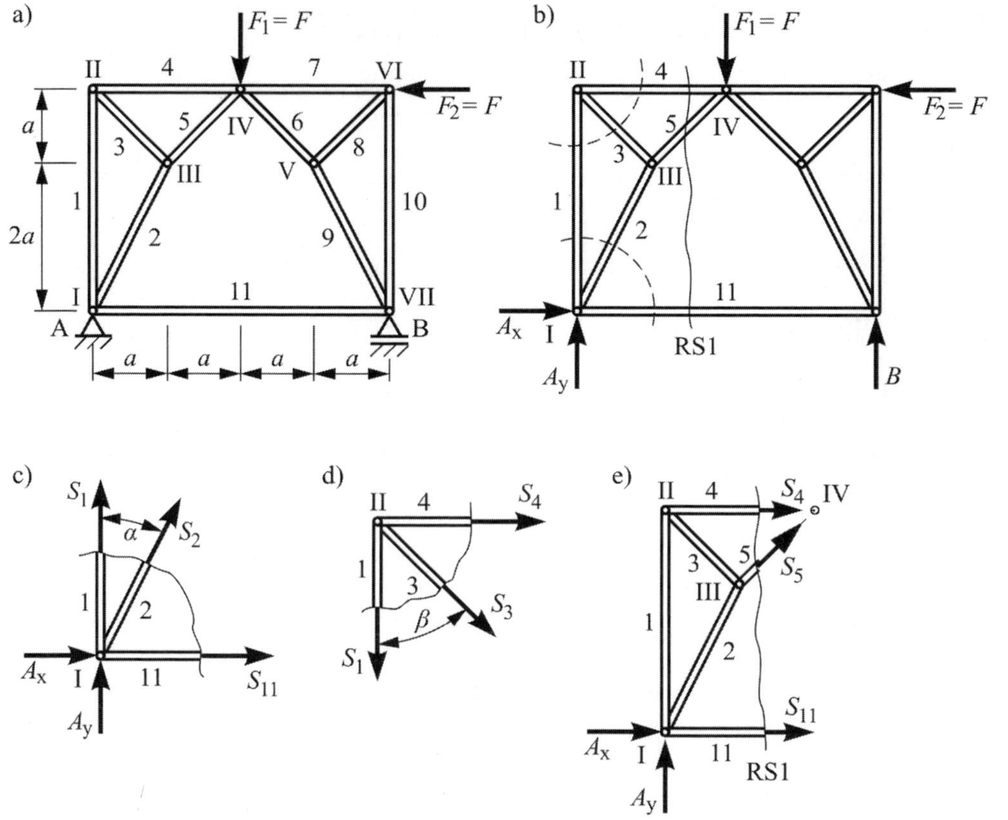

Bild 7-9 Ermittlung der Stabkräfte beim nichteinfachen Fachwerk

a) Statisch bestimmt gelagertes und stabiles nichteinfaches Fachwerk

b) Freigeschnittenes Fachwerk mit den äußeren Lasten F_1 und F_2 und den Auflagerkräften A_x, A_y und B

c) Freischnitt für Knoten I mit den Stabkräften S_1, S_2 und S_{11}

d) Freigeschnittener Knoten II mit den Stabkräften S_1, S_3 und S_4

e) RITTER-Schnitt durch die Stäbe 4, 5 und 11

Die Auflagerkräfte, Bild 7-9b, lassen sich mit den Gleichgewichtsbedingungen ermitteln:

$$\rightarrow: \quad A_x - F_2 = 0 \quad \Rightarrow \quad A_x = F_2 = F \tag{7.16}$$

$$\overset{\curvearrowright}{B}: \quad A_y \cdot 4a - F_1 \cdot 2a - F_2 \cdot 3a = 0 \quad \Rightarrow \quad A_y = \frac{F_1}{2} + \frac{3}{4} F_2 = \frac{5}{4} F \tag{7.17}$$

$$\overset{\curvearrowleft}{A}: \quad B \cdot 4a - F_1 \cdot 2a + F_2 \cdot 3a = 0 \quad \Rightarrow \quad B = \frac{F_1}{2} - \frac{3}{4} F_2 = -\frac{1}{4} F \tag{7.18}$$

Zur Ermittlung der Stabkräfte kann das Knotenpunktverfahren angewendet werden. Für Knoten I, Bild 7-9c, ergeben sich die Gleichgewichtsbedingungen

$$\rightarrow: \quad S_{11} + S_2 \cdot \sin\alpha + A_x = 0 \qquad (7.19),$$

$$\uparrow: \quad S_1 + S_2 \cdot \cos\alpha + A_y = 0 \qquad (7.20).$$

Für Knoten II, Bild 7-9d, gilt

$$\rightarrow: \quad S_4 + S_3 \cdot \sin\beta = 0 \qquad (7.21),$$

$$\downarrow: \quad S_1 + S_3 \cdot \cos\beta = 0 \qquad (7.22).$$

Bisher stehen erst vier Gleichungen, (7.19)-(7.22), fünf unbekannten Stabkräften, S_1 bis S_4 und S_{11}, gegenüber. Es ist also noch die Betrachtung weiterer Knoten erforderlich, um eine für die Ermittlung der Stabkräfte ausreichende Zahl von Gleichungen zur Verfügung zu haben.

Beim RITTERschen Schnittverfahren ist z. B. ein erster RITTER-Schnitt, RS1, durch die Stäbe 4, 5 und 11 sinnvoll, Bild 7-9e. Die Momentenbedingung um Punkt IV liefert dann

$$\overset{\frown}{\mathrm{IV}}: \quad S_{11} \cdot 3a + A_x \cdot 3a - A_y \cdot 2a = 0 \qquad (7.23).$$

Daraus lässt sich unmittelbar die Stabkraft

$$S_{11} = -A_x + \frac{2}{3} A_y = -F + \frac{2}{3} \cdot \frac{5}{4} F = -\frac{F}{6} \qquad (7.24)$$

ermitteln. Mit weiteren Gleichgewichtsbetrachtungen und weiteren Schnitten erhält man dann die übrigen Stabkräfte.

Dass eine Kombination von RITTER-Schnittverfahren und Knotenpunktverfahren Vorteile bringen kann, erkennt man sofort, wenn man die Stabkraft S_{11} aus Gleichung (7.24) in Gleichung (7.19) einsetzt. Hierdurch ergibt sich unmittelbar S_2 und dann aus Gleichung (7.20) auch S_1.

8 Räumliche Statik starrer Körper

Von räumlicher Statik spricht man, wenn Kräfte und Momente nicht in einer Ebene wirken. Eine Kraft F im Raum hat dann nicht nur zwei Komponenten, wie in der Ebene, sondern drei Komponenten (z. B. F_x, F_y und F_z). Im Gegensatz zur ebenen Statik, bei der das Moment lediglich in der x-y-Ebene wirkt, bzw. der Momentenvektor nur eine Komponente in z-Richtung besitzt, hat der Momentenvektor im Raum drei Komponenten (z. B. M_x, M_y und M_z).

Die Axiome der Statik, siehe Kapitel 2.3, gelten im Raum in gleicher Weise wie in der ebenen Statik. Allerdings ändern sich beim starren Körper im Raum die Überlegungen zur Stabilität und zur statischen Bestimmtheit, die Gleichgewichtsbedingungen, die Lagerungsarten und Lagerreaktionen sowie die Schnittgrößen. Die Tatsache, dass die ebene Statik bereits behandelt wurde, erleichtert den Zugang zur räumlichen Statik, da die wichtigen Grundprinzipien der Mechanik auch hier Anwendung finden.

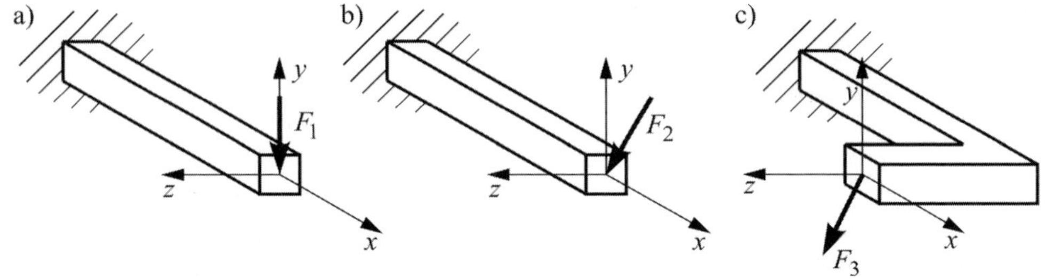

Bild 8-1 Beispiele für ebene und räumliche Statik
a) Balken mit Kraft F_1 in x-y-Ebene als Beispiel für ebene Statik
b) Balken mit schräg wirkender Kraft F_2 als Beispiel für räumliche Statik
c) Rahmen mit schräg wirkender Kraft F_3 als Beispiel für räumliche Statik

Eine Unterscheidung von ebener und räumlicher Statik ist in Bild 8-1 gezeigt. Bei dem Balken in Bild 8-1a wirkt die Kraft F_1 in der x-y-Ebene. Es liegt somit ein ebenes Balkenproblem vor. Bild 8-1b zeigt einen Balken, bei dem die Kraft F_2 schräg in der y-z-Ebene angreift. Es handelt sich dabei um ein Problem der räumlichen Statik, da der Balken um zwei Achsen gebogen wird. Der Rahmen mit in beliebiger Richtung schräg wirkender Kraft F_3, Bild 8-1c, stellt ein Problem der Raumstatik dar. Neben Normalkräften und jeweils zwei Querkräften wirken in den Querschnitten der Struktur auch zwei Biegemomente und zudem im hinteren Abschnitt noch ein Torsionsmoment.

8.1 Kräfte und Momente im Raum

Bevor die Gleichgewichtsbedingungen der räumlichen Statik sowie die Lagerungsarten, die statische Bestimmtheit und die Schnittgrößen von räumlichen Tragwerken vorgestellt werden, soll zunächst auf die Kräfte und Momente und ihre Wirkungen im Raum eingegangen werden. Betrachtet werden daher zunächst die Einzelkraft und ihre Komponenten im Raum, die Resultierende einer zentralen Kräftegruppe, das Moment einer Kraft und die resultierende Kraft sowie das resultierende Moment einer beliebigen räumlichen Kräftegruppe.

8.1.1 Einzelkraft und ihre Komponenten

Eine Einzelkraft hat im Raum drei Komponenten. Unter Zugrundelegung eines kartesischen Koordinatensystems sind dies die Komponenten F_x, F_y und F_z. Der Vektor der Einzelkraft lässt sich dann mit den Basisvektoren $\vec{e}_x$, $\vec{e}_y$ und $\vec{e}_z$ mathematisch wie folgt beschreiben:

$$\vec{F} = \vec{e}_x \cdot F_x + \vec{e}_y \cdot F_y + \vec{e}_z \cdot F_z \qquad (8.1).$$

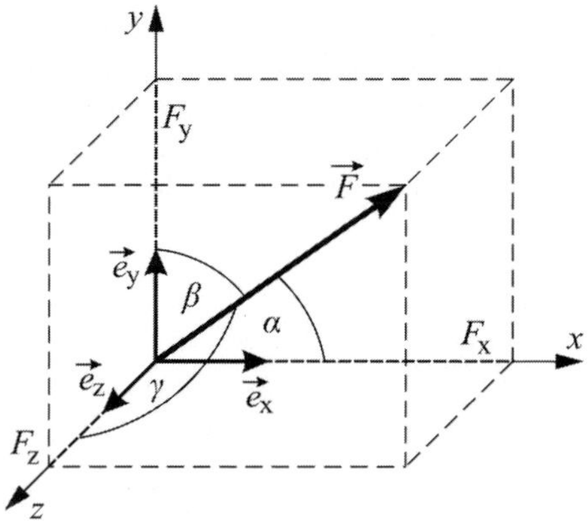

Bild 8-2
Einzelkraft $\vec{F}$ und ihre Komponenten F_x, F_y und F_z im Raum
$\vec{e}_x$, $\vec{e}_y$, $\vec{e}_z$: Basisvektoren in kartesischen Koordinaten
α, β, γ: Winkel von $\vec{F}$ zu den Koordinatenachsen x, y und z

Der Betrag des Kraftvektors ergibt sich dann mit

$$F = \left|\vec{F}\right| = \sqrt{F_x{}^2 + F_y{}^2 + F_z{}^2} \qquad (8.2).$$

Geometrisch stellt sich der Betrag des Vektors als Diagonale des aufgespannten Quaders dar. Mit den Raumwinkeln α, β und γ zwischen $\vec{F}$ und den Koordinatenachsen lassen sich die Kraftkomponenten wie folgt schreiben:

$$F_x = F \cdot \cos\alpha \qquad (8.3),$$

$$F_y = F \cdot \cos\beta \qquad (8.4),$$

$$F_z = F \cdot \cos\gamma \qquad (8.5).$$

Setzt man diese Komponentengleichung in Beziehung (8.2) ein, so erkennt man, dass die Raumwinkel nicht unabhängig voneinander sind. Es gilt:

$$\cos^2\alpha + \cos^2\beta + \cos^2\gamma = 1 \qquad (8.6).$$

8.1.2 Resultierende einer zentralen räumlichen Kräftegruppe

Eine zentrale räumliche Kräftegruppe liegt vor, wenn sich die Wirkungslinien aller Kräfte in einem Raumpunkt schneiden. Die Resultierende $\vec{R}$ dieser Kräftegruppe ergibt sich dann aus der Vektorsumme der wirkenden Kräfte:

$$\vec{R} = \vec{F}_1 + \vec{F}_2 + \vec{F}_3 + \ldots + \vec{F}_n = \sum_{i=1}^{n} \vec{F}_i \quad (8.7).$$

In Komponenten erhält man

$$R_x = F_{1x} + F_{2x} + F_{3x} + \ldots + F_{nx} = \sum_{i=1}^{n} F_{ix} \quad (8.8),$$

$$R_y = F_{1y} + F_{2y} + F_{3y} + \ldots + F_{ny} = \sum_{i=1}^{n} F_{iy} \quad (8.9),$$

$$R_z = F_{1z} + F_{2z} + F_{3z} + \ldots + F_{nz} = \sum_{i=1}^{n} F_{iz} \quad (8.10).$$

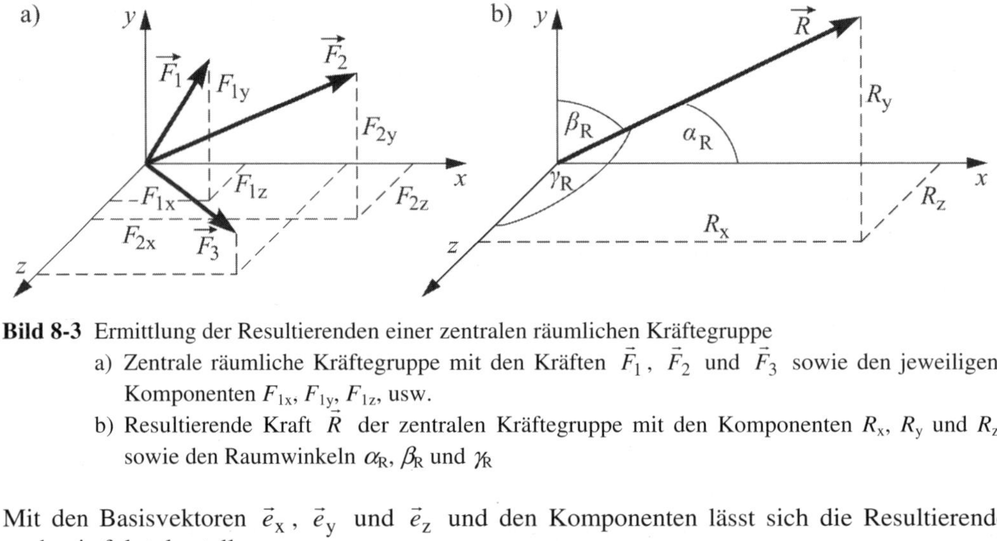

Bild 8-3 Ermittlung der Resultierenden einer zentralen räumlichen Kräftegruppe
a) Zentrale räumliche Kräftegruppe mit den Kräften $\vec{F}_1$, $\vec{F}_2$ und $\vec{F}_3$ sowie den jeweiligen Komponenten F_{1x}, F_{1y}, F_{1z}, usw.
b) Resultierende Kraft $\vec{R}$ der zentralen Kräftegruppe mit den Komponenten R_x, R_y und R_z sowie den Raumwinkeln α_R, β_R und γ_R

Mit den Basisvektoren $\vec{e}_x$, $\vec{e}_y$ und $\vec{e}_z$ und den Komponenten lässt sich die Resultierende auch wie folgt darstellen:

$$\vec{R} = \vec{e}_x \cdot R_x + \vec{e}_y \cdot R_y + \vec{e}_z \cdot R_z \quad (8.11)$$

oder

$$\vec{R} = \vec{e}_x \cdot \sum F_{ix} + \vec{e}_y \cdot \sum F_{iy} + \vec{e}_z \cdot \sum F_{iz} \quad (8.12).$$

Der Betrag der Resultierenden ergibt sich mit der Formel

$$R = |\vec{R}| = \sqrt{R_x{}^2 + R_y{}^2 + R_z{}^2} \quad (8.13),$$

die Raumwinkel α_R, β_R und γ_R lassen sich mit den Beziehungen

$$\cos\alpha_R = \frac{R_x}{R}, \qquad \cos\beta_R = \frac{R_y}{R} \qquad \text{und} \qquad \cos\gamma_R = \frac{R_z}{R}$$

berechnen.

8.1.3 Moment einer Kraft

Das Moment $\vec{M}$ einer Kraft im Raum errechnet sich als Vektorprodukt von Ortsvektor $\vec{r}$ und Kraft $\vec{F}$:

$$\vec{M} = \vec{r} \times \vec{F} \qquad (8.14).$$

Der Momentenvektor $\vec{M}$ steht dabei senkrecht auf dem von $\vec{r}$ und $\vec{F}$ aufgespannten Parallelogramm, wobei dessen Fläche dem Betrag von $|\vec{M}|$ entspricht (siehe Bild 8-4 und Kapitel 3.1.1).

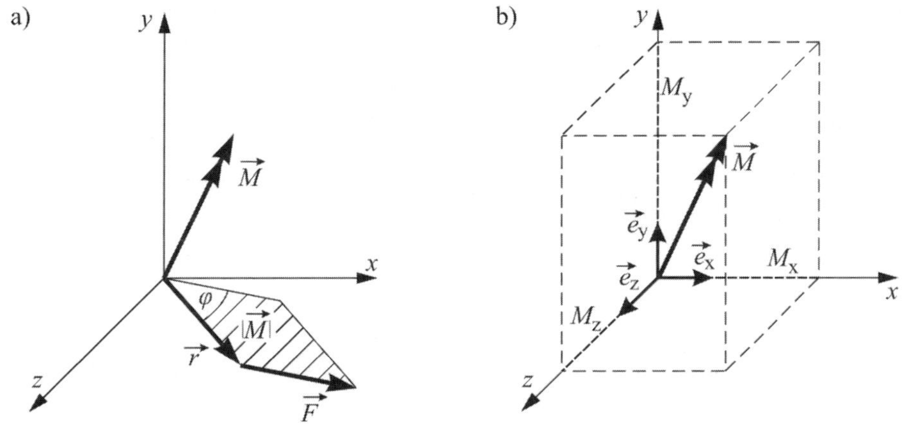

Bild 8-4 Moment einer Kraft im Raum
a) Momentenvektor steht senkrecht auf der von $\vec{r}$ und $\vec{F}$ aufgespannten Ebene
b) Komponenten M_x, M_y und M_z des Momentes

Bei beliebiger Lage der Kraft im Raum hat der Momentenvektor im kartesischen Koordinatensystem die drei Komponenten M_x, M_y und M_z. Mit diesen Komponenten und den Basisvektoren $\vec{e}_x$, $\vec{e}_y$ und $\vec{e}_z$ lässt sich der Momentenvektor wie folgt beschreiben:

$$\vec{M} = \vec{e}_x \cdot M_x + \vec{e}_y \cdot M_y + \vec{e}_z \cdot M_z \qquad (8.15).$$

Für den Betrag des Momentes gilt dann

$$M = |\vec{M}| = \sqrt{M_x^2 + M_y^2 + M_z^2} \qquad (8.16).$$

Das ingenieurmäßige Vorgehen bei Raumstatikproblemen besteht u. a. darin, die Komponenten M_x, M_y und M_z aus den Komponenten der wirkenden Kraft zu ermitteln. Beispielsweise für die in Bild 8-5 dargestellte Situation mit den Kraftkomponenten F_x, F_y und F_z und den Koordinaten des Kraftangriffspunktes x, y und z gilt es, die Komponenten M_x, M_y und M_z des Momentes $\vec{M}$ zu errechnen.

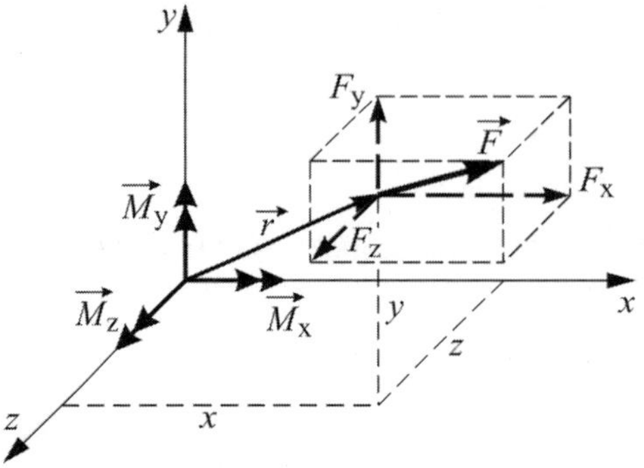

Bild 8-5
Ermittlung der Komponenten M_x, M_y und M_z eines Momentes $\vec{M}$ mit den Komponenten F_x, F_y und F_z der Kraft $\vec{F}$

Die Kraftkomponenten F_y und F_z bewirken dabei ein Moment um die x-Achse. F_z liefert dabei ein rechtsdrehendes (positives) Moment um die x-Achse mit dem Betrag $F_z \cdot y$ und zeigt dabei in Richtung der positiven x-Achse bzw. in Richtung des auf der Koordinatenachse eingezeichneten Momentes M_x. F_y führt zu einem linksdrehenden (negativen) Moment um die x-Achse mit dem Betrag $-F_y \cdot z$. Für die Komponente M_x des Momentes M ergibt sich somit

$$M_x = F_z \cdot y - F_y \cdot z \qquad (8.17).$$

Die übrigen Komponenten erhält man auf gleiche Weise:

$$M_y = F_x \cdot z - F_z \cdot x \qquad (8.18),$$

$$M_z = F_y \cdot x - F_x \cdot y \qquad (8.19).$$

Man erkennt, dass bezüglich der y-Achse nur die Kraftkomponenten F_x und F_z ein Moment M_y besitzen, während F_y und F_x ein Moment bezüglich der z-Achse hervorrufen.

8.1.4 Resultierende Kraft und resultierendes Moment einer beliebigen räumlichen Kräftegruppe

Für eine beliebige räumliche Kräftegruppe, Bild 8-6a, lässt sich die resultierende Kraft $\vec{R}$, Bild 8-6b, durch Vektoraddition der Einzelkräfte ermitteln:

$$\vec{R} = \vec{F}_1 + \vec{F}_2 + \vec{F}_3 + \ldots + \vec{F}_n = \sum_{i=1}^{n} \vec{F}_i \qquad (8.20).$$

Dic Komponenten R_x, R_y und R_z errechnen sich mit den Formeln

$$R_x = \sum F_{ix} \qquad (8.21),$$

$$R_y = \sum F_{iy} \qquad (8.22),$$

$$R_z = \sum F_{iz} \qquad (8.23).$$

Das resultierende Moment M_R bezüglich des Koordinatenursprungs, Bild 8-6b, errechnet sich aus den Momenten der Kräfte bzw. aus dem Moment der Resultierenden bezüglich desselben Bezugspunktes:

$$\vec{M}_R = \vec{r}_1 \times \vec{F}_1 + \vec{r}_2 \times \vec{F}_2 + \vec{r}_3 \times \vec{F}_3 + \ldots + \vec{r}_n \times \vec{F}_n = \sum_{i=1}^{n} \left(\vec{r}_i \times \vec{F}_i\right) = \sum_{i=1}^{n} \vec{M}_i = \vec{r}_R \times \vec{R} \qquad (8.24).$$

Aus Gleichung (8.24) ergibt sich der Momentensatz:

„Die Summe der Momente der Kräfte eines räumlichen Kräftesystems ist gleich dem Moment der Resultierenden dieses Kräftesystems für denselben Bezugspunkt."

Das resultierende Moment ist von der Wahl des Bezugspunktes abhängig.

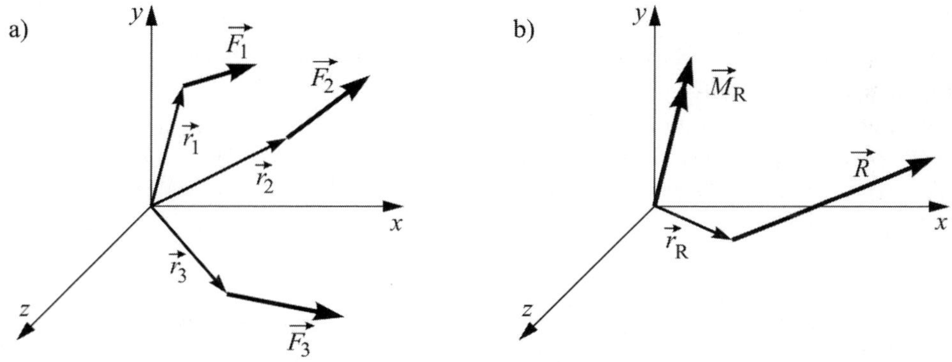

Bild 8-6 Ermittlung der resultierenden Kraft und des resultierenden Momentes einer beliebigen räumlichen Kräftegruppe
a) Kräftegruppe mit mehreren Kräften
b) Resultierende Kraft $\vec{R}$ und resultierendes Moment $\vec{M}_R$ der Kräftegruppe

In Anlehnung an Bild 8-5 und die Gleichungen (8.17) – (8.19) lassen sich auch die Komponenten M_{Rx}, M_{Ry} und M_{Rz} bezüglich der Bezugsachsen x, y und z bestimmen:

$$M_{Rx} = \sum_{i=1}^{n} \left(F_{iz} \cdot y_i - F_{iy} \cdot z_i\right) \qquad (8.25),$$

$$M_{Ry} = \sum_{i=1}^{n} \left(F_{ix} \cdot z_i - F_{iz} \cdot x_i\right) \qquad (8.26),$$

$$M_{Rz} = \sum_{i=1}^{n} \left(F_{iy} \cdot x_i - F_{ix} \cdot y_i\right) \qquad (8.27).$$

Beispiel 8-1

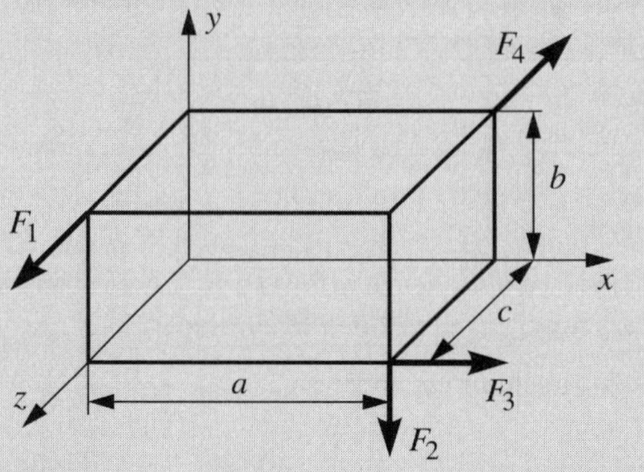

An dem gezeichneten Quader greifen die Kräfte F_1, F_2, F_3 und F_4 an. Man bestimme die von diesen Kräften hervorgerufenen Momente bezüglich der *x*-, *y*- und *z*-Achse.

geg.: $F_1, F_2, F_3, F_4, a, b, c$

Lösung:

Die Momente werden jeweils in positive Achsrichtung positiv angenommen:

$$M_x = F_1 \cdot b + F_2 \cdot c - F_4 \cdot b$$

$$M_y = F_3 \cdot c + F_4 \cdot a$$

$$M_z = -F_2 \cdot a$$

8.2 Gleichgewichtsbedingungen der räumlichen Statik

Bei räumlichen Kräftesystemen liegt Gleichgewicht vor, d. h. Bewegung von Körpern und Strukturen wird verhindert, wenn keine resultierende Kraft $\vec{R}$ und kein resultierendes Moment $\vec{M}_R$ wirkt. Für das Gleichgewicht des Systems muss also gelten:

$$\vec{R} = \vec{0} \tag{8.28}$$

und gleichzeitig

$$\vec{M}_R = \vec{0} \quad (8.29).$$

Mit den Komponenten der resultierenden Kraft und den Komponenten des resultierenden Momentes gilt auch

$$R_x = 0 \quad (8.30),$$

$$R_y = 0 \quad (8.31),$$

$$R_z = 0 \quad (8.32),$$

$$M_{Rx} = 0 \quad (8.33),$$

$$M_{Ry} = 0 \quad (8.34),$$

$$M_{Rz} = 0 \quad (8.35).$$

Daraus erhält man die Gleichgewichtsbedingungen der räumlichen Statik in Komponentenschreibweise, wie sie im Ingenieurbereich Anwendung finden:

$\sum F_{ix} = 0$	$\xrightarrow{x}$	(8.36),
$\sum F_{iy} = 0$	$y\uparrow$	(8.37),
$\sum F_{iz} = 0$	$\swarrow z$	(8.38),
$\sum M_{ix} = 0$	$\overset{x}{\twoheadrightarrow}$	(8.39),
$\sum M_{iy} = 0$	$y\Uparrow$	(8.40),
$\sum M_{iz} = 0$	$\swarrow\!\!\swarrow z$	(8.41).

In Worten lauten die Gleichgewichtsbedingungen der räumlichen Statik:

„Gleichgewicht herrscht, wenn

- *die Summe aller Kräfte in x-Richtung gleich null,*
- *die Summe aller Kräfte in y-Richtung gleich null,*
- *die Summe aller Kräfte in z-Richtung gleich null,*
- *die Summe aller Momente um die x-Achse gleich null,*
- *die Summe aller Momente um die y-Achse gleich null und*
- *die Summe aller Momente um die z-Achse gleich null*

sind."

In der Raumstatik existieren also insgesamt sechs Gleichgewichtsbedingungen. Diese müssen gleichzeitig erfüllt sein, damit ein Gebilde als brauchbare räumliche Tragstruktur angesehen werden kann. In diesen sechs Gleichgewichtsbedingungen der räumlichen Statik sind die drei Gleichgewichtsbedingungen der ebenen Statik (siehe Kapitel 4.1) enthalten. Diese werden durch die Gleichungen (8.36), (8.37) und (8.41) repräsentiert.

Bei der Anwendung der Gleichgewichtsbedingungen der Raumstatik ist ebenso wie bei der ebenen Statik auf das Vorzeichen, d. h. auf die Richtung der Kräfte und Momente genau zu achten. Daher können auch hier die bei den Gleichgewichtsbedingungen (Gleichungen (8.36) bis (8.41)) dargestellten Symbole verwendet werden, welche die positive Richtung der Kräfte und Momente beschreiben. Für $\Sigma F_{ix} = 0$ gilt dann $\xrightarrow{x}$ und $\Sigma M_{ix} = 0$ kann z. B. durch $\overset{x}{\twoheadrightarrow}$ ersetzt werden. Die Momentenbedingungen werden dabei durch Doppelpfeile dargestellt, welche die positive Drehrichtung charakterisieren. Wegen der Eindeutigkeit der Richtungen, insbesondere bei der z. T. verwendeten perspektivischen Darstellung der räumlichen Strukturen, werden die Pfeile und die Drehpfeile mit der Koordinatenbezeichnung versehen.

Mit den Gleichgewichtsbedingungen der Raumstatik kann man sechs unbekannte statische Größen bestimmen. Hierzu zählen z. B. die Reaktionskräfte und/oder Reaktionsmomente eines in bestimmter Weise gelagerten Körpers. Auch lassen sich die im allgemeinen Belastungsfall auftretenden sechs Schnittgrößen der Raumstatik mit den Gleichgewichtsbedingungen bestimmen.

8.3 Räumliche Tragwerke

Bei räumlichen Tragwerken können die angreifenden äußeren Kräfte und die dadurch hervorgerufenen Auflagerreaktionen beliebig im Raum wirken. Ein einfaches Beispiel für ein Raumstatikproblem ist in Bild 8-1b gezeigt. Die schräg angreifende Kraft F_2 bewirkt z. B. Auflagerkräfte und Auflagermomente in y- und z-Richtung. Zudem versucht sie den Balken um die y- und die z-Achse zu verbiegen, was entsprechende Querkräfte und Schnittmomente zur Folge hat. Bei dem in Bild 8-1c dargestellten Rahmen treten im Lager (Einspannung) insgesamt sechs Lagerreaktionen auf und im hinteren Teil des Rahmens wirken insgesamt sechs Schnittgrößen. Diese zunächst unbekannten statischen Größen lassen sich mit den Methoden der Raumstatik ermitteln.

8.3.1 Lagerungsarten für räumliche Tragwerke

Bei der räumlichen Statik haben die Lagerungsarten z. T. eine andere Bedeutung als in der ebenen Statik. Deshalb sollen im Folgenden die wesentlichen Lagerungsarten der Raumstatik beschrieben werden.

8.3.1.1 Festlager

Bei einem Festlager wird ein Tragwerk über einen Lagerstuhl mit der Unterlage fest verbunden. Dies bedeutet, weder eine Verschiebung in x-Richtung, noch eine Verschiebung in y-Richtung, noch eine Verschiebung in z-Richtung ist möglich, Bild 8-7a. Die Lagerkraft $\vec{A}$ nimmt je nach Belastung der Struktur eine bestimmte Richtung im Raum ein. Sie hat damit die Komponenten A_x, A_y und A_z, Bild 8-7b. Ein Festlager hat bei der räumlichen Statik somit drei Auflagerbindungen, $a = 3$, und ist somit statisch dreiwertig. Ein Tragwerk, das durch ein Festlager gehalten wird, kann nicht mehr verschoben werden. Allerdings verbleiben noch drei Drehfreiheitsgrade im Lagergelenk.

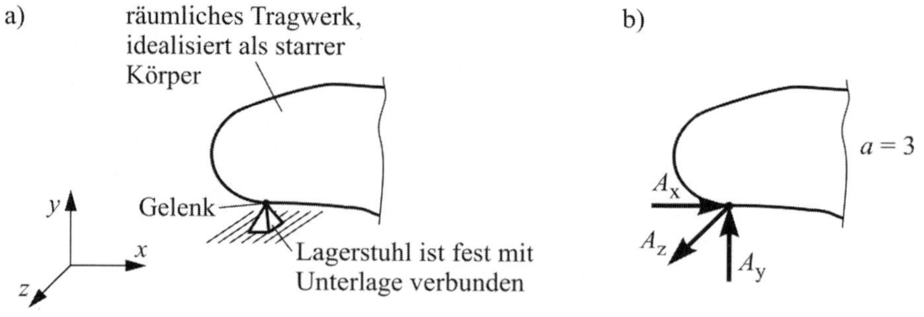

Bild 8-7 Festlager der Raumstatik

a) Lagerung des Tragwerkes durch ein Festlager

b) Freischnitt mit den Komponenten A_x, A_y und A_z der Lagerreaktionskraft $\vec{A}$

8.3.1.2 *Einfach verschiebbares Lager*

Bei einem einfach verschiebbaren Lager wird das Tragwerk über ein Gelenk mit dem Lagerstuhl verbunden. Der Lagerstuhl wird z. B. mit Rollen so geführt, dass eine Bewegung in einer Richtung, z. B. in x-Richtung, möglich ist, Bild 8-8a.

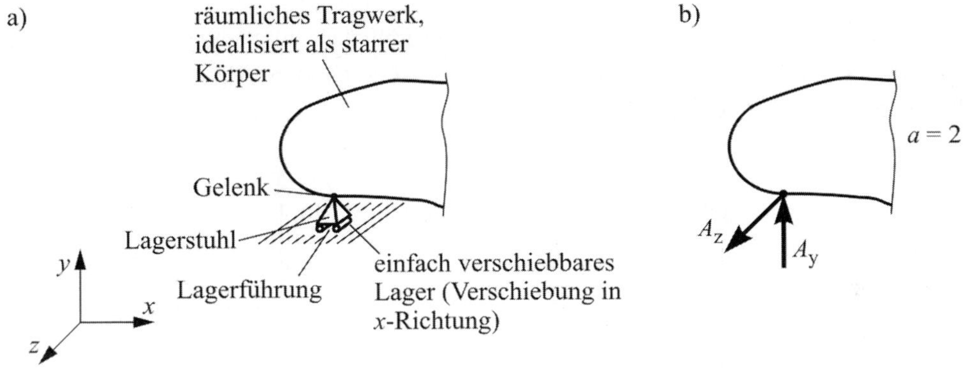

Bild 8-8 Einfach verschiebbares Lager
a) Lagerung eines Tragwerkes mit einem einfach verschiebbaren Lager
b) Freischnitt mit den Lagerreaktionskräften A_y und A_z

In diesem Fall wirken die Lagerreaktionskräfte A_y und A_z. Das Lager hat somit zwei Auflagerbindungen, $a = 2$, und ist statisch zweiwertig. Durch ein einfach verschiebbares Lager werden zwei Freiheitsgrade (z. B. Bewegungen in y- und z-Richtung) unterdrückt. Ein so gelagerter starrer Körper besitzt somit noch vier Freiheitsgrade der Bewegung.

8.3.1.3 *Zweifach verschiebbares Lager*

Bei einem zweifach verschiebbaren Lager wird der Lagerstuhl auf der Unterlage so geführt, dass Bewegungen in der Ebene der Lagerführung, z. B. in x- und z-Richtung, möglich sind, Bild 8-9a.

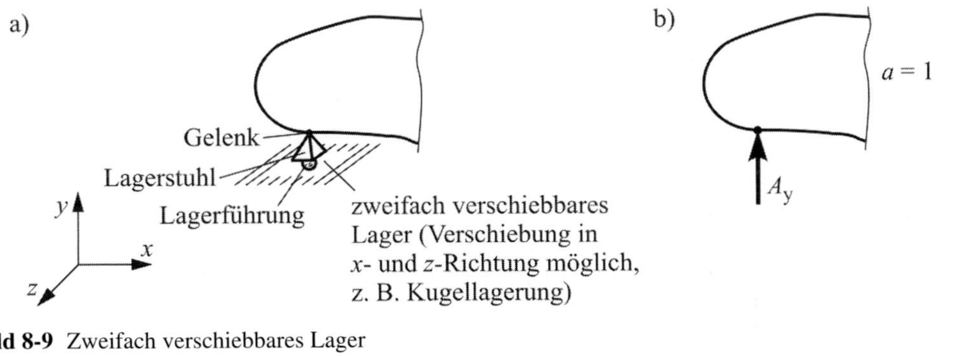

Bild 8-9 Zweifach verschiebbares Lager
a) Lagerung des räumlichen Tragwerkes
b) Freischnitt mit Lagerreaktionskraft A_y

In diesem Fall wirkt lediglich die Lagerreaktionskraft A_y. Das Lager hat eine Auflagerbindung, $a = 1$, und ist somit statisch einwertig. Es wird also lediglich die Bewegung in y-Richtung unterdrückt. Ein so gelagerter starrer Körper besitzt noch fünf Freiheitsgrade der Bewegung.

8.3.1.4 Einspannung

Eine Einspannung liegt vor, wenn ein Tragwerk fest verbunden ist mit einer Wand, dem Boden oder einem anderen stabilen Tragwerksteil. Das Lager lässt weder eine Verschiebung noch eine Verdrehung des Tragwerkes zu, Bild 8-10.

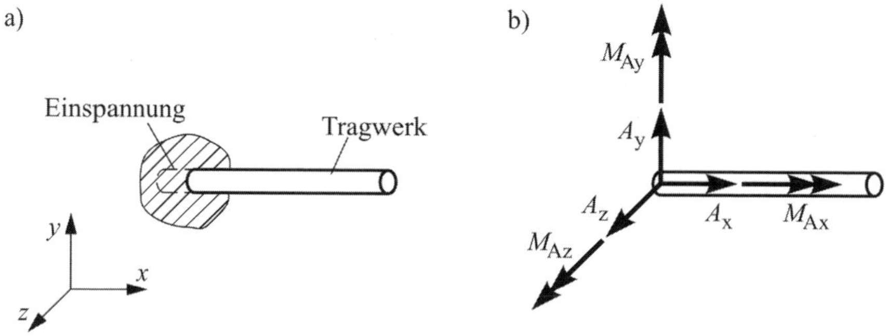

Bild 8-10 Lagerungsart Einspannung
a) Tragwerk ist eingespannt, eingeklemmt oder eingeschweißt
b) Freischnitt des Lagers mit den Lagerreaktionskräften A_x, A_y und A_z und den Lagerreaktionsmomenten M_{Ax}, M_{Ay} und M_{Az}

Im allgemeinen Fall nimmt das Lager drei Lagerreaktionskräfte (A_x, A_y und A_z) und drei Lagermomente (M_{Ax}, M_{Ay} und M_{Az}) auf, Bild 8-10b. Das Lager besitzt sechs Auflagerbindungen und ist damit statisch sechswertig. Ein mit einer Einspannung gelagertes Tragwerk besitzt keine Freiheitsgrade mehr, d. h. es gilt $f = 0$. Das Tragwerk ist somit statisch bestimmt und stabil gelagert.

8.3.1.5 Übersicht

Eine Zusammenstellung der wesentlichen Lagerungsarten der räumlichen Statik ist in Bild 8-11 gezeigt. Neben den Lagerreaktionskräften und/oder Momenten sind auch die Anzahl der Auflagerbindungen und der Freiheitsgrade angegeben, die dem starren Körper, der durch ein entsprechendes Lager gestützt ist, noch verbleiben (siehe auch Kapitel 8.3.2).

Lagerungsart	Lagerreaktionen	a	f
Festlager 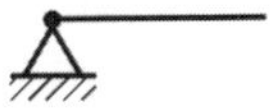	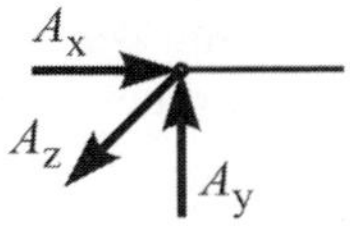	3	3
Einfach verschiebbares Lager 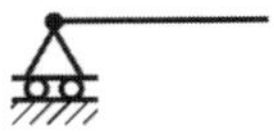	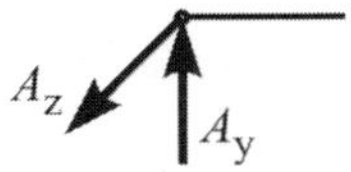	2	4
Zweifach verschiebbares Lager 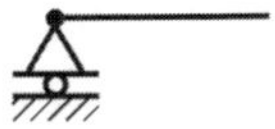	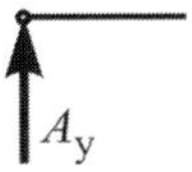	1	5
Einspannung 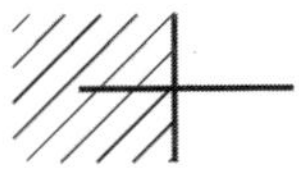	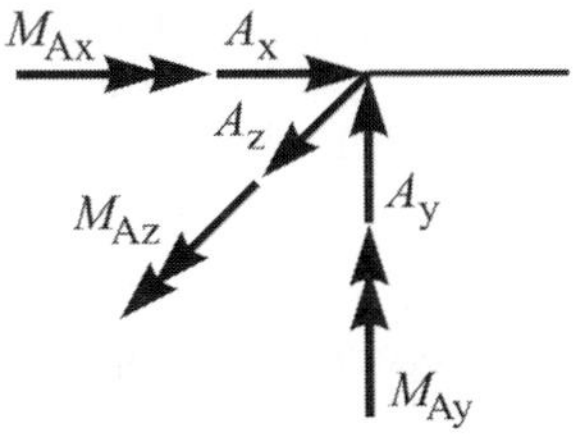	6	0

Bild 8-11 Zusammenstellung von Lagerungsarten der räumlichen Statik
a: Anzahl der Auflagerbindungen, statische Wertigkeit
f: Anzahl der verbleibenden Freiheitsgrade eines starren Körpers

8.3.2 Freiheitsgrade, stabile Lagerung und statische Bestimmtheit

Ein starrer, nicht gelagerter Körper, der sich im Raum frei bewegen kann, besitzt insgesamt sechs Freiheitsgrade. Er kann in die x-, y- und z-Richtung verschoben werden und er kann sich um die x-, y- und z-Achse drehen. Die Bewegungsmöglichkeiten bestehen also im allgemeinen Fall aus drei Translationen, den Verschiebungen u_x, u_y und u_z, und drei Rotationen, den Drehungen φ_x, φ_y, φ_z, Bild 8-12.

Ist der Körper gelagert, so ist er nicht mehr frei beweglich. D. h. die Bewegungsmöglichkeiten werden durch die Lagerung des Körpers reduziert. In diesem Fall lassen sich die Freiheitsgrade mit der Formel

$$\boxed{f = 6 - a_{ges}} \tag{8.42}$$

errechnen. a_{ges} stellt darin die Summe der Auflagerbindungen eines gelagerten Körpers dar. Die Auflagerbindungen a der Lagerungsarten für räumliche Tragwerke können Kapitel 8.3.1 entnommen werden.

Für $f = 0$ sind keine Starrkörperbewegungen des Tragwerkes mehr möglich. Es ist damit statisch bestimmt und stabil gelagert. Die insgesamt wirkenden sechs Auflagerreaktionen können mit den Methoden der Statik, d. h. mit den sechs Gleichgewichtsbedingungen der räumlichen Statik (siehe Kapitel 8.2), ermittelt werden.

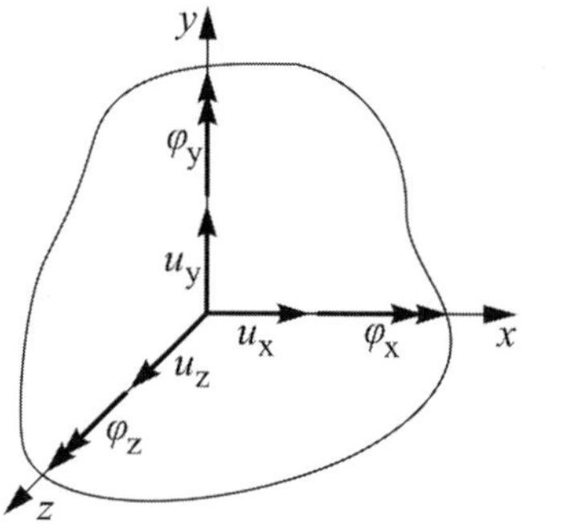

Bild 8-12
Bewegungsfreiheitsgrade eines starren Körpers im Raum:
3 Translationen (Verschiebungen u_x, u_y und u_z)
3 Rotationen (Drehungen φ_x, φ_y, φ_z)

Bei den in den Bildern 8-1b und 8-1c gezeigten Tragwerken der räumlichen Statik liegen jeweils Einspannungen mit $a_{ges} = a = 6$ vor. Daher sind diese Tragwerke statisch bestimmt und stabil gelagert: $f = 6 - 6 = 0$. Aber auch bei den nachfolgend beschriebenen Beispielen 8-2 und 8-3 liegen statisch bestimmte Lagerungen vor.

8.3.3 Ermittlung der Auflagerreaktionen

Die rechnerische Bestimmung der Auflagerreaktionen von Raumtragwerken soll am Beispiel des eingespannten Rahmens, Bild 8-13a, verdeutlicht werden. Der Rahmen liegt in einer x-z-Ebene und ist am Rahmenende durch eine schräg in einer y-z-Ebene liegende Kraft F belastet.

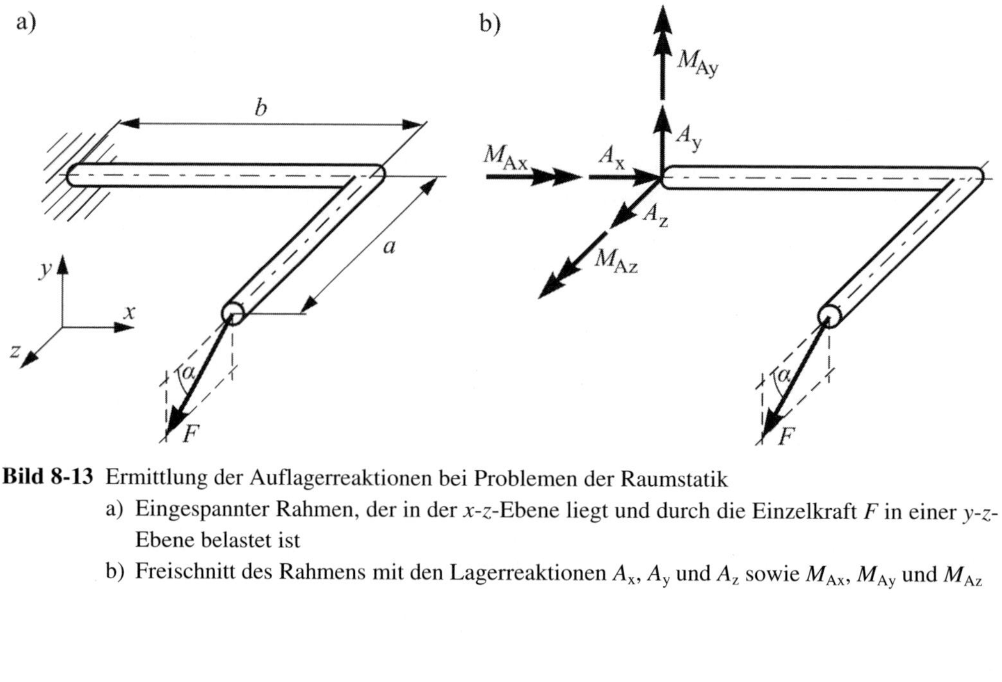

Bild 8-13 Ermittlung der Auflagerreaktionen bei Problemen der Raumstatik
a) Eingespannter Rahmen, der in der x-z-Ebene liegt und durch die Einzelkraft F in einer y-z-Ebene belastet ist
b) Freischnitt des Rahmens mit den Lagerreaktionen A_x, A_y und A_z sowie M_{Ax}, M_{Ay} und M_{Az}

Im Lager (Einspannung) können bei einem allgemeinen Belastungsfall die Auflagerkräfte A_x, A_y und A_z sowie die Auflagermomente M_{Ax}, M_{Ay} und M_{Az} wirken, Bild 8-13b. Diese Lagerreaktionen erhält man durch konsequente Anwendung der Gleichgewichtsbedingungen der Raumstatik:

$$\xrightarrow{x}: \quad A_x = 0 \tag{8.43}$$

$$y\uparrow: \quad A_y - F \cdot \sin\alpha = 0 \quad \Rightarrow \quad A_y = F \cdot \sin\alpha \tag{8.44}$$

$$\swarrow z: \quad A_z + F \cdot \cos\alpha = 0 \quad \Rightarrow \quad A_z = -F \cdot \cos\alpha \tag{8.45}$$

$$\xrightarrow{x}\!\!\!\!\rightarrow: \quad M_{Ax} + F \cdot \sin\alpha \cdot a = 0 \quad \Rightarrow \quad M_{Ax} = -F \cdot a \cdot \sin\alpha \tag{8.46}$$

$$y\Uparrow: \quad M_{Ay} - F \cdot \cos\alpha \cdot b = 0 \quad \Rightarrow \quad M_{Ay} = F \cdot b \cdot \cos\alpha \tag{8.47}$$

$$\swarrow\!\!\swarrow z: \quad M_{Az} - F \cdot \sin\alpha \cdot b = 0 \quad \Rightarrow \quad M_{Az} = F \cdot b \cdot \sin\alpha \tag{8.48}$$

Damit sind alle Auflagerreaktionen dieses Systems (siehe Bild 8-13b) bestimmt. Weitere Anwendungen sind in den Beispielen 8-2 und 8-3 gezeigt.

Beispiel 8-2 ***

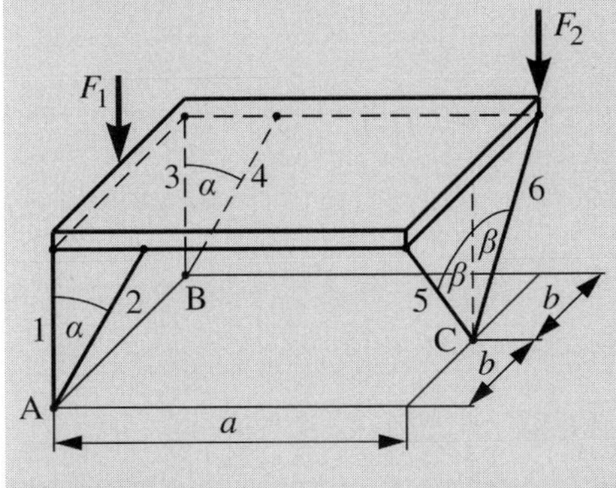

Der nebenstehend skizzierte Couchtisch ist durch zwei Kräfte F_1 und F_2 belastet. Man bestimme

a) die Auflagerreaktionen in A, B und C sowie

b) die Stabkräfte in den Stäben 1 – 6.

geg.: F_1, F_2, a, b, α, β

Lösung:

Freischnitt

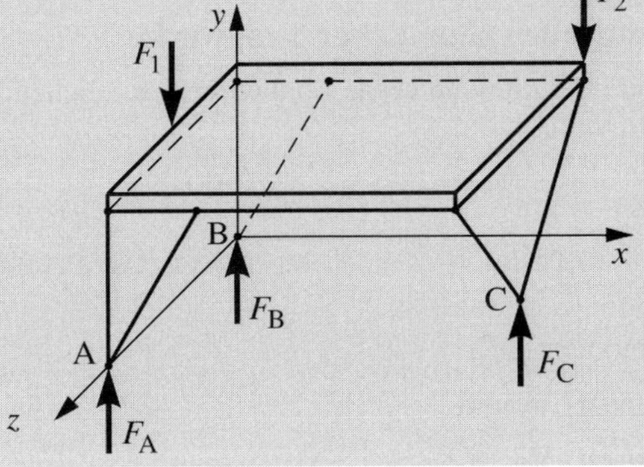

a) Auflagerreaktionen und A, B und C

$\swarrow z$: $F_C \cdot a - F_2 \cdot a = 0 \Rightarrow F_C = F_2$

$\xrightarrow{x}$: $-F_A \cdot 2b - F_C \cdot b + F_1 \cdot b = 0 \Rightarrow F_A = \dfrac{F_1 - F_C}{2} = \dfrac{F_1 - F_2}{2}$

$y\uparrow$: $F_B + F_A + F_C - F_1 - F_2 = 0 \Rightarrow F_B = -F_A - F_C + F_1 + F_2 = \dfrac{F_1 + F_2}{2}$

b) Stabkräfte in den Stäben 1 - 6

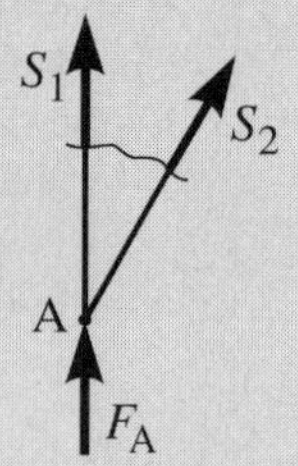

$\xrightarrow{x}$: $S_2 \cdot \sin\alpha = 0 \Rightarrow S_2 = 0$

$y\uparrow$: $S_1 + F_A + S_2 \cdot \cos\alpha = 0 \Rightarrow S_1 = -F_A = \dfrac{F_2 - F_1}{2}$

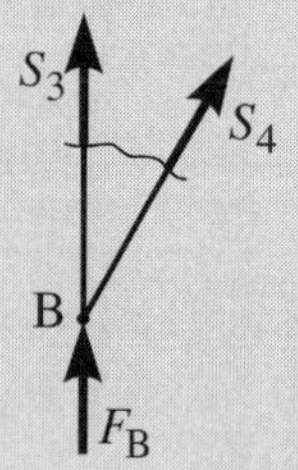

$\xrightarrow{x}$: $S_4 \cdot \sin\alpha = 0 \Rightarrow S_4 = 0$

$y\uparrow$: $S_3 + F_B = 0 \Rightarrow S_3 = -F_B = -\dfrac{F_1 + F_2}{2}$

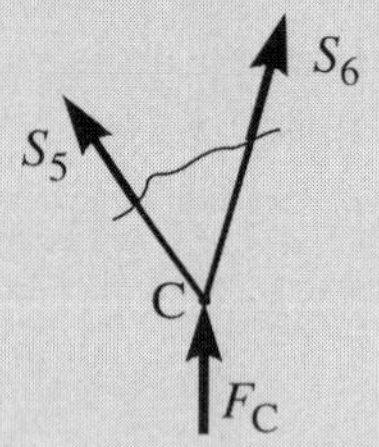

$\swarrow z$: $S_5 \cdot \sin\beta - S_6 \cdot \sin\beta = 0 \Rightarrow S_5 = S_6$ (1)

$y\uparrow$: $S_5 \cdot \cos\beta + S_6 \cdot \cos\beta + F_C = 0$ (2)

aus (1) und (2) folgt: $S_5 = S_6 = -\dfrac{F_2}{2\cos\beta}$

8.3.4 Ermittlung der Schnittgrößen räumlicher Tragwerke

Bedingt durch die Belastung und/oder die Geometrie können bei räumlichen Tragwerken insgesamt sechs Schnittgrößen auftreten. Es sind

- die Normalkraft N,
- die Querkraft $Q = Q_y$,
- die Querkraft Q_z,
- das Moment (Torsionsmoment) M_x,
- das Moment (Biegemoment) M_y und
- das Moment (Biegemoment) $M = M_z$.

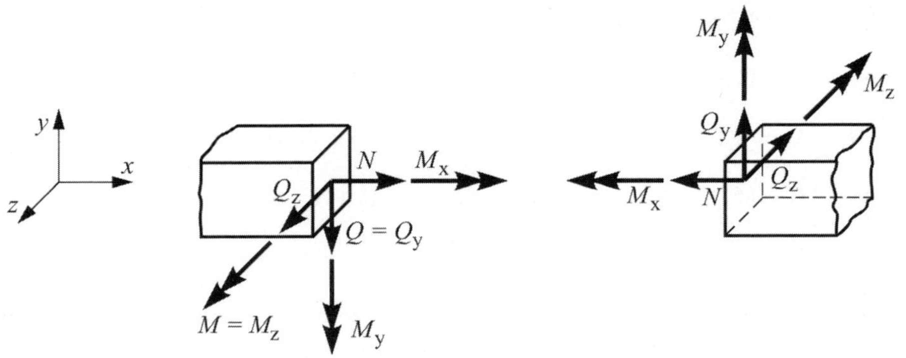

Bild 8-14 Schnittgrößen der räumlichen Statik am linken und am rechten Schnittufer einer Tragstruktur
N: Normalkraft, $Q = Q_y$: Querkraft, Q_z: Querkraft in *z*-Richtung
M_x: Moment um die *x*-Achse, M_y: Moment um die *y*-Achse, $M = M_z$: Moment um die *z*-Achse

Die inneren Kräfte *N* und $Q = Q_y$ sowie das innere Moment $M = M_z$ sind bereits aus der ebenen Statik bekannt. Im räumlichen Fall kommen noch die Querkraft Q_z und die Momente M_x und M_y hinzu. Das Moment M_x wirkt zum Beispiel bei einem Balken als Torsionsmoment, während M_y ein weiteres Biegemoment darstellt.

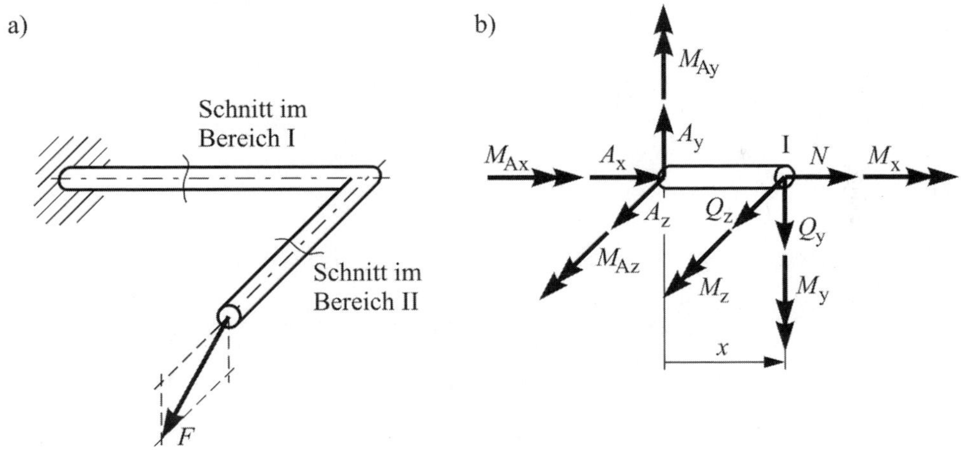

Bild 8-15 Ermittlung der Schnittgrößen beim eingespannten Rahmen
a) Lage der Schnitte bei dem vorliegenden Zweibereichsproblem
b) Freischnitt des abgeschnittenen linken Rahmenteils mit den Schnittgrößen *N*, Q_y, Q_z, M_x, M_y und M_z

Die Ermittlung dieser Schnittgrößen erfolgt nach dem Freischnitt mit den sechs Gleichgewichtsbedingungen der Raumstatik. Dies soll am Beispiel des eingespannten Rahmens, Bild 8-13a, verdeutlicht werden. Es handelt sich hierbei um ein Zweibereichsproblem, da die Rahmenecke eine Unstetigkeitsstelle im Schnittgrößenverlauf darstellt, Bild 8-15a. Im Bereich I wirken dann die folgenden Schnittgrößen, siehe Bild 8-15b:

$$\xrightarrow{x}: \quad N + A_x = 0 \quad \Rightarrow \quad N = -A_x = 0 \qquad \text{mit } A_x = 0 \qquad (8.49),$$

$y\downarrow$: $Q_y - A_y = 0 \quad \Rightarrow \quad Q_y = A_y = F \cdot \sin\alpha$ (8.50),

$\swarrow z$: $Q_z + A_z = 0 \quad \Rightarrow \quad Q_z = -A_z = F \cdot \cos\alpha$ (8.51),

$\overset{x}{\twoheadrightarrow}$: $M_x + M_{Ax} = 0 \quad \Rightarrow \quad M_x = -M_{Ax} = F \cdot a \cdot \sin\alpha$ (8.52),

$y\Downarrow$: $M_y - M_{Ay} - A_z \cdot x = 0 \quad \Rightarrow \quad M_y = M_{Ay} + A_z \cdot x = F \cdot (b - x) \cdot \cos\alpha$ (8.53),

$\swarrow\!\!\swarrow z$: $M_z + M_{Az} - A_y \cdot x = 0 \quad \Rightarrow \quad M_z = -M_{Az} + A_y \cdot x = -F \cdot (b - x) \cdot \sin\alpha$ (8.54).

Beim Aufstellen der Momentengleichungen ist darauf zu achten, dass alle Momente um die jeweiligen Achsen der Schnittfläche berechnet werden. In gleicher Weise können auch die Schnittgrößen in Bereich II ermittelt werden. Eine Anwendung zur Schnittgrößenbestimmung ist in Beispiel 8-3 gezeigt.

Beispiel 8-3 ***

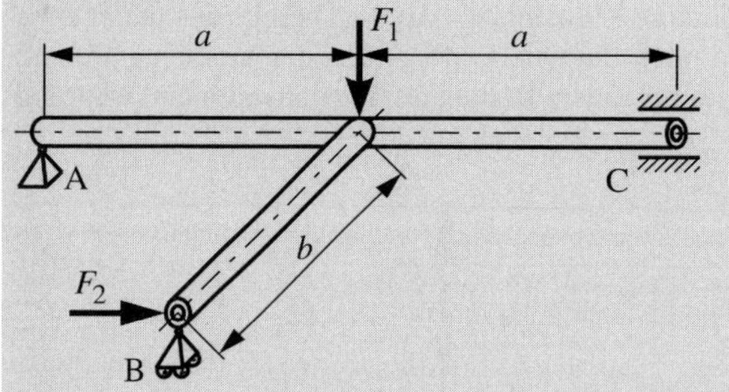

Für das nebenstehende Rohrleitungssystem, das durch die Kräfte F_1 und F_2 belastet ist, bestimme man

a) die Auflagerreaktionen in A, B und C sowie

b) die Schnittgrößen entlang des Rohrsystems.

geg.: F_1, F_2, a, b

Lösung:

Freischnitt:

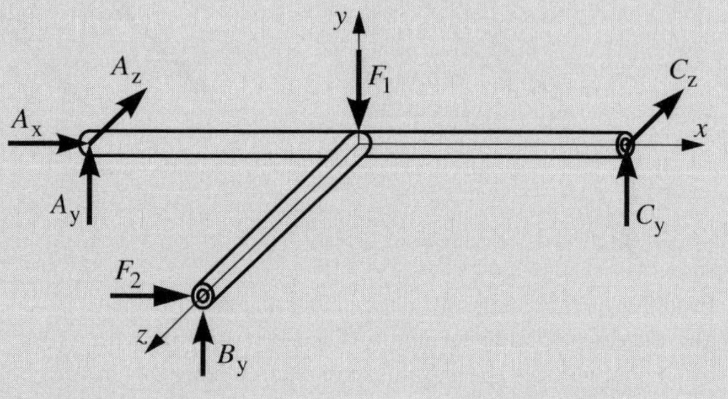

a) Auflagerreaktionen in den Lagerungen A, B und C

$\overset{x}{\twoheadrightarrow}$: $-B_y \cdot b = 0 \quad \Rightarrow \quad B_y = 0$ (1)

$y\Uparrow$: $-A_z \cdot a + C_z \cdot a + F_2 \cdot b = 0$ (2)

$z\nearrow\!\!\!\nearrow$: $A_y \cdot a - C_y \cdot a = 0 \quad \Rightarrow \quad A_y = C_y$ (3)

$\overset{x}{\rightarrow}$: $A_x + F_2 = 0 \quad \Rightarrow \quad A_x = -F_2$ (4)

$y\uparrow$: $A_y + C_y + B_y - F_1 = 0$ (5)

$z\nearrow$: $A_z + C_z = 0 \quad \Rightarrow \quad A_z = -C_z$ (6)

aus (1), (3) und (5) folgt: $A_y = C_y = \frac{F_1}{2}$

aus (2) und (6) folgt: $A_z = -C_z = F_2 \cdot \frac{b}{2a}$

b) Schnittgrößen entlang des Rohrsystems

Bereich I: $0 < x_I < a$

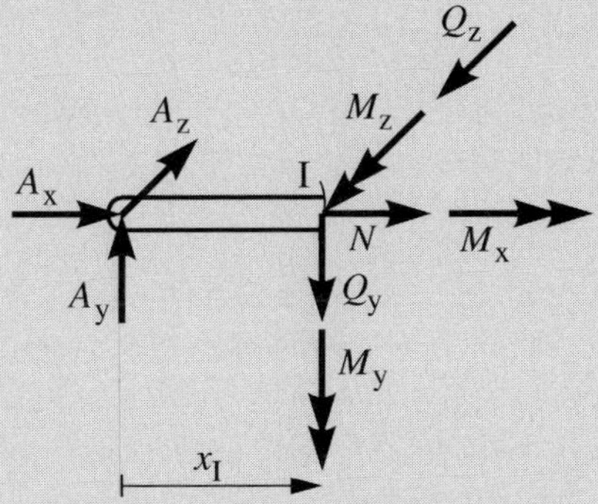

$x\rightarrow$: $N + A_x = 0 \quad \Rightarrow \quad N = -A_x = F_2$

$y\downarrow$: $Q_y - A_y = 0 \quad \Rightarrow \quad Q_y = A_y = \frac{F_1}{2}$

$\swarrow z$: $Q_z - A_z = 0 \quad \Rightarrow \quad Q_z = A_z = F_2 \cdot \frac{b}{2a}$

$x\twoheadrightarrow$: $M_x = 0$

$y\Downarrow$: $M_y + A_z \cdot x_I = 0 \quad \Rightarrow \quad M_y = -A_z \cdot x_I$

$M_y(x_I = 0) = 0 \qquad M_y(x_I = a) = -F_2 \cdot \frac{b}{2}$

$\swarrow\!\swarrow z$: $M_z - A_y \cdot x_I = 0 \quad \Rightarrow \quad M_z = A_y \cdot x_I$

$M_z(x_I = 0) = 0 \qquad M_z(x_I = a) = F_1 \cdot \frac{a}{2}$

Bereich II: $0 < x_{II} < a$

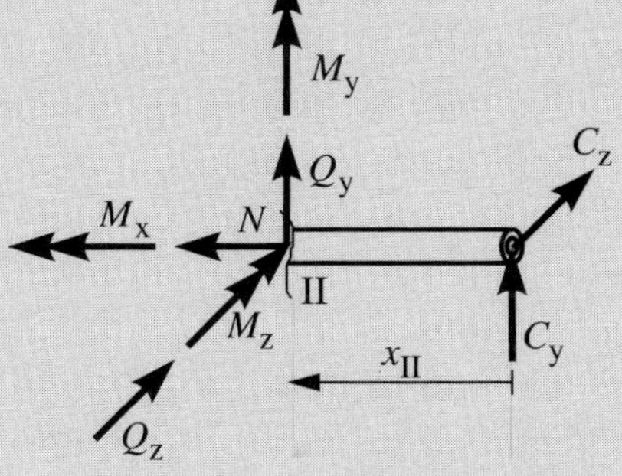

$\leftarrow x$: $N = 0$

$y\uparrow$: $Q_y + C_y = 0 \quad \Rightarrow \quad Q_y = -C_y = -\frac{F_1}{2}$

$z\nearrow$: $Q_z + C_z = 0 \quad \Rightarrow \quad Q_z = -C_z = F_2 \cdot \frac{b}{2a}$

$\twoheadleftarrow x$: $M_x = 0$

$y\Uparrow$: $M_y + C_z \cdot x_{II} = 0 \quad \Rightarrow \quad M_y = -C_z \cdot x_{II}$

$M_y(x_{II} = 0) = 0 \qquad M_y(x_{II} = a) = F_2 \cdot \frac{b}{2}$

$z\nearrow\!\nearrow$: $M_z - C_y \cdot x_{II} = 0 \quad \Rightarrow \quad M_z = C_y \cdot x_{II}$

$M_z(x_{II} = 0) = 0 \qquad M_z(x_{II} = a) = F_1 \cdot \frac{a}{2}$

Bereich III: $0 < x_{\mathrm{III}} < b$

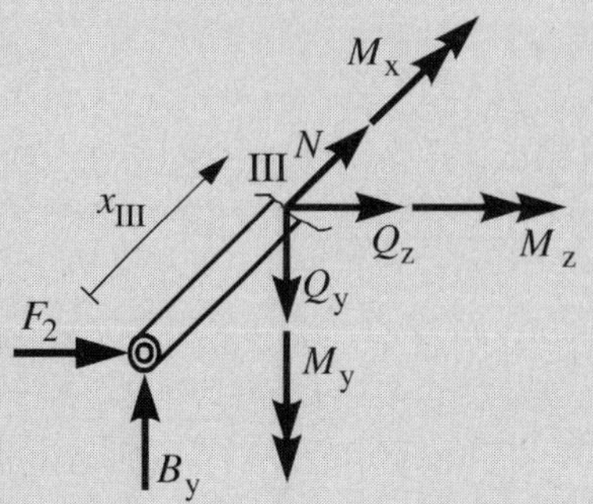

$$x\nearrow: \quad N = 0$$

$$z\rightarrow: \quad Q_z + F_2 = 0 \quad \Rightarrow \quad Q_z = -F_2$$

$$y\downarrow: \quad Q_y - B_y = 0 \quad \Rightarrow \quad Q_y = B_y = 0$$

$$x\nearrow\!\!\nearrow: \quad M_x = 0$$

$$z\twoheadrightarrow: \quad M_z - B_y \cdot x_{\mathrm{III}} = 0 \quad \Rightarrow \quad M_z = 0$$

$$y\downarrow\!\!\downarrow: \quad M_y - F_2 \cdot x_{\mathrm{III}} = 0 \quad \Rightarrow \quad M_y = F_2 \cdot x_{\mathrm{III}}$$

$$M_y(x_{\mathrm{III}} = 0) = 0 \qquad M_y(x_{\mathrm{III}} = b) = F_2 \cdot b$$

9 Schwerpunkt

In der Mechanik unterscheidet man verschiedene Arten von Schwerpunkten. Hierzu zählen der Schwerpunkt eines Körpers bzw. der Massen- oder der Volumenmittelpunkt sowie der Schwerpunkt einer Fläche. Wesentliche Definitionen und Berechnungsformeln für die Schwerpunkte von technischen Produkten und die Schwerpunktskoordinaten häufig verwendeter Querschnittsflächen und Querschnittsprofile von Tragstrukturen sollen im Folgenden angegeben werden.

9.1 Schwerpunkt eines Körpers

Auf alle Körper in Natur und Technik wirkt die Gewichtskraft. Dies bedeutet, jeder Körper, aber auch jeder Teilbereich des Körpers, unterliegt der Schwerkraft. Für jeden Teilkörper *i* ergibt sich somit das Teilgewicht

$$G_{\mathrm{i}} = m_{\mathrm{i}} \cdot g \qquad (9.1).$$

Dabei ist m_{i} die Teilmasse und g die Fall- oder Schwerebeschleunigung. Diese hat auf der Erde im Mittel den Wert 9,81 $\mathrm{m/s^2}$. Das Teilgewicht G_{i} sowie alle anderen Teilgewichte wirken zum Erdmittelpunkt hin, d. h. in vertikaler Richtung. Dies bedeutet bei einem Körper oder einer Struktur wirken die Gewichtskräfte aller Teilbereiche oder Einzelkomponenten parallel. Das Gesamtgewicht G des Körpers ergibt sich aus der Summe aller Teilgewichte

$$G = \sum G_{\mathrm{i}} \qquad (9.2).$$

Diese resultierende Gewichtskraft greift im Schwerpunkt des Körpers an. Sie ist ebenfalls vertikal gerichtet und kann im Sinne der Raumstatik (siehe Kapitel 8 und insbesondere Kapitel 8.1.4) als resultierende Kraft einer aus parallelen Kräften bestehenden Kräftegruppe angesehen werden.

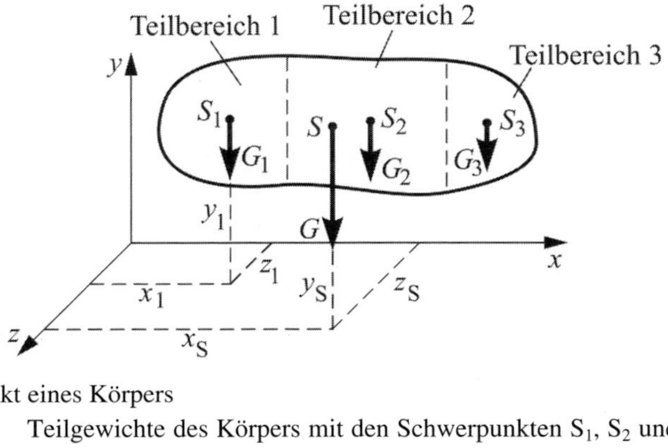

Bild 9-1 Schwerpunkt eines Körpers

G_1, G_2, G_3: Teilgewichte des Körpers mit den Schwerpunkten S_1, S_2 und S_3 der Teilbereiche 1, 2 und 3

G: Gesamtgewicht des Körpers greift im Körperschwerpunkt S mit den Schwerpunktskoordinaten x_S, y_S und z_S an

Da die Gewichtskraft G die resultierende Wirkung des Gesamtkörpers darstellt, muss für den Schwerpunkt das resultierende Moment $\vec{M}_R$ verschwinden. D. h. für die Schwerpunktsachsen müssen die Komponenten des resultierenden Momentes gleich null sein: $M_{Rx} = 0$, $M_{Ry} = 0$ und $M_{Rz} = 0$.

Die Lage des Schwerpunktes ergibt sich mit dem Momentensatz der Mechanik (siehe Kapitel 8.1.4). Demnach ist die Summe der Momente der Teilgewichte gleich dem Moment des Gesamtgewichts bezüglich eines beliebigen Bezugspunktes. Dies soll an dem starren Körper in Bild 9-1 verdeutlicht werden. Die Teilgewichte G_1, G_2, G_3 sowie das Gesamtgewicht G wirken in vertikaler Richtung und somit entgegengesetzt der positiven y-Achse. Mit Gleichung (8.22) oder mit Gleichung (9.2) erhält man dann das Gesamtgewicht G als Summe der Teilgewichte:

$$G = G_1 + G_2 + G_3 \tag{9.3}$$

Die Schwerpunktskoordinaten x_S, y_S und z_S des Gesamtschwerpunktes S lassen sich nach dem Momentensatz (siehe Kapitel 8.1.4) ermitteln. Bezüglich der z-Achse gilt dann:

$$G \cdot x_S = G_1 \cdot x_1 + G_2 \cdot x_2 + G_3 \cdot x_3 \tag{9.4}$$

Daraus erhält man die Schwerpunktskoordinate

$$x_S = \frac{G_1 \cdot x_1 + G_2 \cdot x_2 + G_3 \cdot x_3}{G} \tag{9.5}$$

bzw. mit Gleichung (9.3)

$$x_S = \frac{G_1 \cdot x_1 + G_2 \cdot x_2 + G_3 \cdot x_3}{G_1 + G_2 + G_3} \tag{9.6}$$

Durch Betrachtung der Momente bezüglich der x- und der z-Achse, Bild 9-1, folgen

$$y_S = \frac{G_1 \cdot y_1 + G_2 \cdot y_2 + G_3 \cdot y_3}{G} \tag{9.7}$$

und

$$z_S = \frac{G_1 \cdot z_1 + G_2 \cdot z_2 + G_3 \cdot z_3}{G} \tag{9.8}$$

Für beliebig viele Teilmassen gelten die Gleichungen (9.32), (9.33) und (9.34).

9.1.1 Ortsvektor des Schwerpunktes

In allgemeiner Form lässt sich das Gesamtgewicht $\vec{G}$ eines Körpers, Bild 9-2, durch Integration über alle Teilgewichte $d\vec{G}$ ermitteln:

$$\vec{G} = \int d\vec{G} \tag{9.9}$$

Da die Gewichtsvektoren vertikal wirken, lassen sie sich auch mit dem Basisvektor $\vec{e}_y$ schreiben:

$$\vec{G} = -\vec{e}_y \cdot G \qquad (9.10)$$

und

$$d\vec{G} = -\vec{e}_y \cdot dG \qquad (9.11).$$

Dementsprechend genügt es lediglich die Beträge zu betrachten. Es gilt somit auch

$$G = \int dG \qquad (9.12).$$

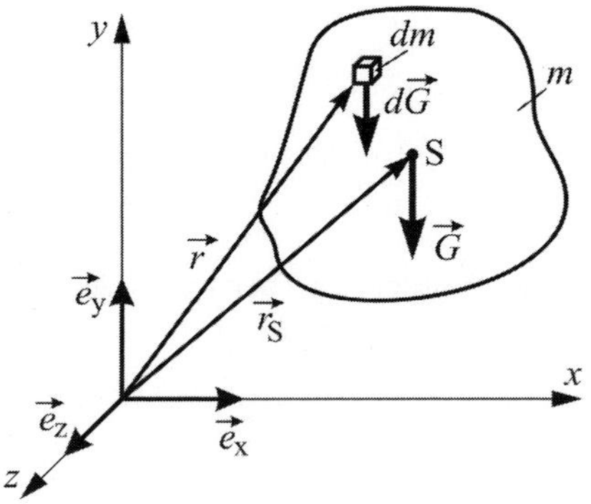

Bild 9-2
Ermittlung des Ortsvektors des Schwerpunktes bzw. der Schwerpunktskoordinaten
$\vec{r}$: Ortsvektor eines Masseteilchens *dm* mit dem Gewichtsanteil $d\vec{G}$
$\vec{r}_S$: Ortsvektor des Körperschwerpunktes
$\vec{G}$: Vektor des Gesamtgewichts

Der Ortsvektor $\vec{r}_S$ des Schwerpunktes, Bild 9-2, ergibt sich, indem man das Moment des Gesamtgewichts

$$\vec{r}_S \times \vec{G}$$

der Summe der Momente der Teilgewichte

$$\int \vec{r} \times d\vec{G}$$

bezüglich des Koordinatenursprungs gleichsetzt:

$$\vec{r}_S \times \vec{G} = \int \vec{r} \times d\vec{G} \qquad (9.13).$$

Mit den Gleichungen (9.10) und (9.11) erhält man

$$(\vec{r}_S \cdot G) \times (-\vec{e}_y) = \left(\int \vec{r} \cdot dG\right) \times (-\vec{e}_y)$$

und somit

$$\vec{r}_S \cdot G = \int \vec{r} \cdot dG \qquad (9.14)$$

und daraus den Ortsvektor des Schwerpunktes

$$\boxed{\vec{r}_S = \frac{\int \vec{r} \cdot dG}{G}} \qquad (9.15).$$

9.1.2 Koordinaten des Schwerpunktes

Die Koordinaten des Schwerpunktes erhält man z. B. durch Momentenbetrachtungen um die *x*-, *y*- und *z*-Achse, Bild 9-2, oder als Komponentengleichungen der Beziehung (9.15):

$$x_S = \frac{\int x \cdot dG}{G} \tag{9.16}$$,

$$y_S = \frac{\int y \cdot dG}{G} \tag{9.17}$$,

$$z_S = \frac{\int z \cdot dG}{G} \tag{9.18}$$.

9.1.3 Massenmittelpunkt

Das Gesamtgewicht G errechnet sich aus der Masse m des Körpers und der Fall- oder Schwerebeschleunigung g:

$$G = m \cdot g \tag{9.19}$$.

Gleiches gilt für die Teilmasse dm:

$$dG = dm \cdot g \tag{9.20}$$.

Setzt man die Gleichungen (9.19) und (9.20) in Gleichung (9.15) ein, so erhält man den Ortsvektor $\vec{r}_S$ des Massenmittelpunktes:

$$\vec{r}_S = \frac{\int \vec{r} \cdot dm}{m} \tag{9.21}$$,

wobei für $m = \int dm$ gilt.

Die Koordinaten des Massenmittelpunktes lassen sich nach den Beziehungen

$$x_S = \frac{\int x \cdot dm}{m} \tag{9.22}$$,

$$y_S = \frac{\int y \cdot dm}{m} \tag{9.23}$$,

$$z_S = \frac{\int z \cdot dm}{m} \tag{9.24}$$

ermitteln. Für ein homogenes Schwerefeld, d. h. für g = konst., fallen Massenmittelpunkt und Schwerpunkt zusammen. Der Massenmittelpunkt ist damit dem Schwerpunkt gleichzusetzen.

9.1.4 Volumenmittelpunkt

Für homogene Körper ist die Dichte konstant. Die Masse kann dann mit dem Volumen V und mit der Dichte ρ errechnet werden:

$$m = V \cdot \rho \qquad (9.25),$$

$$dm = dV \cdot \rho \qquad (9.26).$$

Der Ortsvektor des Volumenmittelpunktes ergibt sich nach Gleichung (9.21) mit der Beziehung

$$\vec{r}_S = \frac{\int \vec{r} \cdot dV}{V} \qquad (9.27),$$

wobei für $V = \int dV$ gilt.

Die Koordinaten des Volumenmittelpunktes errechnen sich mit

$$x_S = \frac{\int x \cdot dV}{V} \qquad (9.28),$$

$$y_S = \frac{\int y \cdot dV}{V} \qquad (9.29),$$

$$z_S = \frac{\int z \cdot dV}{V} \qquad (9.30).$$

Ist die Dichte ρ im gesamten Volumen konstant, so fallen Volumenmittelpunkt, Massenmittelpunkt und Schwerpunkt zusammen.

9.1.5 Schwerpunkt, Massenmittelpunkt und Volumenmittelpunkt von zusammengesetzten Körpern

Technische Gebilde lassen sich häufig in Teilkörper einteilen, für die der Schwerpunkt bekannt ist. In diesem Fall kann der Gesamtschwerpunkt aus den Teilgewichten und Ortsvektoren bzw. den Schwerpunktskoordinaten der Teilgewichte ermittelt werden. Die Integrale, z. B. in den Gleichungen (9.15), (9.16), (9.17) und (9.18), gehen dann in Summenzeichen über.

Gemäß Bild 9-3 gilt dann

$$\vec{r}_S = \frac{\sum G_i \cdot \vec{r}_i}{\sum G_i} \qquad (9.31)$$

mit $G = \sum G_i$.

Für die Koordinaten des Gesamtschwerpunktes gilt

$$x_S = \frac{\sum G_i \cdot x_i}{\sum G_i} \qquad (9.32),$$

$$y_S = \frac{\sum G_i \cdot y_i}{\sum G_i} \qquad (9.33),$$

$$z_S = \frac{\sum G_i \cdot z_i}{\sum G_i} \qquad (9.34).$$

Diese Gleichungen stellen u. a. Verallgemeinerungen der Gleichungen (9.6), (9.7) und (9.8) dar.

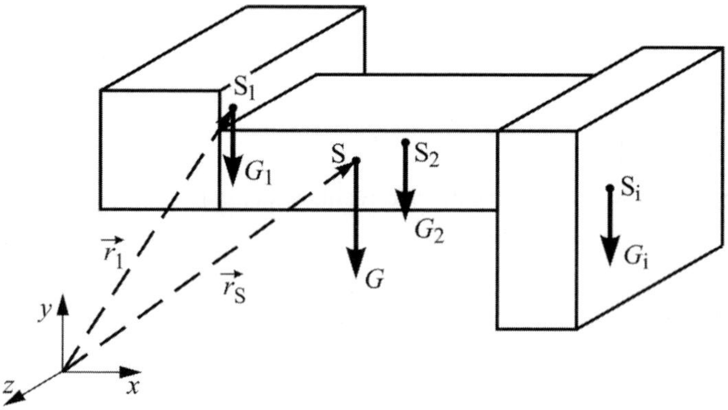

Bild 9-3 Schwerpunktsberechnung eines aus Teilkörpern zusammengesetzten Körpers

$G_1, G_2, ..., G_i$: Gewichte der Teilkörper

$\vec{r}_1, \ldots, \vec{r}_i$: Ortsvektoren der Teilkörperschwerpunkte

G : Gesamtgewicht

$\vec{r}_S$: Ortsvektor des Gesamtschwerpunktes

Der Ortsvektor des Massenmittelpunktes errechnet sich mit

$$\vec{r}_S = \frac{\sum m_i \cdot \vec{r}_i}{\sum m_i} \qquad \text{mit } m = \sum m_i \qquad (9.35).$$

Die Koordinaten des Massenmittelpunktes erhält man mit den Beziehungen

$$x_S = \frac{\sum m_i \cdot x_i}{\sum m_i} \qquad (9.36),$$

$$y_S = \frac{\sum m_i \cdot y_i}{\sum m_i} \qquad (9.37),$$

$$z_S = \frac{\sum m_i \cdot z_i}{\sum m_i} \qquad (9.38).$$

Für den Volumenmittelpunkt gilt:

$$\vec{r}_S = \frac{\sum V_i \cdot \vec{r}_i}{\sum V_i} \qquad \text{mit } V = \sum V_i \, . \tag{9.39}$$

Die Koordinaten errechnen sich mit den Beziehungen

$$x_S = \frac{\sum V_i \cdot x_i}{\sum V_i} \tag{9.40},$$

$$y_S = \frac{\sum V_i \cdot y_i}{\sum V_i} \tag{9.41},$$

$$z_S = \frac{\sum V_i \cdot z_i}{\sum V_i} \tag{9.42}.$$

9.1.6 Schwerpunkte einfacher homogener Körper

Schwerpunkte einiger einfacher homogener Körper sind in Bild 9-4 dargestellt. Grundsätzlich sind Symmetrieachsen auch Schwerpunktsachsen.

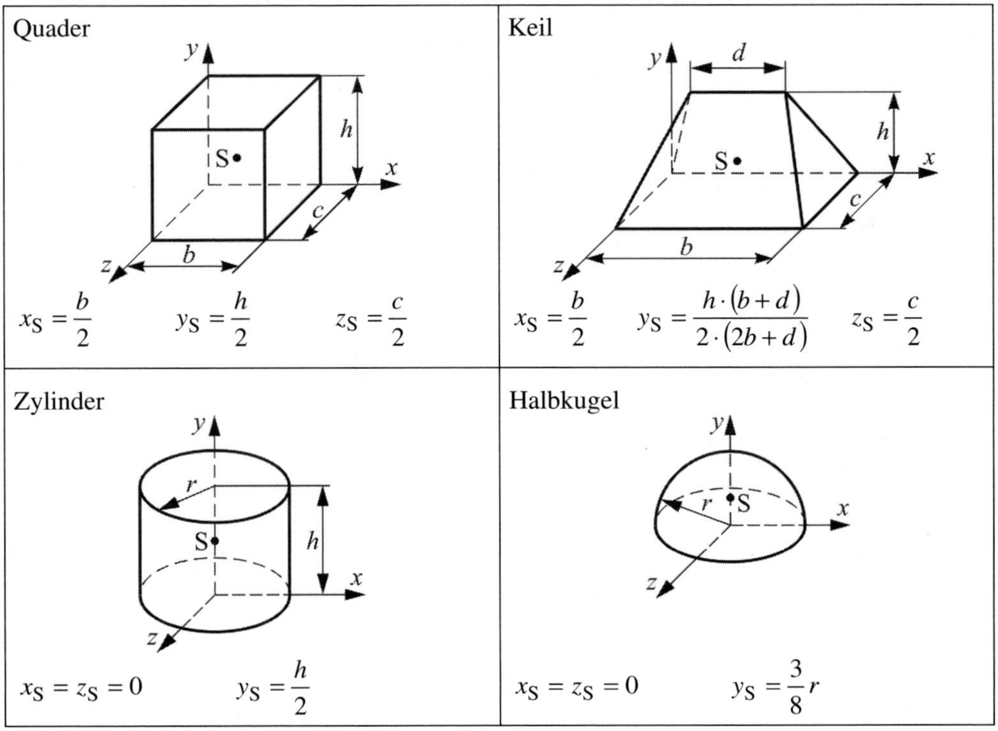

Bild 9-4 Schwerpunkte einfacher homogener Körper

Beispiel 9-1 ***

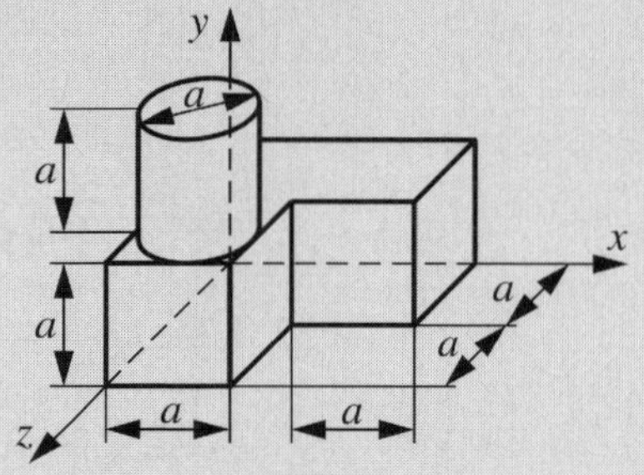

Für das skizzierte räumliche Werkstück bestimme man die Lage des Gesamtschwerpunktes.

geg.: a

Lösung:

Da die Dichte ρ konstant ist, entspricht der Volumenmittelpunkt dem Schwerpunkt. Die Ermittlung der Schwerpunktskoordinaten erfolgt tabellarisch. Dazu wird das Werkstück in drei Teilkörper (1), (2) und (3) eingeteilt.

	x_{Si}	y_{Si}	z_{Si}	V_i	$x_{Si}\cdot V_i$	$y_{Si}\cdot V_i$	$z_{Si}\cdot V_i$
(1)	$\frac{a}{2}$	$\frac{a}{2}$	a	$2a^3$	a^4	a^4	$2a^4$
(2)	$\frac{a}{2}$	$\frac{3}{2}a$	$\frac{3}{2}a$	$\frac{\pi}{4}a^3$	$\frac{\pi}{8}a^4$	$\frac{3\pi}{8}a^4$	$\frac{3\pi}{8}a^4$
(3)	$\frac{3}{2}a$	$\frac{a}{2}$	$\frac{a}{2}$	a^3	$\frac{3}{2}a^4$	$\frac{1}{2}a^4$	$\frac{1}{2}a^4$
Σ				$\left(3+\frac{\pi}{4}\right)\cdot a^3$	$\left(\frac{5}{2}+\frac{\pi}{8}\right)\cdot a^4$	$\left(\frac{3}{2}+\frac{3\pi}{8}\right)\cdot a^4$	$\left(\frac{5}{2}+\frac{3\pi}{8}\right)\cdot a^4$

$$x_S = \frac{\sum x_{Si}\cdot V_i}{\sum V_i} = 0{,}76a$$

$$y_S = \frac{\sum y_{Si}\cdot V_i}{\sum V_i} = 0{,}71a$$

$$z_S = \frac{\sum z_{Si}\cdot V_i}{\sum V_i} = 0{,}97a$$

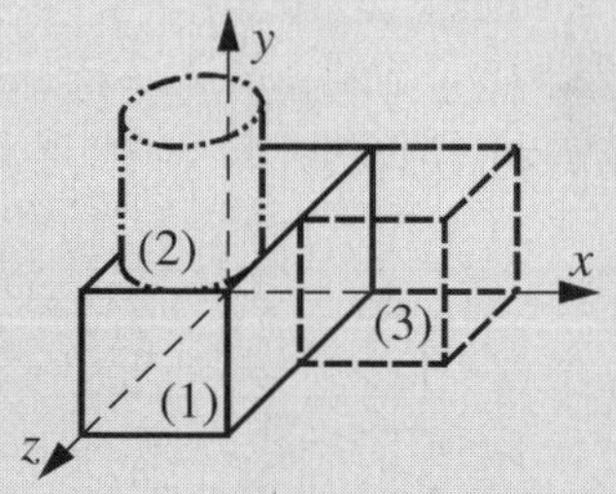

Beispiel 9-2 ***

Für die Aufnahmevorrichtung einer Probe ist der Volumenschwerpunkt zu ermitteln.

geg.: a

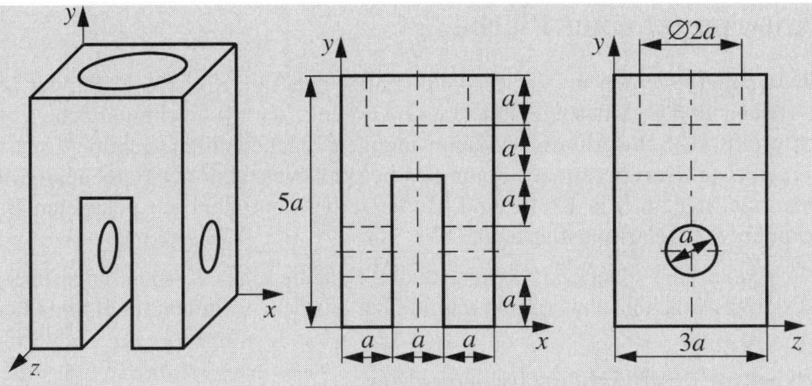

Lösung:

Der Körper und die Bohrungen werden in insgesamt sechs Teilgebiete eingeteilt. Die Volumen der Bohrungen erhalten ein negatives Vorzeichen.

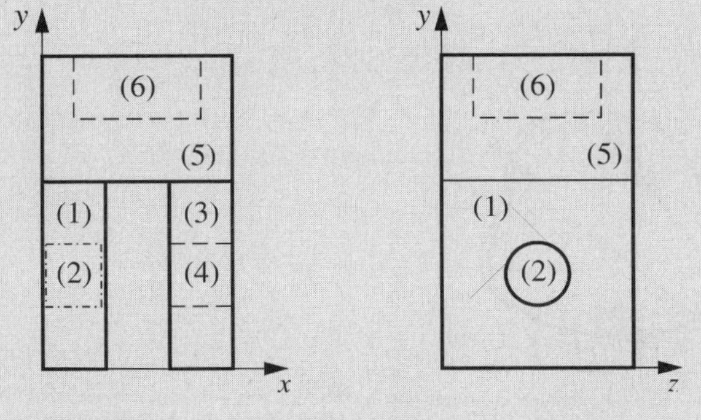

	x_{Si}	y_{Si}	z_{Si}	V_i	$x_{Si} \cdot V_i$	$y_{Si} \cdot V_i$	$z_{Si} \cdot V_i$
(1)	$0{,}5a$	$1{,}5a$	$1{,}5a$	$9a^3$	$4{,}5a^4$	$13{,}5a^4$	$13{,}5a^4$
(2)	$0{,}5a$	$1{,}5a$	$1{,}5a$	$-\frac{\pi}{4}a^3$	$-0{,}125\pi a^4$	$-0{,}375\pi a^4$	$-0{,}375\pi a^4$
(3)	$2{,}5a$	$1{,}5a$	$1{,}5a$	$9a^3$	$22{,}5a^4$	$13{,}5a^4$	$13{,}5a^4$
(4)	$2{,}5a$	$1{,}5a$	$1{,}5a$	$-\frac{\pi}{4}a^3$	$-0{,}625\pi a^4$	$-0{,}375\pi a^4$	$-0{,}375\pi a^4$
(5)	$1{,}5a$	$4a$	$1{,}5a$	$18a^3$	$27a^4$	$72a^4$	$27a^4$
(6)	$1{,}5a$	$4{,}5a$	$1{,}5a$	$-\pi a^3$	$-1{,}5\pi a^4$	$-4{,}5\pi a^4$	$-1{,}5\pi a^4$
Σ				$(36-1{,}5\pi)a^3$	$(54-2{,}25\pi)a^4$	$(99-5{,}25\pi)a^4$	$(54-2{,}25\pi)a^4$

$$x_S = \frac{\sum x_{Si} \cdot V_i}{\sum V_i} = 1{,}5a \qquad y_S = \frac{\sum y_{Si} \cdot V_i}{\sum V_i} = 2{,}6a \qquad z_S = \frac{\sum z_{Si} \cdot V_i}{\sum V_i} = 1{,}5a$$

9.2 Schwerpunkt einer Fläche

Flächenschwerpunkte werden in der Mechanik häufig benötigt. So ist z. B. bei der Biegebelastung von Balken und Rahmen der Flächenschwerpunkt der Querschnittsfläche von Bedeutung. Auch greift die Schwerkraft bei dünnwandigen, flächenhaften Gebilden quasi im Flächenschwerpunkt an. Darüber hinaus kommt es beispielsweise bei der Berechnung der Auflagerreaktionen und der inneren Kräfte und Momente bei kontinuierlich belasteten Balken auf den Schwerpunkt der Belastungsfläche an.

Grundsätzlich kann eine Fläche als extrem dünne Scheibe eines Körpers angesehen werden. Somit lässt sich der Flächenschwerpunkt unmittelbar aus dem Volumenmittelpunkt herleiten.

9.2.1 Ortsvektor des Flächenschwerpunktes

Für einen dünnwandigen Körper mit der Fläche A und der konstanten Dicke h, Bild 9-5, errechnet sich das Volumen V mit der Formel

$$V = A \cdot h \qquad (9.43).$$

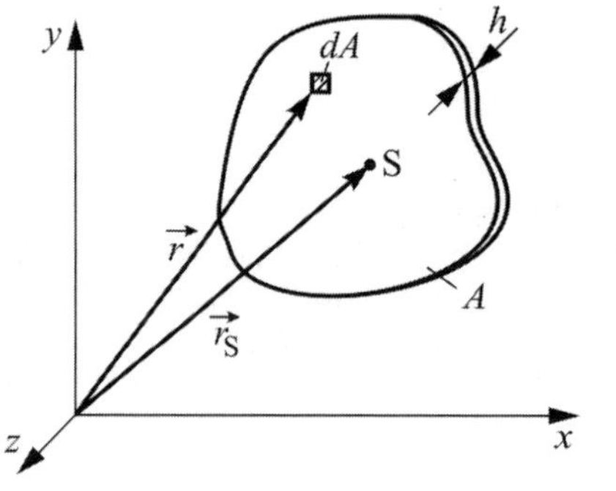

Bild 9-5
Herleitung des Flächenschwerpunktes anhand einer dünnwandigen Scheibe eines Körpers

Für das Teilvolumen dV gilt dann

$$dV = dA \cdot h \qquad (9.44).$$

Somit erhält man mit der Beziehung für den Volumenmittelpunkt, Gleichung (9.27),

$$\vec{r}_S = \frac{\int \vec{r} \cdot dV}{V} = \frac{\int \vec{r} \cdot h \cdot dA}{A \cdot h}$$

die Berechnungsformel für den Ortsvektor des Flächenschwerpunktes von ebenen Flächen:

$$\vec{r}_S = \frac{\int \vec{r} \cdot dA}{A} \qquad \text{mit } A = \int dA \qquad (9.45).$$

9.2.2 Koordinaten des Flächenschwerpunktes

Mit den Formeln (9.43) und (9.44) erhält man aus den Gleichungen (9.28) und (9.29) die Koordinaten x_S und y_S des Flächenschwerpunktes:

$$x_S = \frac{\int x \cdot dA}{A} \qquad (9.46),$$

$$y_S = \frac{\int y \cdot dA}{A} \qquad (9.47).$$

9.2.3 Flächenschwerpunkte für zusammengesetzte Flächen

Kennt man die Flächeninhalte und die Schwerpunktskoordinaten der Teilflächen, so lassen sich die Schwerpunktskoordinaten der Gesamtfläche, Bild 9-6, wie folgt berechnen:

$$x_S = \frac{\sum A_i \cdot x_i}{\sum A_i} \qquad (9.48),$$

$$y_S = \frac{\sum A_i \cdot y_i}{\sum A_i} \qquad (9.49).$$

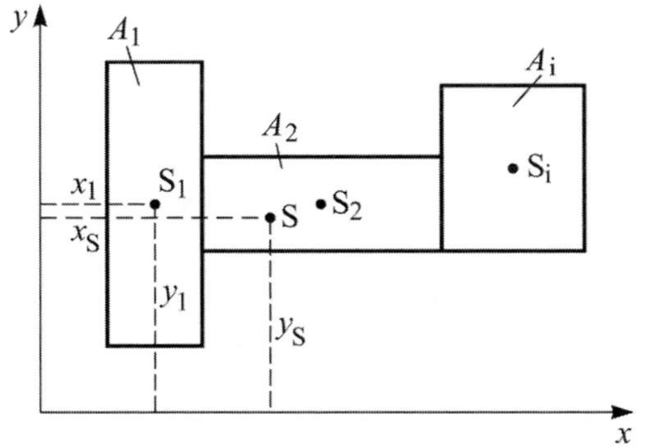

Bild 9-6
Schwerpunktberechnung einer aus Teilflächen zusammengesetzten Fläche
$A_1, A_2, ..., A_i$: Teilflächen
$x_1, y_1, \ldots, x_i, y_i$: Koordinaten der Schwerpunkte der Teilflächen
$A = \Sigma A_i$: Gesamtfläche
x_S, y_S : Schwerpunktskoordinaten der Gesamtfläche

Die Gesamtfläche A kann durch Aufsummieren der Teilflächen A_i ermittelt werden:

$$A = \sum A_i \qquad (9.50).$$

9.2.4 Berechnung des Flächenschwerpunktes einzelner Flächen

Die Schwerpunktskoordinaten einzelner Flächen können mit den Formeln (9.46) und (9.47), Kapitel 9.2.2, berechnet werden. Für eine rechtwinklige Dreiecksfläche nach Bild 9-7a ergibt sich folgender Rechengang:

Mit dem Strahlensatz erhält man nach Bild 9-7b

$$\frac{y(x)}{x} = \frac{h}{b}$$

und somit die Geradengleichung

$$y(x) = \frac{h}{b} \cdot x \qquad (9.51).$$

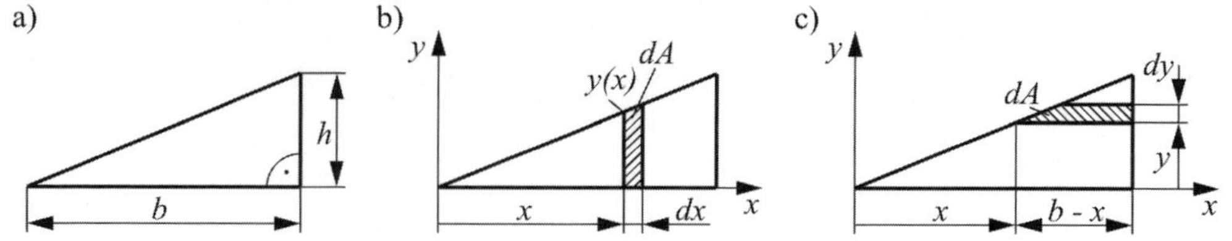

Bild 9-7 Schwerpunktsberechnung für ein rechtwinkliges Dreieck
a) Dreieck mit der Breite b und der Höhe h
b) Dreieck mit den x-y-Koordinaten und der Teilfläche $dA = y(x)\,dx$ für die Berechnung der Schwerpunktskoordinate x_S
c) Dreieck mit Teilfläche $dA = (b - x)dy$ für die Berechnung der Schwerpunktskoordinate y_S

Mit

$$dA = y(x) \cdot dx = \frac{h}{b} \cdot x \cdot dx \qquad \text{und} \qquad A = \frac{b \cdot h}{2}$$

erhält man mit Gleichung (9.46)

$$x_S = \frac{\int x \cdot dA}{A} = \frac{\int x \cdot y(x) \cdot dx}{A} = \frac{\int_0^b \frac{h}{b} \cdot x^2 \cdot dx}{\frac{b \cdot h}{2}} = \frac{2}{3} b \qquad (9.52).$$

Für y_S, Gleichung (9.47), erhält man mit $dA = (b - x) \cdot dy$ und $x = (b/h) \cdot y$, Bild 9-7c,

$$y_S = \frac{\int y \cdot dA}{A} = \frac{\int y \cdot (b - x) \cdot dy}{A} = \frac{\int_0^h y \cdot \left(b - \frac{b}{h} \cdot y\right) dy}{\frac{b \cdot h}{2}} = \frac{h}{3} \qquad (9.53).$$

Der Schwerpunkt liegt im Schnittpunkt der Winkelhalbierenden.

9.2.5 Schwerpunktskoordinaten einfacher Flächen

Die Schwerpunktskoordinaten einiger einfacher Flächen sind in Bild 9-8 zusammengestellt. Grundsätzlich gilt: Symmetrieachsen sind Schwerpunktsachsen. Bei Doppelsymmetrie liegt der Schwerpunkt im Schnittpunkt der Symmetrieachsen.

9.2.6 Statisches Moment einer Fläche

Die bei der Berechnung des Schwerpunktes einer Fläche auftretenden Integrale (siehe Gleichungen (9.45), (9.46) und (9.47)) nennt man Flächenmomente 1. Ordnung oder statische Momente.

Mit Gleichung (9.45) folgt somit das statische Moment

$$\vec{S} = \int \vec{r} \cdot dA \qquad (9.54).$$

Rechteck 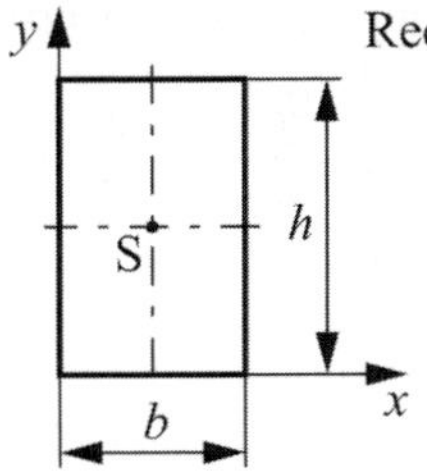	$x_S = \frac{b}{2}$ $y_S = \frac{h}{2}$
Trapez 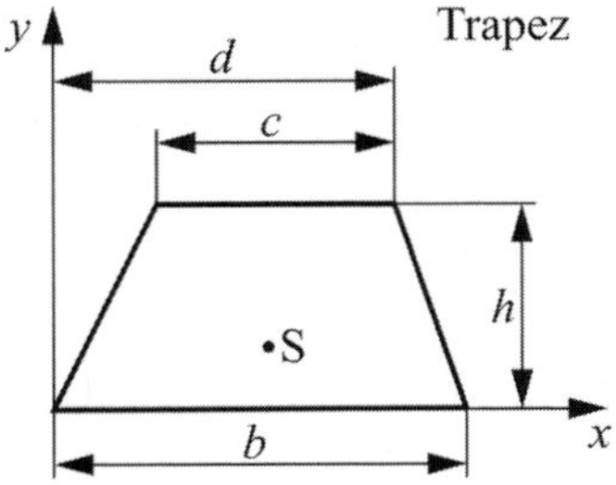	$x_S = \frac{b^2 - c^2 + d \cdot (b + 2c)}{3(b + c)}$ $y_S = \frac{h \cdot (b + 2c)}{3(b + c)}$
Rechtwinkliges Dreieck 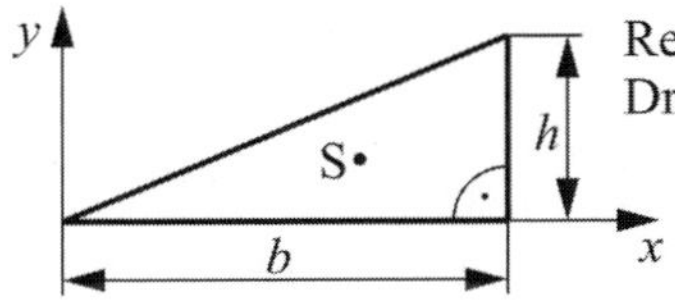	$x_S = \frac{2}{3} b$ $y_S = \frac{h}{3}$
Schiefwinkliges Dreieck 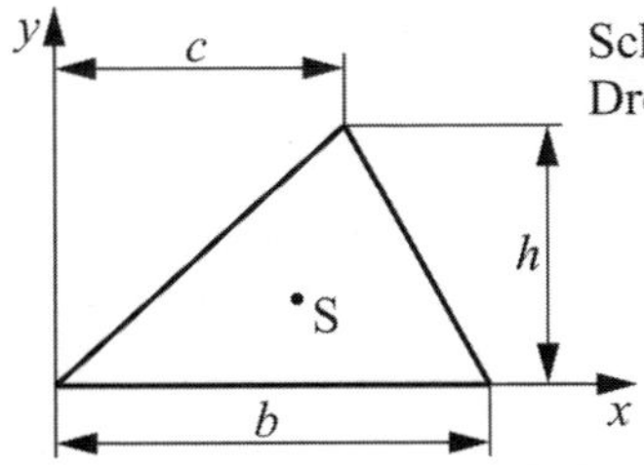	$x_S = \frac{b + c}{3}$ $y_S = \frac{h}{3}$
Kreis 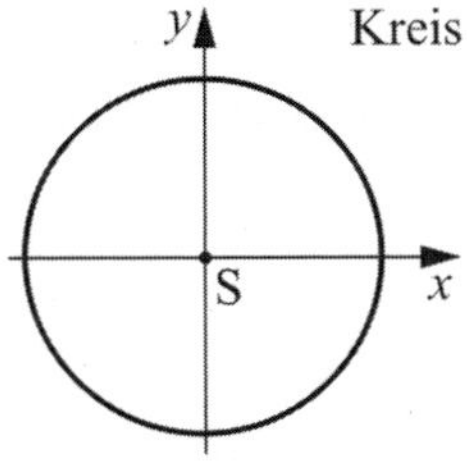	$x_S = y_S = 0$
Halbkreis 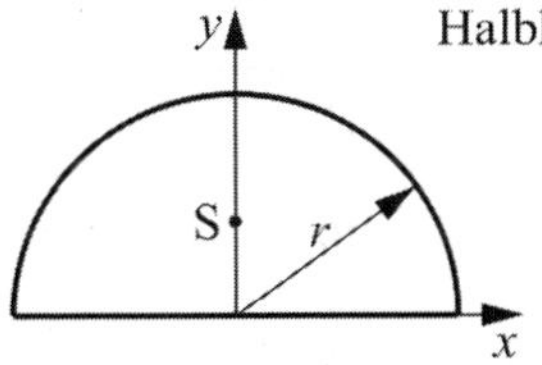	$x_S = 0$ (Symmetrieachse) $y_S = \frac{4}{3\pi} r$

Bild 9-8 Schwerpunkte einfacher Flächen

Aus Gleichung (9.45) geht auch hervor, dass das statische Moment bezüglich des Schwerpunktes ($\vec{r}_S = \vec{0}$) null ist.

Mit Gleichung (9.47) erhält man das statische Moment bezüglich der x-Achse

$$S_x = \int_A y \cdot dA \tag{9.55}$$

und mit Gleichung (9.46) das statische Moment bezüglich der y-Achse

$$S_y = \int_A x \cdot dA \tag{9.56}$$

Die statischen Momente spielen neben der Schwerpunktsberechnung auch in der Festigkeitslehre eine Rolle. Dort haben auch die Flächenmomente 2. Ordnung, die Flächenträgheitsmomente, eine große Bedeutung.

Beispiel 9-3 ***

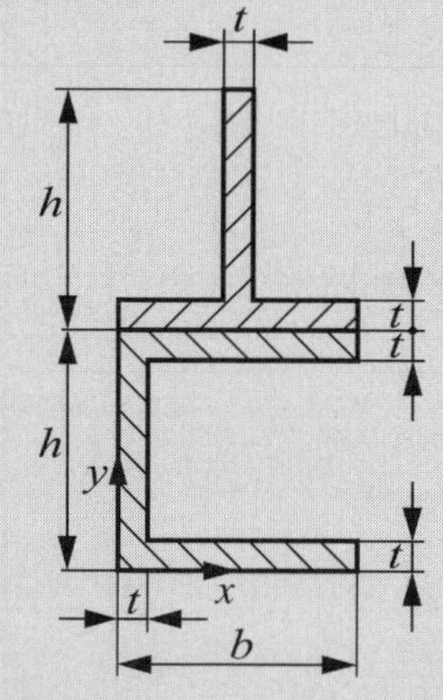

Für den skizzierten Querschnitt, bestehend aus einem scharfkantigen T-Stahl und einem U-Profil, bestimme man die Lage des Flächenschwerpunkts.

geg.: $h = 40$ mm, $b = 40$ mm, $t = 5$ mm

Lösung:

Einteilung der Profile in vier Teilflächen, (3) ist dabei die Fläche $h \cdot b$

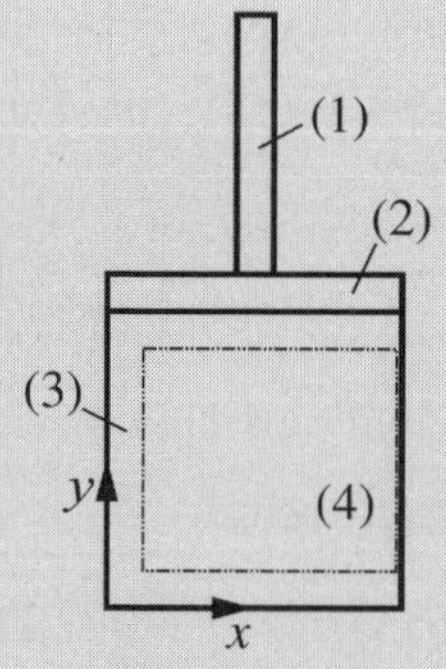

	x_{Si} [mm]	y_{Si} [mm]	A_i [mm²]	$x_{Si} \cdot A_i$ [mm³]	$y_{Si} \cdot A_i$ [mm³]
(1)	20	62,5	175	3500	10937,5
(2)	20	42,5	200	4000	8500
(3)	20	20	1600	32000	32000
(4)	22,5	20	-1050	-23625	-21000
Σ			925	15875	30437,5

$$x_S = \frac{\sum x_{Si} \cdot A_i}{\sum A_i} = 17{,}2\,\text{mm} \qquad y_S = \frac{\sum y_{Si} \cdot A_i}{\sum A_i} = 32{,}9\,\text{mm}$$

10 Reibung

Reibungserscheinungen spielen in der gesamten Technik sowie im täglichen Leben eine wichtige Rolle. Ohne Reibung ist z. B. keine kontrollierte Fortbewegung möglich. Beim Gehen erlaubt uns die Haftreibung zwischen Schuhsohle und Straße die Fortbewegung. Sinkt die Haftreibung, z. B. bei Glatteis, so ist die kontrollierte Gehbewegung gefährdet, man kann ausgleiten.

Auch eine Autofahrt ist ohne Haftreibung nicht möglich. Dies bedeutet, dass zwischen dem Autoreifen und der Straße eine Haftreibungskraft wirkt, die eine Fahrt erst zulässt. Auch bei Kurvenfahrten hat die Reibung eine herausragende Bedeutung. Ist die Haftreibung zu gering, beginnt das Fahrzeug zu gleiten und wird z. B. aus der Kurve getragen. Letzteres wird besonders bei Autorennen deutlich.

Alle Bremsvorgänge mit mechanischen Bremsen basieren auf Reibungsvorgängen. Dabei werden z. B. Räder oder rotierende Scheiben durch Reibung abgebremst. D. h. eine der Bewegung entgegengerichtete Gleitreibungskraft sorgt für die Bremsverzögerung.

Reibung ist in vielen Bereichen in Natur und Technik eine Notwendigkeit. Reibung kann aber auch ungünstige Wirkungen haben. So vermindert Reibung in Motoren, in Getrieben und in Wellenlagern die Leistung der Maschinen und führt zu erhöhtem Verschleiß. Um diese negativen Erscheinungen zu vermindern, wird die Reibung bzw. die der Bewegung entgegenwirkende Gleitreibungskraft unter Umständen durch Schmiermittel herabgesetzt.

Bei der Berührung von zwei festen Körpern kann also Haftreibung oder Gleitreibung vorliegen. Die Haftkräfte und die Gleitreibungskräfte wirken in den Berührflächen.

10.1 Grundlagen der Festkörperreibung

Die Grundlagen für die zuvor beschriebenen Reibungserscheinungen sollen anhand eines einfachen Körpers, der sich auf einer rauen Unterlage befindet, verdeutlicht werden.

Liegt der Körper, Bild 10-1a, ruhig auf der Unterlage, so wirkt als äußere Kraft die Gewichtskraft G. In der Berührfläche zwischen Körper und Unterlage tritt demzufolge lediglich eine Normalkraft N auf, Bild 10-1b. Diese wirkt, wie der Name schon sagt, normal (senkrecht) zur Berührfläche und entsprechend dem Wechselwirkungsgesetz (siehe Kapitel 2.3.3) sowohl auf den Körper als auch auf die Berührfläche. Beim Freischnitt des ruhenden Körpers, Bild 10-1b, ist die von der Unterlage auf den Körper ausgeübte Normalkraft N eingezeichnet. Diese ist mit der Gewichtskraft G im Gleichgewicht:

$$\uparrow: \quad N - G = 0 \quad \Rightarrow \quad N = G \qquad (10.1).$$

Der Betrag der Normalkraft entspricht dem Betrag der Gewichtskraft, Gleichung (10.1). Da tangential zur Berührfläche keine Kräfte wirken, ist der Körper insgesamt im Gleichgewicht, er befindet sich in Ruhe, d. h. er bewegt sich nicht.

Auch wenn eine horizontale äußere Kraft F auf den Körper wirkt, Bild 10-1c, bleibt der Körper bis zu einer Grenzkraft in Ruhe. In diesem Fall wird infolge der Oberflächenrauigkeiten zwischen Körper und Unterlage eine tangentiale Kraft R_H übertragen, welche die Bewegung verhindert. Die so genannte Haftreibungskraft R_H tritt stets in solcher Größe und Richtung auf, dass Gleichgewicht herrscht. Es handelt sich also, wie z. B. bei einem Auflager, um eine Reaktionskraft.

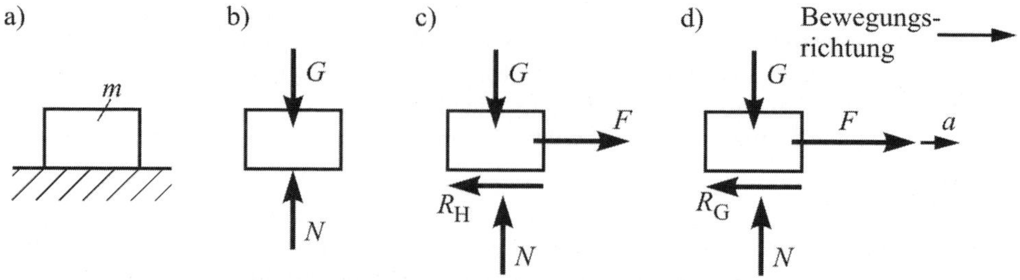

Bild 10-1 Körper auf einer rauen Unterlage
a) Körper der Masse m liegt auf der Unterlage
b) Freischnitt des ruhenden Körpers mit der Gewichtskraft G und der Normalkraft N
c) Obwohl eine horizontale Kraft F wirkt, befindet sich der Körper in Ruhe. Neben der Gewichtskraft G und der Normalkraft N wirkt noch die Haftreibungskraft R_H
d) Die horizontal wirkende Kraft F versetzt den Körper in Bewegung. Nun wirkt die Gleitreibungskraft R_G der Bewegung entgegen

Mit den Gleichgewichtsbedingungen erhält man für diese Situation (Bild 10-1c):

$$\uparrow: \quad N - G = 0 \quad \Rightarrow \quad N = G \qquad (10.2),$$

$$\leftarrow: \quad R_H - F = 0 \quad \Rightarrow \quad \boxed{R_H = F} \qquad (10.3).$$

Die Haftreibungskraft R_H (z. T. auch Haftkraft oder Haftungskraft genannt) ist somit genauso groß wie die tangential zur Berührfläche wirkende Kraft F. Da Gleichgewicht in x- und y-Richtung herrscht, bleibt der Körper in Ruhe.

Wirkt eine größere horizontale Kraft F oder liegt eine verminderte Reibung zwischen Körper und Unterlage vor, bewegt sich der Körper in Richtung von F, Bild 10-1d. Der Körper befindet sich also nicht mehr im Gleichgewicht. Es entsteht eine beschleunigte Bewegung mit der Beschleunigung a. Infolge der Oberflächenrauigkeit wirkt dann eine horizontale Kraft R_G, welche die Bewegung erschwert. Diese Gleitreibungskraft wirkt stets entgegengesetzt zur Bewegungsrichtung. Sie ist somit eine Widerstandskraft, die von den Werkstoffpaarungen und der Oberflächenbeschaffenheit abhängt. Bei dem in Bild 10-1d dargestellten Bewegungsvorgang ist $F > R_G$.

Grundsätzlich ist somit zwischen Haftreibung (Haftung) und Gleitreibung zu unterscheiden.

10.2 Haftreibung

Wie zu Beginn dieses Kapitels beschrieben, ist Haftreibung von großer Bedeutung für zahlreiche Vorgänge in Natur und Technik. Ein Körper haftet aber nicht unbegrenzt auf einer Unterlage oder einem anderen Körper. Es existiert für alle Kontaktpaarungen eine Grenzhaftungs- oder eine Grenzhaftreibungssituation.

Haftreibung und damit eine Gleichgewichtssituation (siehe Kapitel 10.1) liegt nur solange vor, bis die Haftreibungskraft R_H die Grenzhaftungskraft R_{Hmax} erreicht, d. h. solange

$$R_H \leq R_{Hmax} \qquad (10.4)$$

ist.

Die Grenzhaftungskraft R_{Hmax} ist der Normalkraft N und dem Haftreibungskoeffizienten μ_H proportional. Es gilt das so genannte COULOMBsche Gesetz

$$\boxed{R_{Hmax} = \mu_H \cdot N} \qquad (10.5).$$

Der Haftreibungskoeffizient μ_H hängt von der Werkstoffpaarung der in Kontakt befindlichen Körper und von der Oberflächenrauigkeit der sich berührenden Flächen ab. Werte für μ_H sind in Bild 10-2 angegeben.

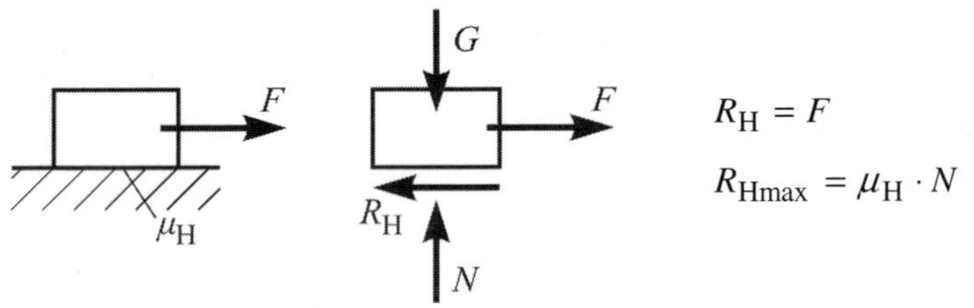

Kontaktpaarung	μ_H
Stahl auf Stahl	0,2...0,3
Holz auf Holz	0,5
Autoreifen auf Straße	0,7..0,9
Stahl auf Eis	0,03
Ski auf Schnee	0,1...0,3

Bild 10-2 Haftreibung und Haftreibungskoeffizienten

Aus den Gleichungen (10.4) und (10.5) ergibt sich somit die Haftbedingung

$$\boxed{R_H \leq \mu_H \cdot N} \qquad (10.6).$$

Ist diese erfüllt, bleibt der Körper in Ruhe.

10.2.1 Körper auf schiefer Ebene

Die Gegebenheiten bei der Haftreibung können auch bei einem Körper, der sich auf einer schiefen Ebene befindet, studiert werden. Auf den Körper wirkt neben der Gewichtskraft G noch eine parallel zur Ebene wirkende Kraft F, Bild 10-3a. Von Interesse ist nun, wie groß bei einem gegebenen Haftreibungskoeffizienten $\mu_H = 0{,}2$ und einem Anstiegswinkel der Ebene von $\alpha = 20°$ die Kraft F einerseits mindestens sein muss und andererseits maximal sein darf, damit der Körper in Ruhe bleibt.

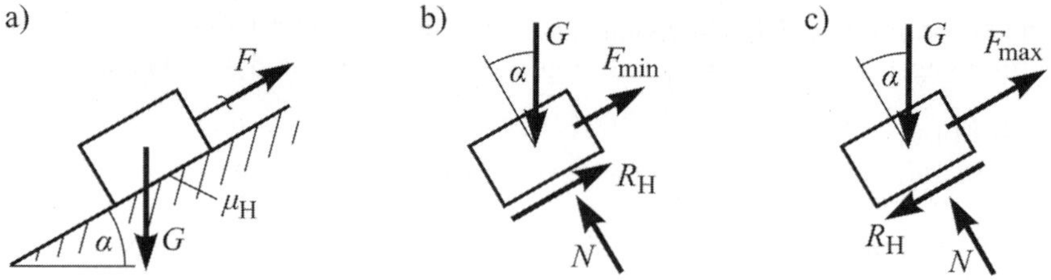

Bild 10-3 Körper auf schiefer Ebene in Ruhelage

a) Eine Kraft F, die ein Abgleiten des Körpers verhindern soll, wirkt neben der Gewichtskraft G

b) Freischnitt des Körpers für den Fall, dass eine Abwärtsbewegung gerade vermieden wird

c) Freischnitt des Körpers für die Grenzsituation, bei der eine Aufwärtsbewegung des Körpers gerade noch verhindert werden kann

Bild 10-3b zeigt den Freischnitt des Körpers für den Grenzfall, dass der Körper sich gerade noch nicht abwärts bewegt. In diesem Fall verhindern $F = F_{min}$ und die Haftreibungskraft R_H ein Abwärtsgleiten. Die Haftreibungskraft, als Reaktionskraft, wirkt dann tangential zur Ebene schräg nach oben, während die tangentiale Komponente $G \cdot \sin\alpha$ des Gewichts, die so genannte Hangabtriebskraft, schräg nach unten wirkt.

Mit den Gleichgewichtsbedingungen für den Körper, Bild 10-3b, erhält man dann F_{min}:

$$\nearrow: \quad F_{min} - G \cdot \sin\alpha + R_H = 0 \qquad (10.7),$$

$$\nwarrow: \quad N - G \cdot \cos\alpha = 0 \quad \Rightarrow \quad N = G \cdot \cos\alpha \qquad (10.8).$$

Im Fall der Grenzhaftung ist nach Gleichung (10.5)

$$R_H = R_{Hmax} = \mu_H \cdot G \cdot \cos\alpha \qquad (10.9).$$

Setzt man die Gleichungen (10.8) und (10.9) in Gleichung (10.7) ein, so erhält man

$$F_{min} = G \cdot (\sin\alpha - \mu_H \cdot \cos\alpha) \qquad (10.10).$$

Für $\alpha = 20°$ und $\mu_H = 0{,}2$ ergibt sich dann $F_{min} = 0{,}15G$.

Für eine größere Kraft F muss nun noch das Aufwärtsgleiten ausgeschlossen werden. In diesem Fall wirkt R_H entgegen einer möglichen Aufwärtsbewegung, Bild 10-3c. Mit den Gleichgewichtsbedingungen

$$\nearrow: \quad F_{max} - G \cdot \sin\alpha - R_H = 0 \qquad (10.11),$$

$$\nwarrow: \quad N - G \cdot \cos\alpha = 0 \qquad (10.12)$$

und Gleichung (10.9) erhält man die maximale Kraft $F = F_{max}$, bei welcher der Körper gerade noch in Ruhe bleibt:

$$F_{max} = G \cdot (\sin\alpha + \mu_H \cdot \cos\alpha) \qquad (10.13).$$

Für $\alpha = 20°$ und $\mu_H = 0{,}2$ gilt $F_{max} = 0{,}53G$. Somit bleibt der Körper für $0{,}15G \leq F \leq 0{,}53G$ in Ruhe, d. h. im Gleichgewicht.

10.2.2 Reibungssektor, Reibungskegel

Befindet sich ein beliebig belasteter Körper, der auf einer Unterlage liegt, in Ruhe, so wirkt im Kontaktbereich eine Normalkraft N und die Haftreibungskraft R_H (siehe Bild 10-1c). Beide Kräfte zusammen bilden somit eine Widerstandskraft F_W, Bild 10-4a. Der Winkel ρ zwischen beiden Kräften errechnet sich bei dieser Haftreibungssituation, $R_H < R_{Hmax}$, mit der Formel

$$\tan \rho = \frac{R_H}{N} \qquad (10.14).$$

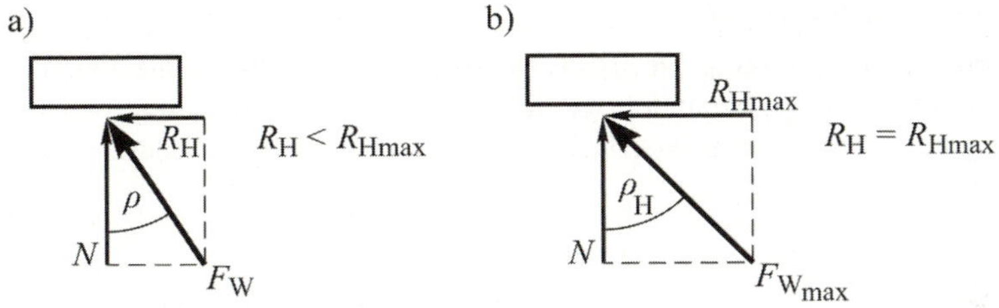

Bild 10-4 Definition von Haftreibungswinkel ρ und Grenzhaftungswinkel ρ_H
a) Haftreibungssituation mit $R_H < R_{Hmax}$ und Haftreibungswinkel ρ
b) Grenzhaftung mit $R_H = R_{Hmax}$ und dem Grenzhaftungswinkel ρ_H

Für den Fall der Grenzhaftung, Bild 10-4b, wirkt in der Berührfläche zwischen Körper und Unterlage die Normalkraft und die Grenzhaftungskraft R_{Hmax}, siehe Gleichung (10.5). Für diesen Grenzfall, Bild 10-4b, errechnet sich der Grenzhaftungswinkel ρ_H mit der Beziehung

$$\tan \rho_H = \frac{R_{Hmax}}{N} = \frac{\mu_H \cdot N}{N} = \mu_H \qquad (10.15).$$

ρ_H lässt sich somit unmittelbar mit dem Haftreibungskoeffizienten ermitteln.

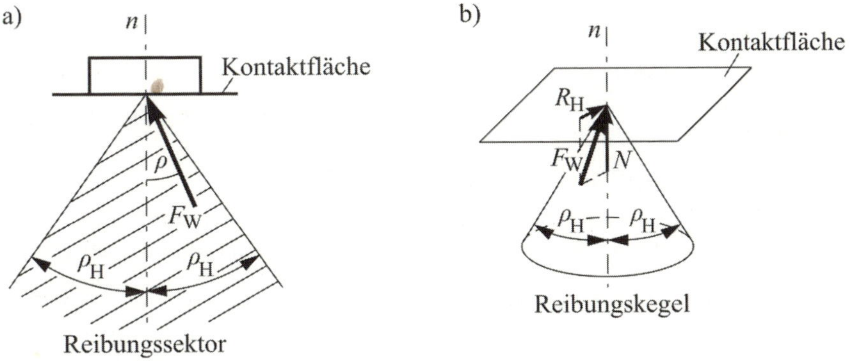

Bild 10-5 Veranschaulichung von Reibungssektor und Reibungskegel
a) Reibungssektor mit dem Grenzhaftungswinkel ρ_H
b) Reibungskegel mit dem Öffnungswinkel $2\rho_H$, geeignet für räumliche Kraftwirkung

Trägt man nun den Grenzhaftungswinkel ρ_H nach beiden Seiten zur Flächennormalen n der Kontaktfläche auf, so erhält man einen Reibungssektor oder Reibungskeil, Bild 10-5a. Liegt die Widerstandskraft F_W innerhalb dieses Sektors, d. h. $\rho < \rho_H$ und $R_H < R_{Hmax}$, so liegt Haftung vor und der Körper bleibt in Ruhe.

Bei räumlicher Kraftwirkung findet ein Reibungskegel Anwendung, Bild 10-5b. Es handelt sich um einen Rotationskegel mit dem Öffnungswinkel $2\rho_H$. Liegt die aus N und R_H gebildete Widerstandskraft F_W innerhalb des Reibungskegels, so befindet sich der betrachtete Körper in Ruhe.

10.2.3 Leiter an einer Wand

Bezugnehmend auf Fragestellung 1-6, Bild 1-6, in Kapitel 1 soll hier die Leiter an der Wand, auf die eine Person aufsteigt, behandelt werden, Bild 10-6a. Vorausgesetzt wird, dass der raue Boden einen großen Haftreibungskoeffizienten besitzt, an der sehr glatten Wand aber Reibungsfreiheit vorliegt.

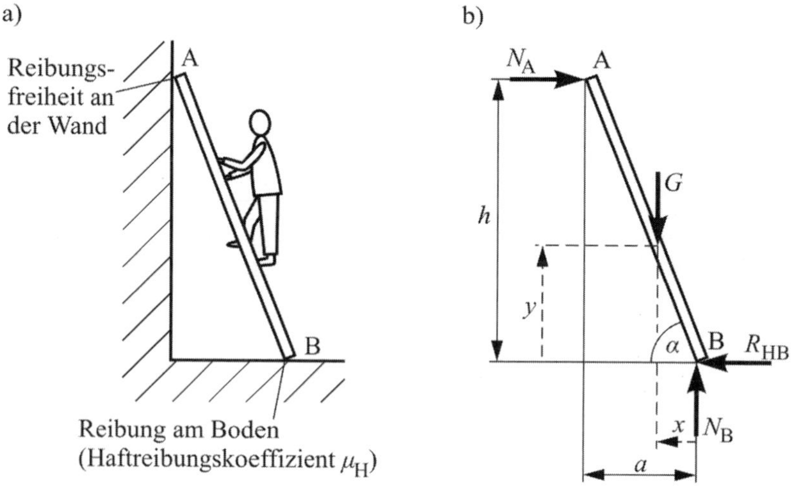

Bild 10-6 Leiter an einer Wand
a) Person steigt Leiter hoch
b) Freischnitt der Leiter mit dem Gewicht G der Person, den Normalkräften N_A und N_B sowie der Haftreibungskraft R_{HB}

Dementsprechend wirkt also lediglich am Boden eine Haftreibungskraft R_{HB}. In den Freischnitt, Bild 10-6b, sind ebenso die Gewichtskraft G der Person als äußere Kraft und die in den Kontaktbereichen wirkenden Normalkräfte N_A (an der Wand) und N_B (am Boden) eingetragen. Gefragt ist nun, bis zu welcher Höhe y die Person steigen darf, ohne dass die Leiter abgleitet.

Mit den Gleichgewichtsbedingungen der ebenen Statik, Kapitel 4.1, erhält man

$$\rightarrow: \quad N_A - R_{HB} = 0 \quad \Rightarrow \quad N_A = R_{HB} \qquad (10.16),$$

$$\uparrow: \quad N_B - G = 0 \quad \Rightarrow \quad N_B = G \qquad (10.17),$$

$$\curvearrowleft B: \quad G \cdot x - N_A \cdot h = 0 \quad \Rightarrow \quad N_A = G \cdot \frac{x}{h} = 0 \qquad (10.18).$$

Mit der Bedingung für die Grenzhaftung

$$R_{HB} = R_{HBmax} = \mu_H \cdot N_B \qquad (10.19)$$

und

$$x = \frac{y}{\tan\alpha}$$

erhält man mit den Gleichungen (10.18), (10.16) und (10.17)

$$y = \frac{N_A \cdot h \cdot \tan\alpha}{G} = \frac{\mu_H \cdot G \cdot h \cdot \tan\alpha}{G} = \mu_H \cdot h \cdot \tan\alpha \qquad (10.20).$$

oder

$$\frac{y}{h} = \mu_H \cdot \tan\alpha \qquad (10.21).$$

Man erkennt, dass die Lösung für y / h lediglich von dem Anstellwinkel α der Leiter und dem Haftreibungskoeffizienten μ_H zwischen Boden und Leiter abhängt. Das Gewicht der Person spielt keine Rolle.

Für $\alpha = 60°$ und $\mu_H = 0{,}4$ ergibt sich für $y / h = 0{,}69$. Die Person kann damit die Leiter nur bis zu einer Höhe von 69% der Leiterhöhe h besteigen, ohne abzugleiten. Steht die Leiter steiler, $\alpha = 70°$, so erhält man für $y / h = 1{,}09$. Jetzt lässt sich die Leiter problemlos besteigen.

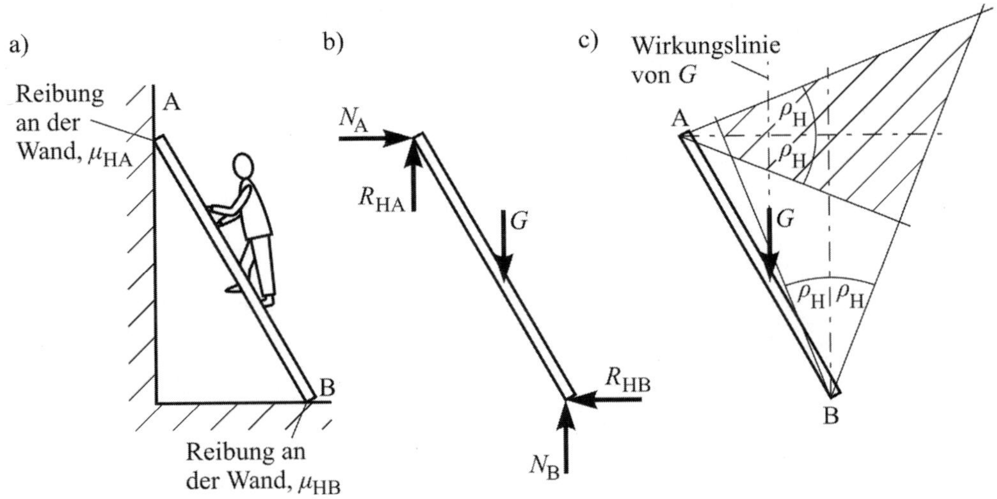

Bild 10-7 Grafische Lösung des Problems „Leiter an einer Wand"
a) Darstellung der Situation
b) Freischnitt der Leiter
c) Lösung des Problems mittels der Reibungssektoren an Boden und Wand.

Die Behandlung des Problems „Person steigt Leiter hinauf" ist ebenso möglich, wenn am Boden und an der Wand Haftreibung vorliegt. Dann ist auch eine grafische Lösung mittels der Reibungssektoren möglich. Dies soll für den Anstellwinkel der Leiter von $\alpha = 60°$ und die Reibungskoeffizienten $\mu_{HA} = \mu_{HB} = \mu_H = 0{,}4$ an Wand und Boden verdeutlicht werden.

Mit Gleichung (10.15) erhält man

$$\rho_H = \arctan \mu_H = \arctan 0{,}4 = 21{,}8°$$

und somit einen Öffnungswinkel der Reibungssektoren von $2\rho_H = 43{,}6°$. Diese Reibungssektoren werden nun an den Berührstellen von Wand und Boden eingezeichnet. Durchläuft die Wirkungslinie der Gewichtskraft G das schraffierte Gebiet, in dem sich die Reibungskeile überdecken, so steht die Person sicher auf der Leiter. Ein Abgleiten der Leiter ist dann ausgeschlossen.

Beispiel 10-1 ***

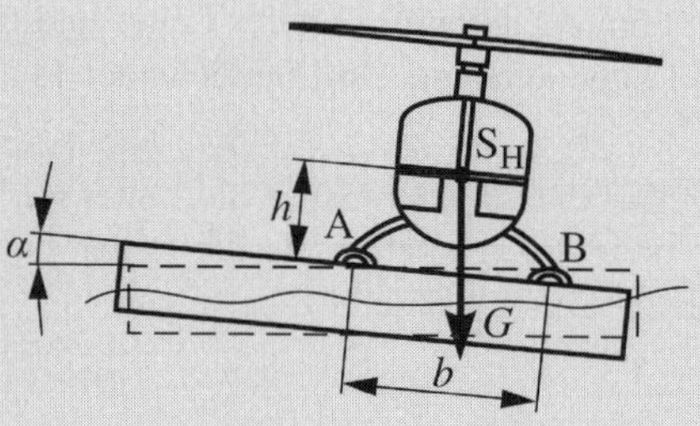

Ein Hubschrauber muss auf einer Schwimminsel notlanden. Wegen Seitenwinds landet der Pilot außermittig, was zu einer Neigung der Schwimminsel um einen Winkel α führt.

a) Wie groß darf die Neigung α maximal sein, damit der Hubschrauber nicht seitlich ins Wasser rutscht?

b) Wie groß darf die Höhe h des Schwerpunkts maximal sein, damit der Hubschrauber für den Fall $\alpha = \alpha_{max}$ nicht seitlich ins Wasser kippt?

geg.: $G = 45$ kN, $b = 2{,}50$ m, $\mu_H = 0{,}8$

<u>Lösung:</u>

Freischnitt

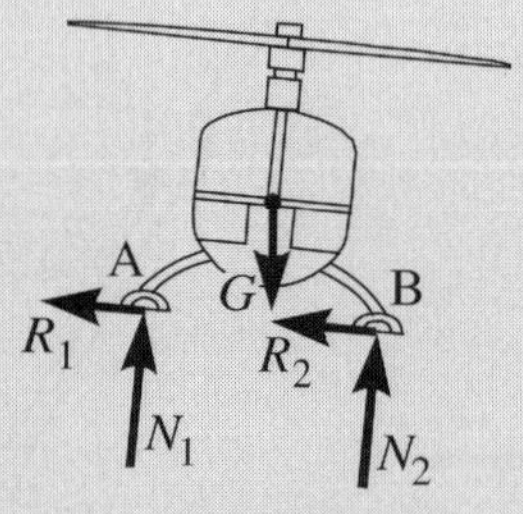

a) Maximale Neigung α_{max}

Gleichgewichtsbedingungen:

$$\leftarrow: \quad R_1 + R_2 - G \cdot \sin \alpha_{max} = 0 \tag{1}$$

$$\uparrow: \quad N_1 + N_2 - G \cdot \cos \alpha_{max} = 0 \tag{2}$$

Für die Grenzsituation kurz vor dem Rutschen gilt:

$$R_1 = \mu_H \cdot N_1 \qquad R_2 = \mu_H \cdot N_2 \tag{3}$$

aus (1) und (3) folgt:

$$\mu_H \cdot N_1 + \mu_H \cdot N_2 - G \cdot \sin \alpha_{max} = 0 \tag{4}$$

aus (2) und (4) folgt:

$$-G \cdot \sin\alpha_{max} + \mu_H \cdot G \cdot \cos\alpha_{max} = 0 \quad \Rightarrow \quad \frac{\sin\alpha_{max}}{\cos\alpha_{max}} = \tan\alpha_{max} = \mu_H$$

$$\Rightarrow \quad \alpha_{max} = \arctan\mu_H = 38{,}7°$$

b) Höhe h des Schwerpunkts, so dass kein Kippen auftritt

Für den Grenzfall gilt: $R_1 = N_1 = 0$

$$\overset{\frown}{B}: \quad N_1 \cdot b - G \cdot \cos\alpha \cdot \frac{b}{2} + G \cdot \sin\alpha \cdot h_{max} = 0$$

$$\Rightarrow \quad h_{max} = \frac{\cos\alpha_{max} \cdot b}{2\sin\alpha_{max}} = \frac{b}{2\tan\alpha_{max}} = 1{,}56\,\text{m}$$

10.3 Gleitreibung

Gleitreibung tritt auf, wenn zwei Körper sich relativ zueinander bewegen oder ein Körper auf einer Unterlage verschoben wird. In diesem Fall erschwert die Gleitreibungskraft R_G, Bild 10-1d, die Bewegung und wirkt als Widerstandskraft stets entgegengesetzt zur Bewegungsrichtung. Der Betrag der Gleitreibungskraft ist abhängig von der zwischen den Körpern wirkenden Normalkraft N und dem Gleitreibungskoeffizienten μ_G:

$$\boxed{R_G = \mu_G \cdot N} \qquad (10.22).$$

R_G ist prinzipiell unabhängig von der Geschwindigkeit der Bewegung und der Größe der Kontaktfläche.

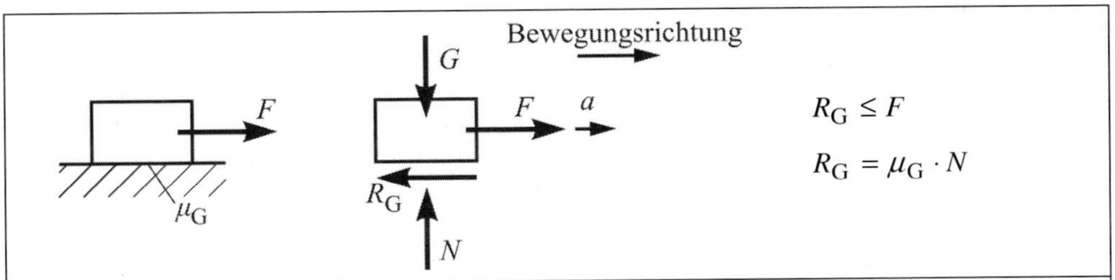

Kontaktpaarung	μ_G
Stahl auf Stahl	0,1...0,2
Holz auf Holz	0,3
Autoreifen auf Straße	0,6..0,7
Stahl auf Eis	0,015
Ski auf Schnee	0,05...0,2

Bild 10-8 Gleitreibung und Gleitreibungskoeffizienten

Bei der vektoriellen Beschreibung der Gleitreibungskraft wird deutlich, dass $\vec{R}_G$ stets entgegengesetzt der Bewegung bzw. entgegengesetzt der Geschwindigkeit wirkt:

$$\vec{R}_G = -\mu_G \cdot N \cdot \frac{\vec{v}}{|\vec{v}|} \qquad (10.23).$$

$\vec{v}$ stellt hierbei den Geschwindigkeitsvektor und $|\vec{v}| = v$ den Betrag der Geschwindigkeit dar. Werte für den Gleitreibungskoeffizienten μ_G sind in Bild 10-8 angegeben.

Bei Bewegungen mit Gleitreibung treten häufig Beschleunigungen oder Verzögerungen auf. Da Körper, die derartigen Bewegungen unterliegen, sich nicht im Gleichgewicht befinden, können derartige Vorgänge i. Allg. nicht mit den Methoden der Statik beschrieben werden. Daher werden diese Themen überwiegend im dritten Teil der Buchreihe, d. h. in der Dynamik, behandelt. In der Statik können aber quasistatische Probleme betrachtet werden, wie z. B. der Zusammenhang zwischen Bremskraft und Bremsmoment einer mechanischen Bremse. Dies soll anhand der Backenbremse in Bild 10-9 gezeigt werden.

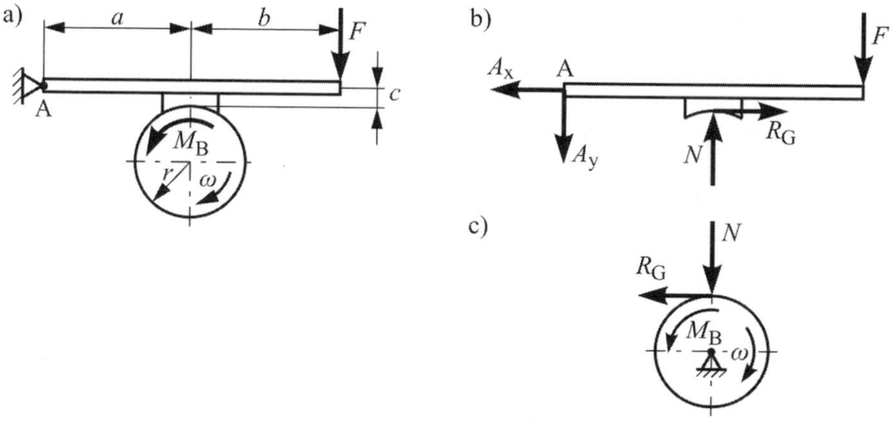

Bild 10-9 Gleitreibungsvorgänge bei einer Backenbremse
a) Backenbremse mit Bremskraft F und erzeugtem Bremsmoment M_B
b) Freischnitt des Bremshebels mit der von der Bremstrommel auf den Hebel ausgeübten Normalkraft N und der Gleitreibungskraft R_G
c) Freischnitt der Bremstrommel mit N, R_G und dem Bremsmoment $M_B = R_G \cdot r$, das entgegen der Trommelbewegung wirkt

Die Bremstrommel, die sich in einer Rechtsdrehung befindet, hier dargestellt durch die Winkelgeschwindigkeit ω, wird durch ein entgegengesetzt drehendes Bremsmoment M_B abgebremst. M_B wird erzeugt durch eine Bremskraft F, die am Ende des Bremshebels wirkt. Gesucht ist nun der Zusammenhang zwischen F und M_B für die vorgegebene Geometrie und die Tatsache, dass im Kontaktbereich der Bremse der Gleitreibungskoeffizient μ_G wirkt. Das Bremsmoment errechnet sich in diesem Fall nach der Beziehung

$$M_B = R_G \cdot r \qquad (10.24)$$

aus der Gleitreibungskraft R_G und dem Radius r der Bremstrommel.

Mit der Momentenbedingung um A erhält man für den Bremshebel

$$\overset{\curvearrowleft}{A}: \quad F \cdot (a+b) - N \cdot a - R_G \cdot c = 0 \tag{10.25}$$

und daraus

$$F = \frac{N \cdot a + R_G \cdot c}{a+b} \tag{10.26}$$

Mit den Gleichungen (10.22), (10.24) und (10.26) ergibt sich die gesuchte Abhängigkeit zwischen der Bremskraft F und dem Bremsmoment M_B:

$$F = \frac{M_B}{r} \cdot \frac{a + \mu_G \cdot c}{\mu_G \cdot (a+b)} \tag{10.27}$$

Man erkennt, dass dieser Zusammenhang insbesondere durch den Gleitreibungskoeffizienten μ_G und die Abmessungsverhältnisse bestimmt wird. Eine bessere Bremswirkung würde sich z. B. für $c = 0$ ergeben. Diese Verbesserung ließe sich durch eine leichte Konstruktionsänderung erreichen.

Beispiel 10-2 ***

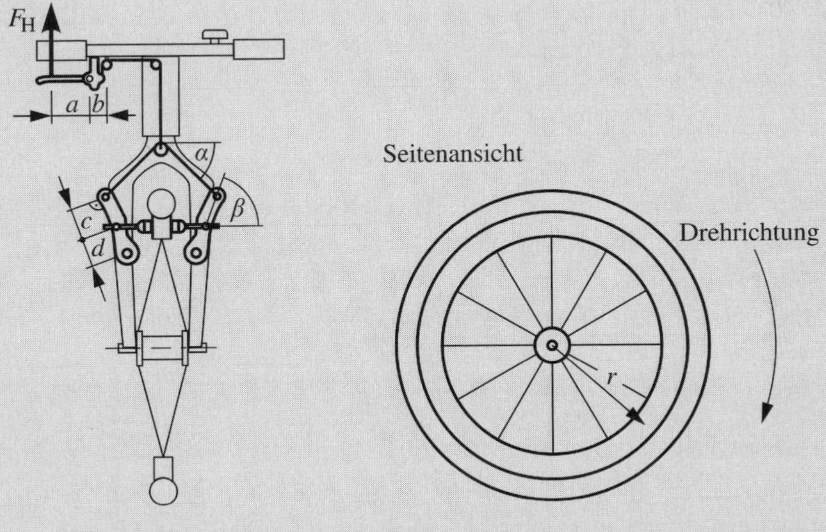

Das skizzierte Fahrradbremssystem befindet sich im Bremszustand. Die eingeleitete Handkraft F_H wird durch Seile über Rollen reibungsfrei geführt.

Bestimmen Sie die Handkraft F_H, die notwendig ist, um das Bremsmoment M_B zu erreichen.

geg.: $M_B = 750$ Nm, $\mu_G = 0{,}7$, $a = 70$ mm, $b = 30$ mm, $c = 45$ mm, $d = 40$ mm, $r = 300$mm, $\alpha = 45°$, $\beta = 70°$

Lösung:

System 1:

$$\overset{\curvearrowleft}{A}: \quad F_1 \cdot b - F_H \cdot a = 0 \quad \Rightarrow \quad F_1 = \frac{a}{b} \cdot F_H \tag{1}$$

Freischnitt:

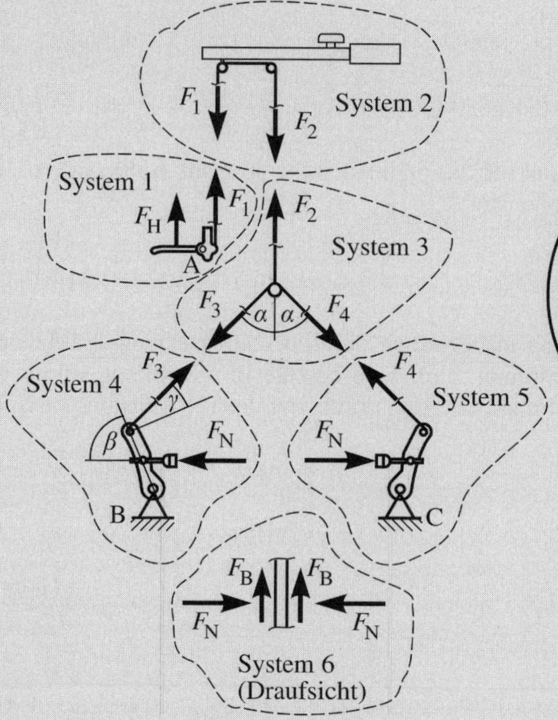

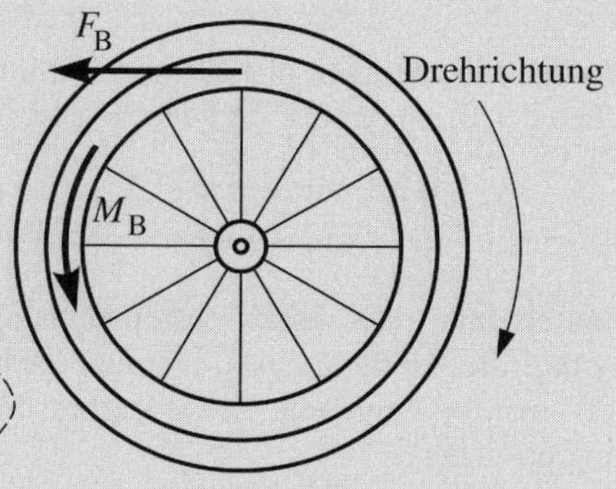

System 2:

$F_1 = F_2$, da reibungsfreie Umlenkrolle (2)

System 3:

$\rightarrow$: $F_4 \cdot \sin\alpha - F_3 \cdot \sin\alpha = 0 \quad \Rightarrow \quad F_3 = F_4$ (3)

$\uparrow$: $F_2 - F_3 \cdot \cos\alpha - F_4 \cdot \cos\alpha = 0$ (4)

aus (1) bis (4) folgt: $\frac{a}{b} \cdot F_H - 2F_3 \cdot \cos\alpha = 0 \quad \Rightarrow \quad F_H = \frac{2b \cdot \cos\alpha}{a} \cdot F_3$ (5)

System 4:

$\widehat{B}$: $F_N \cdot \sin\beta \cdot d - F_3 \cdot \cos\gamma \cdot (c+d) = 0 \quad \Rightarrow \quad F_3 = \frac{d \cdot \sin\beta}{(c+d) \cdot \cos\gamma} \cdot F_N$ (6)

System 6:

$M_B = 2F_B \cdot r$ (7) und $F_B = F_N \cdot \mu_G$ (8)

aus (5) bis (8) folgt: $F_H = \frac{b \cdot d \cdot \cos\alpha \cdot \sin\beta}{\mu_G \cdot a \cdot r \cdot (c+d) \cdot \cos\gamma} \cdot M_B$ (9)

mit $\gamma = \alpha + \beta - 90° = 25°$ folgt: $F_H = 528{,}1\,N$

10.4 Seilhaftung und Seilreibung

Reibung tritt auch auf, wenn ein Seil z. B. um eine Rolle gelegt ist und die Seilkräfte an den beiden Enden des Seils unterschiedliche Beträge aufweisen. Von Haftreibung bzw. Seilhaftung spricht man, wenn keine Relativbewegung zwischen Seil und Rolle stattfindet. Gleitet das Seil jedoch über die Rolle, so liegt eine spezieller Fall der Gleitreibung, hier Seilreibung genannt, vor.

10.4.1 Seilhaftung

Da bei der Seilhaftung keine Relativbewegung zwischen Seil und Rolle (Kreisscheibe) existiert, liegt ein Gleichgewichtszustand vor. Infolge der Differenz zwischen den Seilkräften S_2 und S_1, Bild 10-10a, wird zwischen Seil und kreisförmiger Rolle eine Reibungskraft R_H übertragen, die sich für $S_2 > S_1$ wie folgt ergibt:

$$R_H = S_2 - S_1 \qquad (10.28).$$

Dies bedeutet, die tatsächlich auftretende Reibungskraft R_H entspricht der Differenz zwischen S_2 und S_1. Diese Kraftübertragung ist aber nur möglich bis zu einer Grenzhaftungskraft R_{Hmax}. Da die Grenzhaftungskraft neben dem Haftreibungskoeffizienten μ_H noch von dem Umschlingungswinkel α des Seils abhängig ist, Bild 10-10a, soll zunächst eine Betrachtung an einem differentiell kleinen Seilelement angestellt werden, Bild 10-10b.

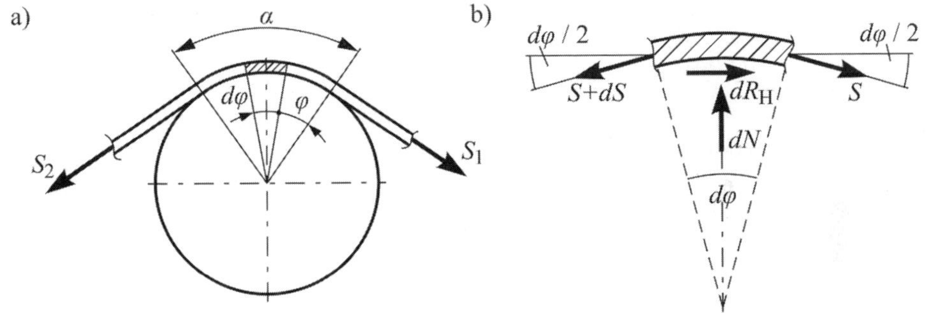

Bild 10-10 Untersuchung der Haftreibung zwischen einem Seil und einer Rolle
a) Seil und Rolle mit den Seilkräften $S_2 > S_1$ und dem Umschlingungswinkel α
b) Freischnitt eines differentiell kleinen Seilelements mit den Seilkräften S und $S + dS$, der differentiell kleinen Normalkraft dN sowie der differentiell kleinen Haftreibungskraft dR_H

Mit den Gleichgewichtsbedingungen der ebenen Statik, Kapitel 4.1, folgt:

$$\leftarrow: \quad (S + dS)\cdot\cos\frac{d\varphi}{2} - S\cdot\cos\frac{d\varphi}{2} - dR_H = 0 \qquad (10.29),$$

$$\uparrow: \quad dN - (S + dS)\cdot\sin\frac{d\varphi}{2} - S\cdot\sin\frac{d\varphi}{2} = 0 \qquad (10.30).$$

Da für infinitesimal kleine Winkel $d\varphi$

$$\cos\frac{d\varphi}{2} \approx 1\,,\ \sin\frac{d\varphi}{2} \approx \frac{d\varphi}{2} \quad \text{und } dS \cdot d\varphi \approx 0 \text{ (klein von höherer Ordnung)}$$

gilt, vereinfachen sich die Gleichungen (10.29) und (10.30) zu

$$dS = dR_{\mathrm{H}} \qquad (10.31)$$

und

$$dN = S \cdot d\varphi \qquad (10.32).$$

Für den Fall der Grenzhaftung gilt:

$$dR_H = dR_{\mathrm{Hmax}} = \mu_{\mathrm{H}} \cdot dN \qquad (10.33).$$

Somit erhält man mit den Gleichungen (10.31), (10.32) und (10.33) für diesen Grenzfall

$$dS = dR_{\mathrm{H}} = \mu_{\mathrm{H}} \cdot dN = \mu_{\mathrm{H}} \cdot S \cdot d\varphi \qquad (10.34)$$

und durch Trennung der Variablen die Differentialgleichung

$$\frac{dS}{S} = \mu_{\mathrm{H}} \cdot d\varphi \qquad (10.35).$$

Diese wird durch Integration der linken und rechten Seite unter Beachtung der Integrationsgrenzen gelöst:

$$\int_{S_1}^{S_{2\max}} \frac{dS}{S} = \mu_{\mathrm{H}} \cdot \int_0^{\alpha} d\varphi \qquad (10.36).$$

Durch die Integration erhält man

$$\ln\frac{S_{2max}}{S_1} = \mu_{\mathrm{H}} \cdot \alpha$$

und daraus

$$\frac{S_{2\max}}{S_1} = e^{\mu_{\mathrm{H}} \cdot \alpha}$$

und somit die maximale Seilkraft $S_2 = S_{2\max}$, bei der gerade noch Haftung zwischen Seil und Rolle vorliegt:

$$\boxed{S_{2max} = S_1 \cdot e^{\mu_{\mathrm{H}} \cdot \alpha}} \qquad (10.37).$$

Gleichung (10.37) wird EULER-EYTELWEINsche Formel genannt.

Die Grenzhaftungskraft R_{Hmax} lässt sich mit den Gleichungen (10.28) und (10.37) errechnen:

$$R_{\mathrm{Hmax}} = S_{2\max} - S_1 = S_1 \cdot e^{\mu_{\mathrm{H}} \cdot \alpha} - S_1 = S_1 \cdot \left(e^{\mu_{\mathrm{H}} \cdot \alpha} - 1\right) \qquad (10.38).$$

Haftung, d. h. keine Relativbewegung zwischen Seil und Rolle liegt vor, wenn

$$R_{\mathrm{H}} \le R_{\mathrm{Hmax}} \qquad (10.39)$$

bzw.

$$S_2 - S_1 \leq S_{2\max} - S_1 \tag{10.40}$$

ist.

Dieser Zusammenhang wird bei einem Schiff deutlich, bei dem im Hafen das Halteseil viermal um einen Poller gelegt wird, Bild 10-11. Bei einem Haftreibungskoeffizienten von $\mu_H = 0{,}2$ zwischen Seil und Poller stellt sich die Frage, welche Schiffskraft S_S maximal auf das Seil wirken kann, wenn ein Matrose das Seil am anderen Ende mit einer Kraft F_M von 200 N hält.

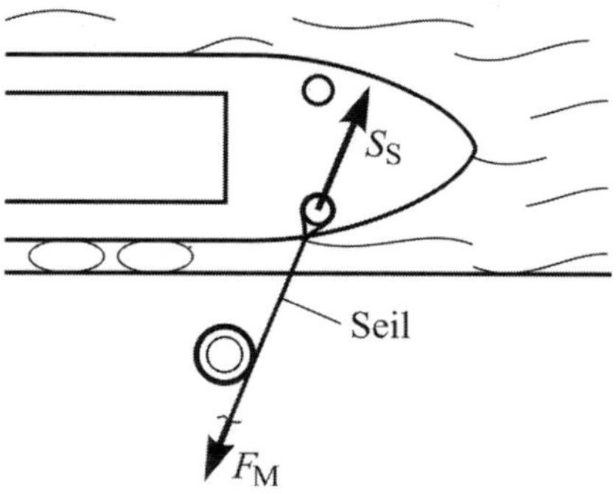

Bild 10-11 Schiff im Hafen wird durch ein Seil gehalten

Mit Gleichung (10.37) kann diese Frage unmittelbar beantwortet werden, wenn man $S_{2\max} = S_S$, $S_1 = F_M$ und $\alpha = 4 \cdot 2\pi = 8\pi$ in Bogenmaß einsetzt:

$$S_S = F_M \cdot e^{\mu_H \cdot \alpha} = F_M \cdot e^{0{,}2 \cdot 8\pi} = 152{,}4 F_M = 30480\,\text{N}\,.$$

Die maximale Schiffskraft kann somit 152,4 mal so groß sein, wie die Handkraft des Matrosen, ohne dass das Seil gleitet. D. h. mit 200 N Handkraft kann der Matrose mehr als 30 kN Schiffskraft kontrollieren.

10.4.2 Seilreibung

Seilreibung tritt auf, wenn eine Relativbewegung zwischen Seil und Walze oder zwischen Seil und einem Pfosten stattfindet. Dies ist z. B. der Fall, wenn das Seil um einen Pfosten oder eine feststehende Scheibe gleitet oder eine rotierende Walze durch ein Seil bzw. einen Riemen abgebremst wird.

In diesem Fall gilt die EULER-EYTELWEINsche Gleichung in der abgewandelten Form

$$\boxed{S_2 = S_1 \cdot e^{\mu_G \cdot \alpha}} \tag{10.41},$$

wobei $S_2 > S_1$ und μ_G der Gleitreibungskoeffizient ist. Umgekehrt lässt sich S_1 mit der Formel

$$S_1 = S_2 \cdot e^{-\mu_G \cdot \alpha} \tag{10.42}$$

berechnen.

11 Klausuraufgaben

Die Technische Mechanik ist nicht allein durch das Lesen eines Buches erlernbar. Die folgenden Aufgaben sollen deshalb den Leser dazu ermuntern, selbstständig Fragestellungen und Probleme der Statik zu lösen und sich so auf anstehende Klausuren vorzubereiten. Zur Kontrolle der eigenen Rechnungen sind die Ergebnisse in Kapitel 11.2 aufgeführt. Neben diesen Klausuraufgaben stellen auch die mit *** gekennzeichneten Beispiele der vorangegangenen Kapitel klausurrelevante Fragestellungen dar.

11.1 Aufgabenstellungen

Aufgabe 1

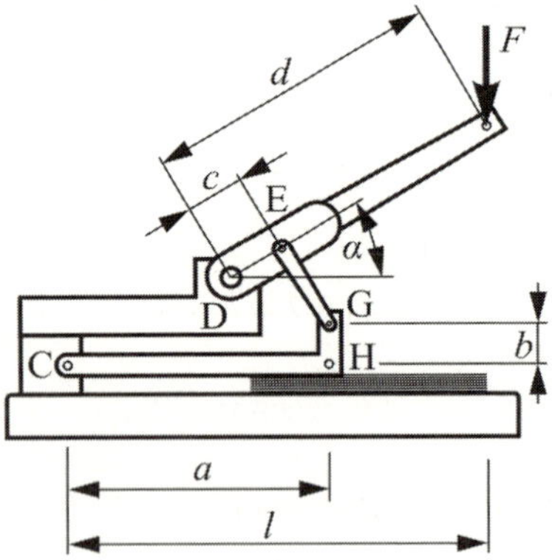

Ein Papierhefter ist, wie skizziert, aufgebaut. Bestimmen Sie für den Fall, dass am Hebel eine Kraft F eingeleitet wird, die Heftkraft F_H im Punkt H, sowie die Gelenkkräfte in C und D.

geg.: $F = 200$ N, $l = 300$ mm, $a = 200$ mm, $b = 20$ mm, $c = 50$ mm, $d = 150$ mm, $\alpha = 30°$

Aufgabe 2

Eine Lokomotive mit den gegebenen Achslasten F_1 bis F_5 wird auf einer Drehscheibe so aufgestellt, dass die resultierende Last auf dem Drehzapfen der Scheibe in der Mitte ruht.

Ermitteln Sie zeichnerisch den Abstand x zwischen Zapfenmitte und hinterer Achse.

geg.: $F_1 = 150$ kN, $F_2 = 100$ kN, $F_3 = 100$ kN, $F_4 = 70$ kN, $F_5 = 50$ kN, $a = 2{,}3$ m, $b = 2{,}7$ m, $c = 2{,}0$ m, $d = 1{,}5$ m

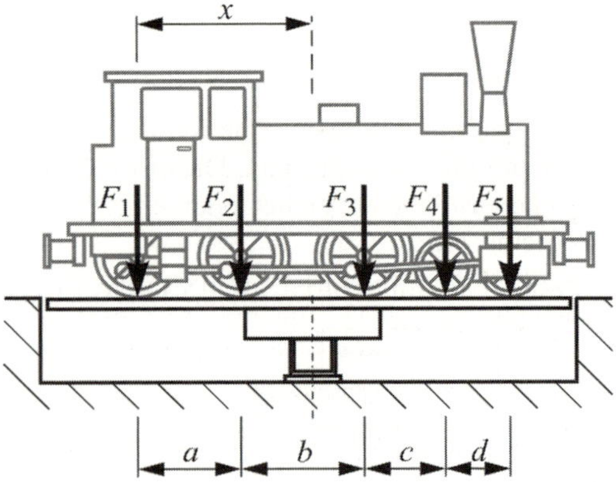

Aufgabe 3

Ein Autokran hebt eine Last mit dem Gewicht G_L. Für die Berechnungen wird das Gewicht G_K des Fahrzeugs im Schwerpunkt S angenommen, der Kranausleger kann als masselos betrachtet werden. Während des Hebevorgangs sind die Vorderräder blockiert.

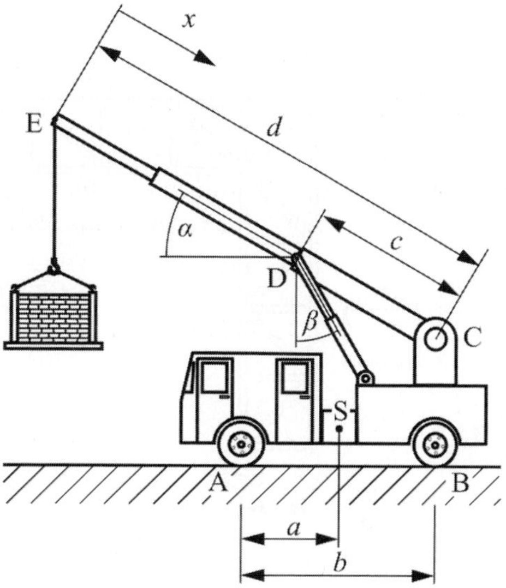

Bestimmen Sie:

a) für das Gesamtfahrzeug die Auflagerreaktionen an den Rädern in den Punkten A und B sowie die Gelenkkräfte in den Punkten C und D,

b) die Schnittgrößen N, Q und M im Tragarm zwischen E und C entlang der gegebenen Koordinate x sowie

c) die maximale Länge des Tragarms d_{max}, so dass der Autokran nicht umkippt.

geg.: $G_L = 20$ kN, $G_K = 100$ kN, $a = 3$ m, $b = 6$ m, $c = 5$ m, $d = 15$ m, $\alpha = \beta = 30°$

Aufgabe 4

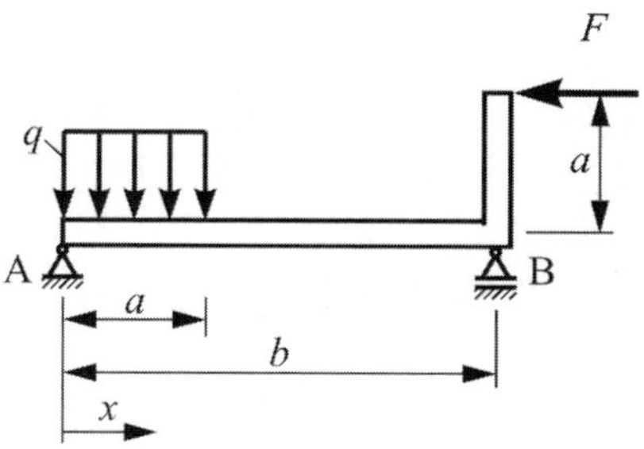

Für den dargestellten Rahmen bestimme man

a) die Auflagerkräfte bei A und B und

b) die Schnittgrößen für $0 < x < b$

geg.: F, q, a, $b = 3a$

Aufgabe 5

Bestimmen Sie die Masse m und die Lage des Schwerpunkts für das dargestellte homogene Verbindungsstück unter Verwendung des gegebenen Koordinatensystems.

geg.: $\rho = 7{,}8$ kg/dm^3, alle Angaben in mm

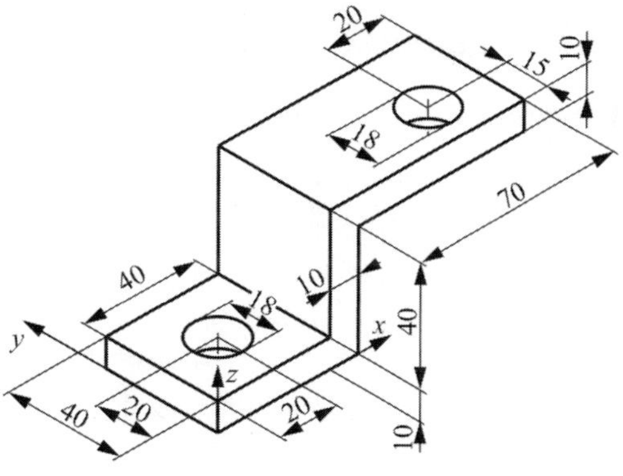

Aufgabe 6

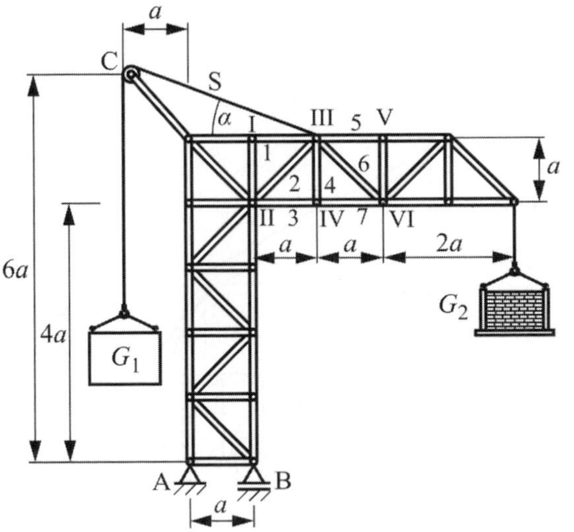

Der skizzierte Kran ist in A mit einem Festlager und in B mit einem Loslager gelagert. Das Ausgleichsgewicht G_1 ist mit dem Seil S über die Umlenkrolle C am Punkt III angeschlossen. Belastet wird die Krankonstruktion durch die Nutzlast G_2.

Zu ermitteln sind:

a) rechnerisch die Auflagerreaktionen in A und B,

b) die Kräfte in den Stäben 1 bis 7 mit Angabe von Zug- und Druckstäben.

geg.: $G_1 = 2G$, $G_2 = G$, a

Aufgabe 7

Das skizzierte Modell einer Trommelbremse besteht aus zwei Bremsbacken (mit Bremsbelägen I und II), die in den Punkten A und B fest gelagert sind. Durch den Zylinder (III) wird eine Bremskraft F eingeleitet. Die Bremstrommel ist in Punkt D drehbar gelagert. Zwischen Bremsbelag und Bremstrommel wirkt der Reibkoeffizient μ_G.

Man berechne unter Berücksichtigung der Trommeldrehrichtung die Größe des erzeugten Bremsmomentes M_B.

geg.: $a = 50$ mm, $\mu_G = 0{,}6$, $F = 2$ kN

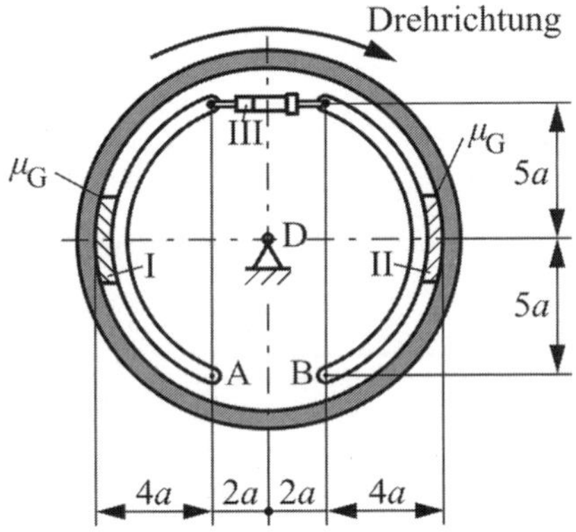

11.2 Ergebnisse

Aufgabe 1

Teilsystem 1

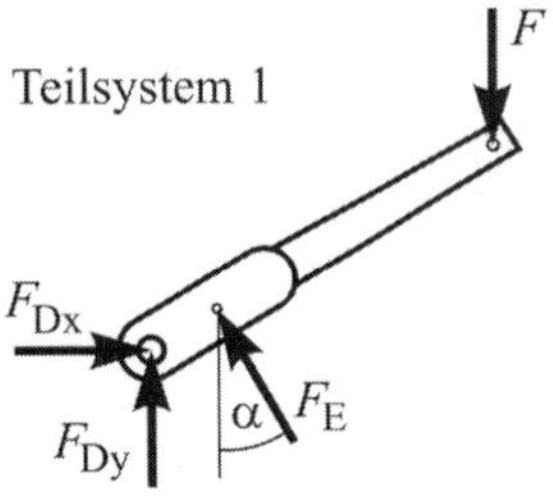

Teilsystem 2

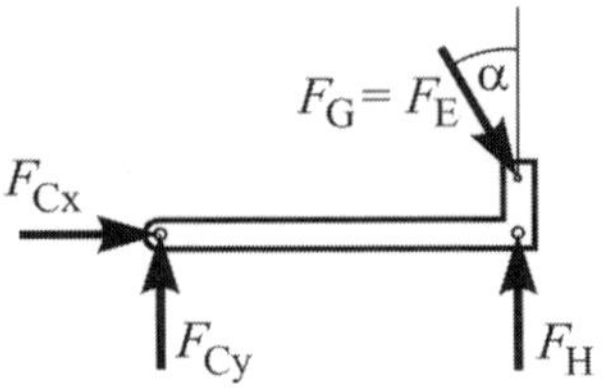

$F_H = 476{,}0$ N,
$F_{Cx} = -259{,}8$ N, $F_{Cy} = -26{,}0$ N,
$F_{Dx} = 259{,}8$ N, $F_{Dy} = -250$ N,
$F_E = 519{,}6$ N

Aufgabe 2

Zeichnerische Lösung mittels des Seileckverfahrens

Lageplan 1 m

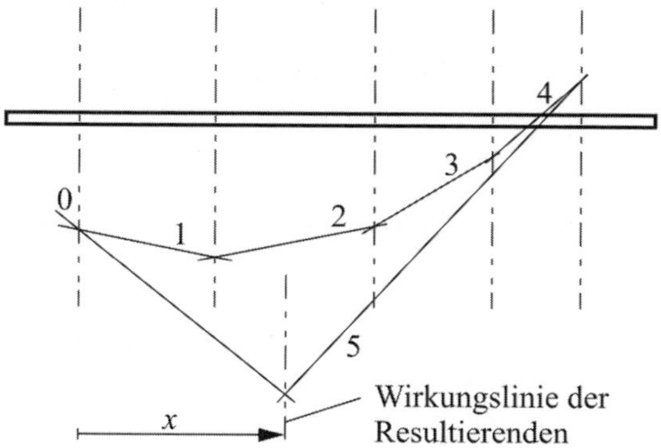

Kräfteplan 100 kN

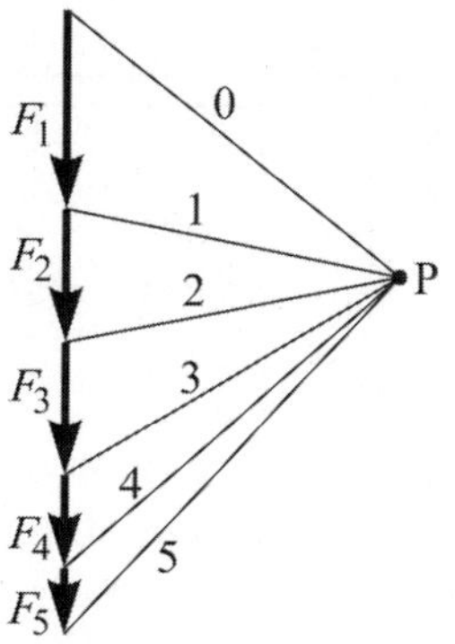

Die Wirkungslinie der Resultierenden ergibt sich mit dem Schnittpunkt der Seilstrahlen 0 und 5. Damit kann x ausgemessen werden: $x = 3{,}5$ m

Aufgabe 3

Freischnitt des Autokrans

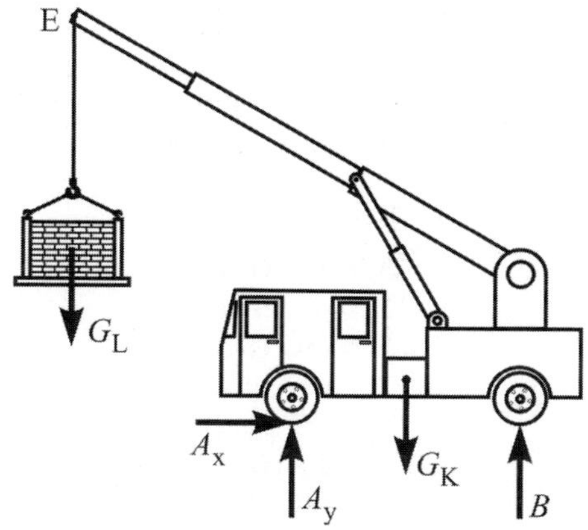

Freischnitt des Auslegers

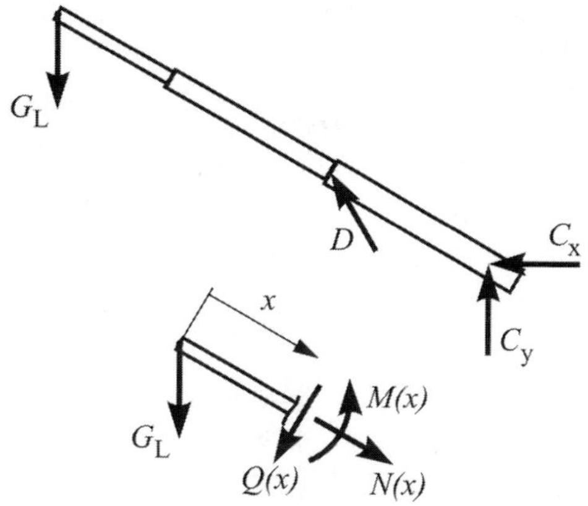

a) Auflager- und Gelenkkräfte

$A_x = 0$, $A_y = 93{,}3$ kN, $B = 26{,}7$ kN, $C_x = -52{,}0$ kN, $C_y = -70$ kN, $D = 103{,}9$ kN

b) Schnittgrößen im Tragarm

Bereich I: $0 < x < (d - c)$
$N_I(x) = -10$ kN, $Q_I(x) = -17{,}3$ kN,
$M_I(x) = 17{,}3 \text{ kN} \cdot x$,
$M_I(x = 0) = 0$, $M_I(x = d - c) = -173{,}2$ kNm

Bereich II: $(d - c) < x < d$
$N_{II}(x) = 80$ kN, $Q_{II}(x) = 34{,}6$ kN,
$M_{II}(x) = -34{,}6 \text{ kN} \cdot x - 519{,}6 \text{ kNm}$,
$M_{II}(x = d - c) = -173{,}2$ kNm, $M_{II}(x = d) = 0$

c) Maximale Länge des Tragarms: $d_{max} = 24{,}2$ m

Aufgabe 4

Freischnitt

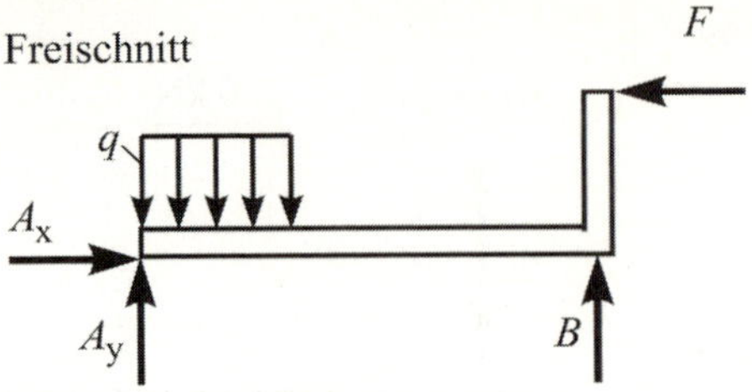

a) Auflager- und Gelenkkräfte

$A_x = F$,
$A_y = 5/6 \cdot q \cdot a + 1/3 \cdot F$,
$B = 1/6 \cdot q \cdot a - 1/3 \cdot F$

b) Schnittgrößen für $0 < x < b$

Bereich I: $0 < x < a$
$N_I(x) = -F$,
$Q_I(x) = 5/6 \cdot q \cdot a + 1/3 \cdot F - q \cdot x$
$Q_I(x = 0) = 5/6 \cdot q \cdot a + 1/3 \cdot F$,
$Q_I(x = a) = -1/6 \cdot q \cdot a + 1/3 \cdot F$
$M_I(x) = 5/6 \cdot q \cdot a \cdot x + 1/3 \cdot F \cdot x - q \cdot x^2/2$,
$M_I(x = 0) = 0$, $M_I(x = a) = q \cdot a^2/3 + 1/3 \cdot F \cdot a$

Bereich II: $a < x < b$
$N_{II}(x) = -F$,
$Q_{II}(x) = -1/6 \cdot q \cdot a + 1/3 \cdot F$
$M_{II}(x) = -1/6 \cdot q \cdot a \cdot x + 1/3 \cdot F \cdot x + q \cdot a^2/2$,
$M_{II}(x = a) = q \cdot a^2/3 + 1/3 \cdot F \cdot a$,
$M_{II}(x = b) = F \cdot a$

Aufgabe 5

$m = V \cdot \rho = 0{,}43$ kg, $x_S = 52{,}1$ mm, $y_S = 20{,}2$ mm, $z_S = 27{,}9$ mm

Aufgabe 6

Freischnitt

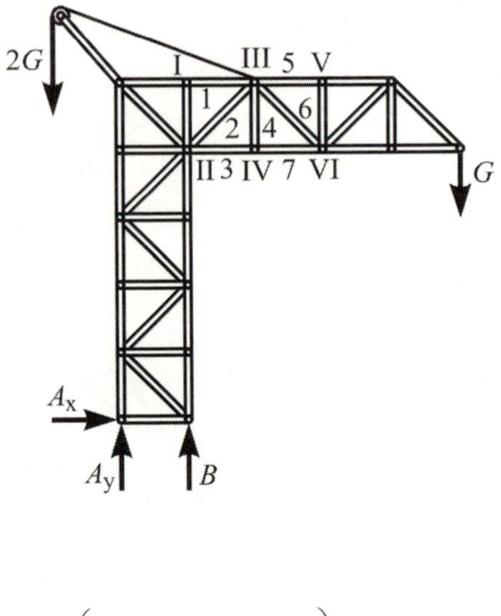

a) Auflagerkräfte

$A_x = 0$, $A_y = 0$, $B = 3G$

b) Stabkräfte

$S_1 = 1{,}47G$ (Zug)
$S_2 = -0{,}52G$ (Druck)
$S_3 = -3G$ (Druck)
$S_4 = 0$ (Nullstab)
$S_5 = 2G$ (Zug)
$S_6 = 1{,}41G$ (Zug)
$S_7 = -3G$ (Druck)

Aufgabe 7

$$M_B = 60 \cdot F \cdot a \cdot \left(\frac{1}{4 + \frac{5}{\mu_G}} + \frac{1}{\frac{5}{\mu_G} - 4} \right) = 1871{,}1 \text{ Nm}$$

Anhang

A1 Größen, Dimensionen und Einheiten der Mechanik

Grundgrößen	Dimensionen	Grundeinheiten
Länge	$[l]$	m (Meter)
Zeit	$[t]$	s (Sekunde)
Masse	$[m]$	kg (Kilogramm)

Abgeleitete Größen	Dimensionen	Einheiten
Volumen	$[l^3]$	m^3
Dichte	$[m / l^3]$	kg / dm^3
Geschwindigkeit	$[l / t]$	m / s
Beschleunigung	$[l / t^2]$	m / s^2
Kraft $F = m \cdot a$	$[\mathrm{m} \cdot l / t^2 \mathrel{\hat{=}} F]$	kg · m / $s^2 \mathrel{\hat{=}}$ 1 N (Newton)
Linienkraft	$[F / l]$	N / m
Flächenkraft	$[F / l^2]$	N / m^2
Moment $M = F \cdot l$	$[F \cdot l]$	Nm
Arbeit $W = F \cdot s$	$[F \cdot l]$	Nm
Leistung $P = F \cdot s / t$	$[F \cdot l / t]$	Nm / s $\mathrel{\hat{=}}$ 1 W (Watt)

Neben diesen häufig benutzten Einheiten können auch Vielfache oder Teile der Einheiten benutzt werden. Der Betrag einer physikalischen Größe ist durch die Maßzahl und die Einheit gekennzeichnet, z. B. 3 m, 5 m/s, 2 m/s^2, 20 N oder auch 3 mm, 10 km, 100 kN.

A2 Grundlagen der Vektorrechnung

In der Mechanik sind viele Größen Vektoren: der Ortsvektor, die Geschwindigkeit, die Beschleunigung, die Kraft, das Moment. Ein Vektor stellt eine gerichtete Größe dar. Seine Darstellung erfolgt mit einem Pfeil, Bild A2-1.

Vektoren werden z. B. durch einen Buchstaben mit darüber gesetztem Pfeil gekennzeichnet. Beispielsweise stellt $\vec{F}$, Bild A2-1a, Größe und Richtung, F nur die Größe der Kraft dar. Die Länge des Kraftpfeils ist ein Maß für die Größe (den Betrag) der Kraft. Ähnliches gilt für die Geschwindigkeit $\vec{v}$, Bild A2-1b, und die Beschleunigung $\vec{a}$, Bild A2-1c. Das Moment M wird im Allgemeinen als Doppelpfeil dargestellt, um die Drehwirkung deutlich zu machen.

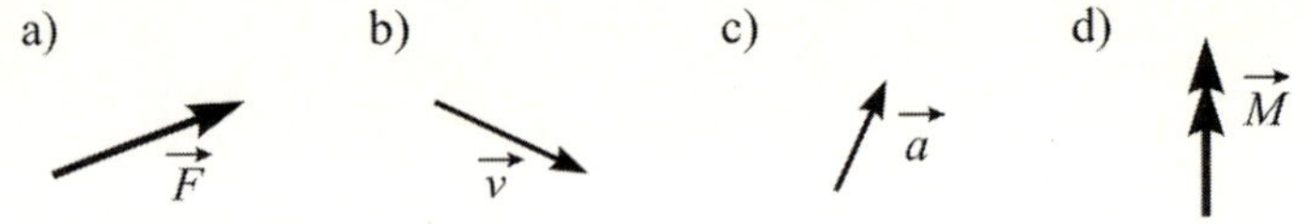

Bild A2-1 Vektoren in der Mechanik
a) Kraftvektor
b) Geschwindigkeitsvektor
c) Beschleunigungsvektor
d) Momentenvektor (mit Doppelpfeil)

Man erkennt schon an diesen wenigen Beispielen, dass die Vektorrechnung ein wichtiges Hilfsmittel der Mechanik darstellt.

A2.1 Allgemeine Definitionen

Der Vektor $\vec{A}$ ist nach Größe und Richtung definiert, besitzt einen Betrag $|\vec{A}| = A$ und lässt sich mit dem Einheitsvektor (Einsvektor) $\vec{e}$ (mit dem Betrag $|\vec{e}| = e = 1$) wie folgt schreiben:

$$\vec{A} = \vec{e}_A \cdot A \qquad \text{(A2.1)},$$

wenn $\vec{e}_A \parallel \vec{A}$ und $\vec{e}_A = \dfrac{\vec{A}}{A}$ ist.

Zwei Vektoren sind gleich, wenn

$$\vec{A} = \vec{B} \qquad \text{(A2.2)},$$

d. h., wenn Betrag, Richtung und Richtungssinn übereinstimmen. Bei entgegengesetztem Richtungssinn gilt

$$\vec{A} = -\vec{B} \qquad \text{(A2.3)}.$$

Parallele Vektoren unterscheiden sich durch einen skalaren Faktor

$$\vec{B} = \lambda \cdot \vec{A} \qquad \text{(A2.4)}$$

oder

$$B = \lambda \cdot A \qquad \text{(A2.5)}.$$

A2.2 Addition von Vektoren

Durch Addition zweier Vektoren $\vec{A}$ und $\vec{B}$ erhält man einen Vektor $\vec{C}$, wenn man an den Endpunkt von $\vec{A}$ den Vektor $\vec{B}$ anträgt und vom Anfangspunkt von $\vec{A}$ bis zum Endpunkt von $\vec{B}$ den Vektor $\vec{C}$ einzeichnet, Bild A2-2.

Somit gilt

$$\vec{A} + \vec{B} = \vec{C} \qquad \text{(A2.6)},$$

wobei die Reihenfolge der Addition auch vertauschbar ist:

$$\vec{A} + \vec{B} = \vec{B} + \vec{A} = \vec{C} \qquad \text{(A2.7)}.$$

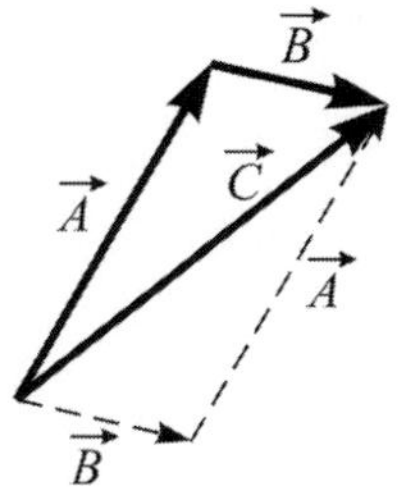

Bild A2-2
Addition zweier Vektoren

Für die Addition mehrerer Vektoren gilt analog

$$\vec{A} + \vec{B} + \vec{C} = \vec{D} \qquad \text{(A2.8)},$$

wobei die Addition auch schrittweise und in beliebiger Reihenfolge erfolgen kann:

$$\left(\vec{A} + \vec{B}\right) + \vec{C} = \vec{A} + \left(\vec{B} + \vec{C}\right) \qquad \text{(A2.9)}.$$

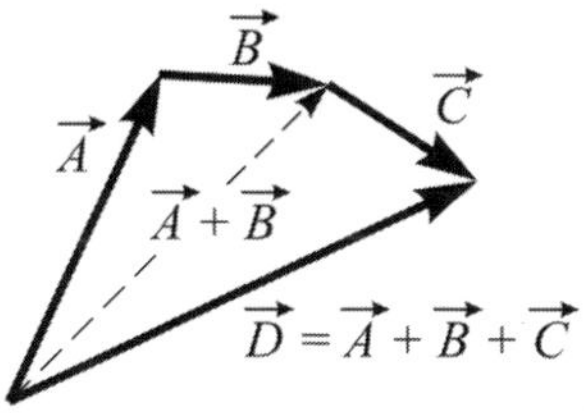

Bild A2-3
Addition dreier Vektoren

Jede Vektorgleichung ersetzt in der Ebene zwei skalare Gleichungen und im Raum drei skalare Gleichungen.

A2.3 Komponentendarstellung eines Vektors

Für die Komponentendarstellung eines Vektors in der Ebene kann ein kartesisches Koordinatensystem mit den Basisvektoren (Einheitsvektoren) $\vec{e}_x$ und $\vec{e}_y$ herangezogen werden, Bild A2-4.

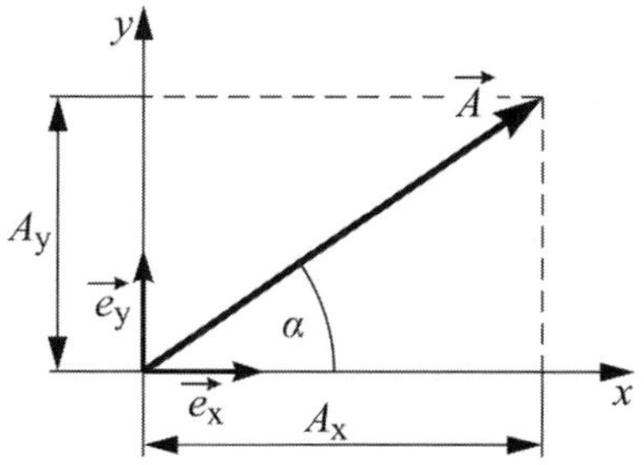

Bild A2-4
Komponentendarstellung eines Vektors in der Ebene
$\vec{e}_x, \vec{e}_y$: Basisvektoren des kartesischen Koordinatensystems

A_x und A_y sind dann skalare Komponenten des Vektors oder Projektionen auf die x–y-Achsen:

$$A_x = A \cdot \cos\alpha \qquad \text{(A2.10)},$$

$$A_y = A \cdot \sin\alpha \qquad \text{(A2.11).}$$

Der Vektor $\vec{A}$ lässt sich mit den Komponenten wie folgt schreiben:

$$\vec{A} = \vec{e}_x \cdot A_x + \vec{e}_y \cdot A_y \qquad \text{(A2.12).}$$

Der Betrag von $\vec{A}$ ist

$$\left|\vec{A}\right| = A = \sqrt{{A_x}^2 + {A_y}^2} \qquad \text{(A2.13),}$$

der Winkel α errechnet sich mit

$$\tan\alpha = \frac{A_y}{A_x} \qquad \text{(A2.14).}$$

Bei der Addition von zwei Vektoren $\vec{A}$ und $\vec{B}$ erhält man den Vektor $\vec{C}$, siehe Gleichung (A2.6), auch durch die Addition der skalaren Komponenten:

$$A_x + B_x = C_x \qquad \text{(A2.15),}$$

$$A_y + B_y = C_y \qquad \text{(A2.16),}$$

mit

$$\left|\vec{C}\right| = C = \sqrt{{C_x}^2 + {C_y}^2} \qquad \text{(A2.17).}$$

Man erkennt, dass in der Ebene jeder Vektorgleichung zwei skalare Gleichungen in den Komponenten entsprechen.

A2.4 Skalarprodukt zweier Vektoren

Das Skalarprodukt zweier Vektoren $\vec{A}$ und $\vec{B}$ ist wie folgt definiert:

$$\vec{A} \cdot \vec{B} = A \cdot B \cdot \cos\gamma \qquad \text{(A2.18).}$$

Wie man erkennt, ergibt sich eine Zahl, d. h. eine skalare Größe.

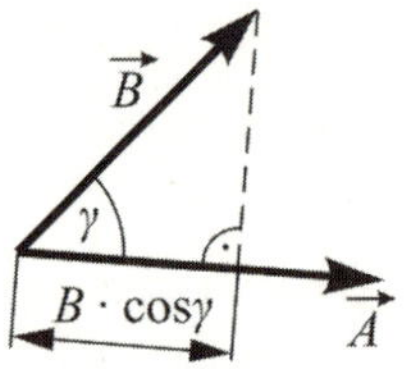

Bild A2-5
Skalarprodukt der Vektoren $\vec{A}$ und $\vec{B}$
γ: Winkel zwischen den Vektoren

Für den Fall, dass $\gamma = 0°$ beträgt, gilt

$$\vec{A} \cdot \vec{B} = A \cdot B \qquad \text{(A2.19)}$$

und für $\gamma = 90°$ (beide Vektoren stehen senkrecht aufeinander)

$$\vec{A} \cdot \vec{B} = 0 .$$

Für das Quadrat des Vektors gilt nach Gleichung (A2.19)

$$\vec{A}^2 = \vec{A} \cdot \vec{A} = A^2 \qquad \text{(A2.20).}$$

Die Komponentendarstellung des Skalarprodukts ergibt in der Ebene

$$\vec{A} \cdot \vec{B} = A_x \cdot B_x + A_y \cdot B_y \qquad \text{(A2.21)}$$

und im Raum

$$\vec{A} \cdot \vec{B} = A_x \cdot B_x + A_y \cdot B_y + A_z \cdot B_z \qquad \text{(A2.22).}$$

A2.5 Vektorprodukt zweier Vektoren

Das Vektorprodukt zweier Vektoren $\vec{A}$ und $\vec{B}$ ist wie folgt definiert:

$$\vec{C} = \vec{A} \times \vec{B} \qquad \text{(A2.23).}$$

Es liefert einen Vektor $\vec{C}$, der senkrecht auf der Ebene von $\vec{A}$ und $\vec{B}$ steht, wobei $\vec{A}$, $\vec{B}$ und $\vec{C}$ ein Rechtssystem bilden (vgl. Bild A2-6).

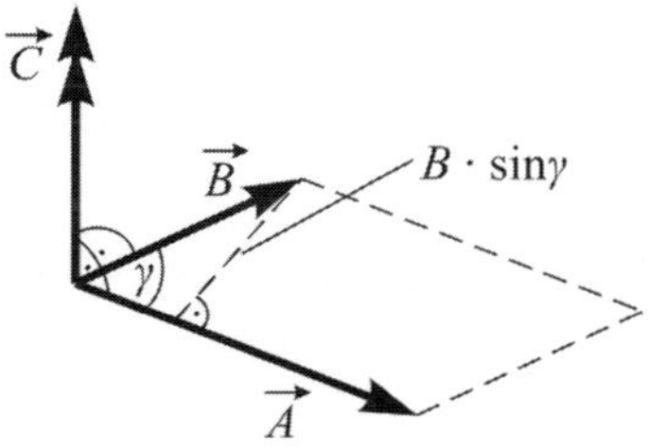

Bild A2-6
Vektorprodukt zweier Vektoren

Der Betrag des Vektorprodukts errechnet sich wie folgt:

$$C = \left|\vec{A} \times \vec{B}\right| = A \cdot B \cdot \sin\gamma \qquad \text{(A2.24).}$$

$C = \left|\vec{C}\right|$ entspricht der Fläche des von den Vektoren $\vec{A}$ und $\vec{B}$ aufgespannten Diagramms. Für $\gamma = 0°$ ist $C = 0$ und für $\gamma = 90°$ ist $C = A \cdot B$.

Eine Vertauschung der Vektoren $\vec{A}$ und $\vec{B}$ ist beim Vektorprodukt nicht möglich. Vielmehr gilt

$$\vec{A} \times \vec{B} = -\vec{B} \times \vec{A} \qquad \text{(A2.25).}$$

Die Komponentendarstellung des Vektorprodukts lässt sich in Form einer Determinante schreiben:

$$\vec{A} \times \vec{B} = \begin{vmatrix} \vec{e}_x & \vec{e}_y & \vec{e}_z \\ A_x & A_y & A_z \\ B_x & B_y & B_z \end{vmatrix} \qquad \text{(A2.26).}$$

$$= \vec{e}_x \cdot \left(A_y \cdot B_z - A_z \cdot B_y\right) + \vec{e}_y \cdot \left(A_z \cdot B_x - A_x \cdot B_z\right) + \vec{e}_z \cdot \left(A_x \cdot B_y - A_y \cdot B_x\right)$$

Liegen die Vektoren $\vec{A}$ und $\vec{B}$ in einer Ebene, z. B. der x-y-Ebene, so ergibt sich für das Vektorprodukt

$$\vec{C} = \vec{A} \times \vec{B} = \vec{e}_z \cdot \left(A_x \cdot B_y - A_y \cdot B_x \right) \qquad \text{(A2.27).}$$

A3 Genauigkeit der Zahlenrechnung

In diesem Buch werden die Grundlagen der Statik anhand von zahlreichen Anwendungsbeispielen verdeutlicht. Die Ergebnisse der Rechnungen werden i. Allg. als Formeln angegeben. Sobald in den Formeln für die entsprechenden Größen Zahlenwerte eingesetzt werden, kann es zu kleineren Abweichungen bei den Ergebnissen kommen. Diese Abweichungen entstehen z. B., wenn Zwischenergebnisse gerundet werden. Das Endergebnis hängt dann davon ab, ob mit diesen gerundeten Zahlenwerten weitergerechnet wird oder ob bei der weiteren Rechnung die genauen Zahlenwerte verwendet werden.

Die Abweichungen sind aber i. Allg. klein und für die ingenieurtechnische Anwendung ohne Bedeutung.

A4 Weiterführende Themen der Technischen Mechanik

In diesem Band werden die Grundlagen der Statik ausführlich beschrieben. Gleichzeitig wird gezeigt, wie sich mit diesem Fachwissen Probleme der Ingenieurpraxis lösen lassen.

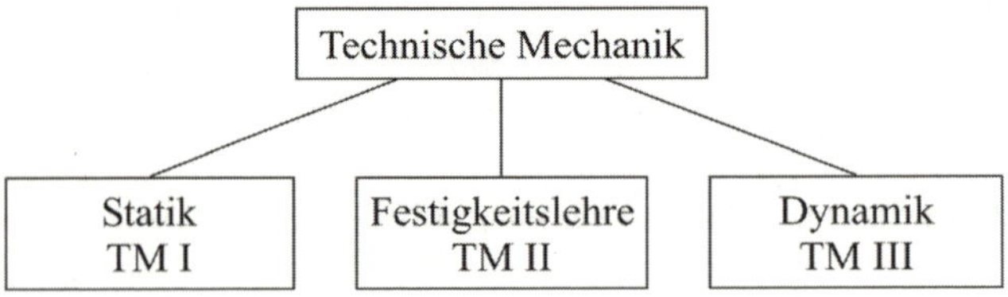

Bild A4-1 Einteilung der Technischen Mechanik

Die Statik betrachtet als Idealisierung den starren Körper und stellt den ersten Teil der Technischen Mechanik dar. Ein weiterer Teil der Mechanik beschäftigt sich mit der Statik verformbarer Körper, d. h. der Elastostatik und der Festigkeitslehre. Die entsprechenden Grundlagen werden im Teil II dieser Buchreihe beschrieben. Die Dynamik als Bewegungslehre und als Lehre von den Beziehungen zwischen den Bewegungen und den Kräften findet in Teil III dieser Reihe ihren Niederschlag.

Sachwortverzeichnis

Achslast 124
actio = reactio 12
Aktionskraft 13
Angriffspunkt einer Kraft 8, 11, 13, 156
Arbeit 205
Auflagerbindung 62, 117, 135, 160, 163
Auflagerkraft 5, 46, 86, 97, 107, 136, 165
Auflagermoment 46, 165
Auflagerreaktionen 46, 62, 67, 73, 79, 98, 116, 118, 164
- , rechnerische Ermittlung 67, 164
- , zeichnerische Ermittlung 73
Aufstandskraft 3, 57
äußere Kraft 5
äußeres Moment 33
Axiome der Mechanik
- , Gleichgewichtsaxiom 11
- , Kräfteparallelogramm 13, 28
- , Linienflüchtigkeitsaxiom 11, 14, 28
- , Wechselwirkungsgesetz 12, 48, 185

Balken 30, 59, 69, 73, 101
- , Auflagerkräfte 69
- , Biegemoment 79
- , Normalkraft 79
- , Querkraft 79
- mit Gelenken 125
Balkengleichgewicht 106
Balkenkoordinate 79
Basisvektor 17, 36, 153
Beispiel
- , Achse 123
- , Ampel 93
- , Aufnahmevorrichtung 178
- , Auto 19
- , Autokran 201
- , Balken 30
- , Baukran 202
- , Brücke 110
- , Bücherregal 112
- , Dachkonstruktion 141
- , Damenschuh 52
- , Eisenbahnbrücke 10, 23, 144
- , Fahrradbremssystem 195
- , Funkmast 20
- , Gelenkträger 127
- , Hebebühne 120
- , Hubschrauber 192
- , Hüftprothese 52
- , Kranhaken 27
- , Krankenhausbett 72
- , Kreisscheibe 41
- , Lampe 8, 77
- , Leiter 190
- , Liegestütze 51
- , Lokomotive 200
- , Montageplattform 56
- , Papierhefter 200
- , Querschnittsprofil 184
- , Radsatzwelle 54, 84
- , Rahmen 131, 201
- , Rohrleitung 168
- , Schaufelbagger 57
- , Schild 32, 90
- , Schubkarre 51
- , Stadiondach 109
- , Tisch 165
- , Träger 24, 44, 103
- , Trommelbremse 202
- , Verbindungsstück 201
- , Walze 49
- , Wandkran 148
- , Welle 70, 74, 85
- , Werkstück 39, 178
Beschleunigung 6, 205
Beschleunigungskraft 6
Bewegungsfreiheitsgrad 116
Bewegungsmöglichkeit 61, 163
Bezugsachse 157
Bezugspunkt 33, 44, 157
Biegemoment 75, 79, 88, 98, 152, 166
Biegemomentenfläche 83
- , grafische Ermittlung 83
- , rechnerische Ermittlung 79
Bogenträger 59, 91
Bremse 194
Bremsmoment 194

COULOMBsches Gesetz 187
CREMONA-Plan 146
CULMANN-Verfahren 31

Dichte 6, 175, 205
Differentialgleichung 106
Dimension 205
Drehpunkt 33
Drehsinn 35, 146
Dreieckslast 101
Dreigelenkbogen 129
Druckstab 138, 147
Dynamik 210

ebene Statik 15, 42
ebene Tragwerke 75
Eigengewicht 7, 111
Einbereichsproblem 77, 79, 96
einfaches Fachwerk 134
Einheiten 205
Einheitsvektor 206
Einspannmoment 63, 162
Einspannung 63
einteilige Tragwerke 58
Einzelkomponente 58
Einzelkraft 7, 153
Einzeltragwerk 115
Ersatzkraft 96, 97

EULER-EYTELWEINsche Formel 198

Fachwerk 10, 134
- , Anzahl Knoten 135
- , Anzahl Stäbe 135
- , Auflagerbindungen 135
- , CREMONA-Plan 146
- , einfaches 134
- , Ermittlung Auflagerkräfte 136
- , Ermittlung Stabkräfte 137
- , Freischnitt 139
- , Knotenpunktverfahren 143
- , nichteinfaches 134, 149
- , RITTERsches Schnittverfahren 138
Fahrbeschleunigung 19
Fallbeschleunigung 5, 171
Festigkeitslehre 210
Festkörperreibung 185
Festlager 62, 160
Flächenkraft 6, 52, 205
Flächenlast 7, 95
Flächenschwerpunkt 180
- , Koordinaten 180
- , Ortsvektor 180
- , rechtwinkliges Dreieck 181
- einfacher Flächen 182
- zusammengesetzter Flächen 181
Fliehkraft 6
Fragestellungen der Statik 1
Freiheitsgrad 61, 64, 65, 116, 135, 163
Freischneiden 9, 47
Freischnitt 9, 12, 45, 68, 116, 117, 139, 167
- nach LAGRANGE 46
- Tragwerk 68

Gelenk 60, 61, 115, 134
Gelenkbedingung 120
Gelenkkräfte 116, 118
Gelenkträger 60, 127
Gelenktragwerk 116
Genauigkeit 210
GERBER-Träger 125
Gesamttragwerk 115
Geschwindigkeit 205
Gewicht 5
Gewichtskraft 5, 171, 185
Gewichtsvektor 172
Gleichgewicht 11, 42, 158
- dreier Kräfte 23
Gleichgewichtsaxiom 11
Gleichgewichtsbedingungen 42, 68, 118, 158
- , Hinweise 44
- der ebenen Statik 42
- der räumlichen Statik 158
- für zentrale Kräftegruppe 25
- in Komponenten 43, 159
Gleitreibung 193
Gleitreibungskoeffizient 193
Gleitreibungskraft 186, 193
Grenzhaftung 186
Grenzhaftungskraft 187, 198
Grenzhaftungswinkel 189
Grundgesetz der Mechanik 6

Haftbedingung 187
Haftkraft 186
Haftreibung 186
Haftreibungskoeffizient 187
Haftreibungskraft 186, 189
Hangabtriebskraft 188
Hebelarm 33

ideales Fachwerk 134
Idealisierung 7, 11
- , Einzelkraft 7
- , starrer Körper 11, 47, 152
- , Streckenlast 7
ingenieurtechnische Methode 100, 106
innere Kraft 5, 8, 48, 75, 167
inneres Moment 33, 48, 75, 167
Integrationsmethode
- , Auflagerkraft 96, 98
- , Schnittgrößen 97, 99
Integrationsvariable 97

kartesische Koordinaten 17, 36, 153, 207
Kippkante 55
Kippmoment 55
Kippsicherheit 55
Klausuraufgaben
- , Aufgabenstellungen 200
- , Ergebnisse 202
Knoten 134
Knotenpunkt 134
Knotenpunktverfahren 143
Komponenten
- , Kraft 18, 153, 155
- , Moment 155
- , Schreibweise 43, 159
- , Vektor 207
konstante Streckenlast 98
Koordinaten
- , Flächenschwerpunkt 180
- , Gesamtschwerpunkt 175
- , Massenmittelpunkt 174
- , Schwerpunkt 174
- , Stabkoordinate 79
- , Volumenmittelpunkt 175
- , Winkelkoordinate 91
Kraft 5, 205
- , Angriffspunkt 8, 11, 13, 156
- , Auflagerkraft 5, 46
- , äußere 5
- , Beschleunigungskraft 6
- , Betrag 8, 153
- , Einzelkraft 7
- , Flächenkraft 6, 205
- , Fliehkraft 6
- , Gewicht 5
- , Größe 8
- , innere 5, 8, 48, 75, 167
- , Komponenten 18, 153, 155
- , Linienkraft 7, 205

- , Massenkraft 6
- , Punktkraft 7
- , Reaktionskraft 5, 8, 13
- , resultierende 13, 17
- , Richtung 8
- , Vektor 8
- , Volumenkraft 6
- , Zerlegung 22, 31
- im Raum 152
Kraft und ihre Wirkung 5
Kräfteaddition 12, 28
Krafteck 25, 146
Kräftedreieck 23
Kräftegleichgewicht 43
Kräftegruppe
- , beliebige ebene 28
- , beliebige räumliche 156
- , zentrale 15
Kräftemaßstab 8, 17
Kräftepaar 39
Kräfteparallelogramm 13, 16, 28
Kräfteplan 17, 28
Kraftkomponenten 18
Kraftvektor 8

Lageplan 17, 28
Lager
- , einfach verschiebbares 161
- , Einspannung 63, 162
- , Festlager 62, 160
- , Loslager 61
- , zweifach verschiebbares 161
Lagerkraft 62
Lagerreaktion 8, 64, 163
Lagerung 64, 117
- , räumliche Statik 162
- , stabile 65, 163
- einteiliger Tragwerke 61
- mehrteiliger Tragwerke 117
- räumlicher Tragwerke 160
Lagerungsart 61, 63, 160, 162
Länge 205
Längenmaßstab 17
Last 5
- , Einzellast 7
- , Flächenlast 7, 95
- , Linienlast 7
- , Streckenlast 7, 45, 95
Leistung 205
Linienflüchtigkeitsaxiom 11, 14, 28
Linienkraft 7, 205
Linienlast 7
Loslager 61
Luftwiderstand 6

Masse 5, 205
Massenkraft 6
Massenmittelpunkt 174
- , Ortsvektor 174
- zusammengesetzter Körper 175
mechanisches Modell 84, 86
Mehrbereichsproblem 77, 81, 88, 94, 106, 167
mehrteilige Tragwerke 115
- , Schnittgrößen 122
Moment 33, 166, 205
- , Auflagermoment 46
- , äußeres 33
- , Berechnung 35
- , Betrag 34, 155
- , Bezugspunkt 33
- , Biegemoment 75
- , Drehpunkt 33
- , Drehsinn 35
- , inneres 33, 48, 75, 167
- , Kippmoment 55
- , Komponenten 155
- , resultierendes 36
- , Standmoment 55
- , Vektor 34
- einer Kraft 33, 155
- einer Kräftegruppe 36
- einer Streckenlast 97
- eines Kräftepaares 39
- im Raum 152
- um eine Achse 156
Momentenbedingung 80, 118, 139
Momentendiagramm 82, 99
Momentengleichgewicht 43
Momentensatz 36, 157, 172
Momentenvektor 155
Momentenverlauf 82

Newton 5, 205
nichteinfaches Fachwerk 134, 149
Normalkraft 75, 79, 88, 166, 185, 189, 193
Normalkraftdiagramm 79
Nullstab 137

Parallelogramm 13
Pendelstütze 63
Pol 29
Polstrahl 29
Polygone 146
Punktkraft 7

Querkraft 75, 79, 88, 98, 166
Querkraftdiagramm 82, 99
Querkraftverlauf 82

Rahmen 60, 71, 88, 164
- , Biegemoment 88
- , Normalkraft 88
- , Querkraft 88
- mit Gelenken 131
räumliche Kräftegruppe 156
räumliche Statik 152
räumliche Tragwerke 160
Raumstatik 155
Raumtragwerk 164
Raumwinkel 155
Reaktionskraft 5, 8, 13
Reaktionsmoment 33
Rechengenauigkeit 210
Rechtsdrehsinn 146
Reibung 185
Reibungskegel 189
Reibungskeil 190
Reibungssektor 189
Resultierende 13
- , Betrag 18, 154
- , Ermittlung 15, 28
- , Raumwinkel 155

- , Richtung 18
- im Raum 154
resultierende Kraft 13, 17, 156
resultierendes Moment 33, 42, 156
RITTERsches Schnittverfahren 138
Rotation 42, 164

Scheibe 61
schiefe Ebene 56, 187
Schlusslinie 31, 73
Schnittgrößen 75, 86, 97, 108, 122, 166
- , Balken 79
- , konstante Streckenlast 98
- , Rahmen 88
- , Seil 76
- , Stab 77
- , Zusammenhang mit Belastungsgrößen 105
- Bogenträger 92
- ebener Tragwerke 75
- räumlicher Tragwerke 166
Schnittgrößenverläufe 79, 87, 103
Schnittkräfte 75
Schnittkraftgruppe 76
Schnittprinzip nach EULER/LAGRANGE 48, 75
Schnittufer 76, 83, 85, 105
Schwerebeschleunigung 5
Schwerpunkt 5, 171
- , Ortsvektor 172
- einer Belastungsfläche 100
- einer Fläche 180
- eines Körpers 171
- einfach homogener Körper 177
- zusammengesetzter Körper 175
Schwerpunktsachse 172, 177, 182
Schwerpunktskoordinate 172
Seil 58, 76
Seileckverfahren 29, 73, 83
Seilhaftung 197
Seilkraft 9
Seilreibung 197, 199
Seilstrahl 29
Skalarprodukt 208
Stab 58, 77, 134
stabile Lagerung 116, 163
Stabilität 65, 135
Stabkraft 137, 149
Standmoment 55
Standsicherheit 55
starrer Körper 10, 61, 152
Starrkörperbewegung 64, 116, 164
statisch bestimmt 44, 65
statisch unbestimmt 44, 65
statische Bestimmtheit 65, 116, 135, 163
statisches Moment 182
Streckenlast 7, 45, 95
- , Auflagerkraft 97
- , beliebig verteilte 95
- , Biegemoment 98
- , Dreieckslast 95
- , konstante 98
- , Mehrbereichsproblem 106
- , Querkraft 98
- , Schnittgrößen 97
Stützgelenk 61
Stützkraft 8
Superpositionsprinzip 13
Symmetrie 91, 146, 182
Symmetrieachse 177, 182
Systemgrenze 46, 48

Teilsystem 9, 47
Theorie 1. Ordnung 10
Torsionsmoment 152, 166
Träger 44, 103
Tragstruktur 115
Tragwerk 75, 95
- , Auflagerreaktionen 67
- , einteiliges 58
- , Freischnitt 68
- , innere Kräfte 75
- , Lagerungen 64
- , mehrteiliges 115
- , Momente 75
- , räumliches 160
- mit Gelenken 116
Translation 42, 164

Umlaufsinn 146
Umschlingungswinkel 197

Vektor 205
- , Komponenten 207
- , Richtung 205
Vektoraddition 206
Vektorprodukt 34, 155, 209
Vektorrechnung 8, 205
verschiebbares Lager 61
Volumen 205
Volumenkraft 6
Volumenmittelpunkt 175
- , Ortsvektor 175
- zusammgesetzter Körper 175

Wechselwirkungsgesetz 12, 48, 116, 185
Welle 70, 74, 85
Widerstandskraft 186, 189, 193
Winkelgeschwindigkeit 6
Winkelkoordinate 91
wirkende Last 5
Wirkung
- , resultierende Wirkung 13
- einer Kraft 5
- eines Momentes 33
Wirkung und Gegenwirkung 12
Wirkungslinie 10

Zahlenrechnung 210
Zeit 205
zentrale Kräftegruppe 15
Zerlegung einer Kraft 22, 31
Zugstab 138, 147
Zusammensetzung von Kräften 14
Zweibereichsproblem 78
Zwischenreaktionen 116